U0806224

普通高等教育土建类应用型规划教材

工　程　地　质

主　编　郭荣朝
副主编　唐华瑞　胡俊辉

黄河水利出版社
·郑　州·

内 容 提 要

本书由上、下两篇组成。上篇主要介绍工程地质基础知识,具体包括绪论、地壳及其组成物质、地质构造、水的地质作用、不良地质现象及防治;下篇主要介绍工程地质应用,具体包括岩体结构稳定性、常见的工程地质问题、工程地质勘察、各类工程地质勘察。

本书可作为土建类、水利水电类、道路桥梁工程类等专业的通用教材,亦可供工程勘察、设计、监理、施工等工程技术人员及科研人员学习参考。

图书在版编目(CIP)数据

工程地质/郭荣朝主编.—郑州:黄河水利出版社,
2014.11 (2023.8 重印)
ISBN 978-7-5509-0987-8

Ⅰ.①工… Ⅱ.①郭… Ⅲ.①工程地质 Ⅳ.①P642

中国版本图书馆 CIP 数据核字(2014)第 292016 号

策划编辑:王志宽 电话:0371-66024331 E-mail:wangzhikuan83@126.com

出 版 社:黄河水利出版社
地址:河南省郑州市顺河路黄委会综合楼 14 层 邮政编码:450003
发行单位:黄河水利出版社
发行部电话:0371-66026940、66020550、66028024、66022620(传真)
E-mail:hhslcbs@126.com
承印单位:河南新华印刷集团有限公司
开本:787 mm×1 092 mm 1/16
印张:15.75
字数:364 千字
版次:2015 年 1 月第 1 版 印次:2023 年 8 月第 2 次印刷

定价:32.00 元

前　言

本书为应用型高等院校土木工程等专业基础课教材之一。

“高楼万丈平地起”说明基础工程在各类工程建设中的重要作用。地壳及其物质组成与人类生产生活中的各类工程建设密切相关。工程建设涉及地表和地下，对于从事土木工程等专业的人员来说，工程地质是一门重要的专业基础课。首先，本书系统地介绍了工程地质的基本知识，注重基本概念、基本理论的阐述，注重基本地质现象形成原因的剖析，以便于掌握不良地质现象对工程建设的影响，为不良地质现象防治提供技术支撑。其次，本书系统地介绍了工程地质在工程建设中的应用，注重理论联系实际，注重常见工程地质问题的分析及防治；简述了工程地质勘察的基本任务、阶段、方法、工程地质勘察报告，以及高层建筑、公路、桥梁、水利、地下洞室等各类工程的地质勘察内容与方法。

全书由上、下两篇组成。上篇主要介绍工程地质基础知识，具体包括绪论、地壳及其组成物质、地质构造、水的地质作用、不良地质现象及防治；下篇主要介绍工程地质应用，具体包括岩体结构稳定性、常见的工程地质问题、工程地质勘察、各类工程地质勘察。

本书主要由郑州工商学院、河南财经政法大学、郑州科技学院组织编写，郭荣朝编写第一、二、六章，胡俊辉编写第三、五章，刘丹凤编写第四章，韩灵杰编写第七章，唐华瑞编写第八、九章。本书由郭荣朝担任主编，并负责全书统稿。

由于编者水平有限，时间仓促，不妥之处在所难免，衷心希望老师、学生及各界人士批评指正。

编　者

2014 年 10 月

目　录

下篇　工程地质应用

上篇　工程地质基础知识

第一章　绪　论

学习目标

1. 了解工程地质在工程建设中的作用，激发学生学习本课程的热情。
2. 掌握学习本课程的方法。

工程地质(Engineering geology)是研究与工程建设有关的地质问题的一门学科。它是研究人类工程活动与地质环境之间相互制约的关系和形式，如何获取地质环境条件，并认识、评价、改造和保护地质环境的一门学科，是地质学的一个分支，是地质学与工程学相互渗透、交叉的学科。

人类工程活动范围目前主要是地球。地球是太阳系中的一颗行星，它围绕着太阳和自身旋转运动。地球的表层称为地壳，它构成了人类生存和活动的环境与场所。地壳受到来自地球内部和外部的地质运动与太阳的光热、大气、水、生物等引起的地质作用，产生各种地质现象和地质构造。一切工程建(构)筑物都建筑在地壳上，地壳是建筑材料和矿产资源的主要来源地。人类的工程活动在一定地质环境下进行，大量的工程活动又会影响或改变地质环境。

地质环境的广泛含义可理解为人类生存和活动进行过程中地壳表层的地形、地貌、岩土、水、地层构造、矿产资源、地壳稳定性等自然因素的总称。地质环境对工程建设场地的选择和建筑物结构类型及施工方法的确定，起着决定性影响。

第一节　工程地质的研究对象

工程地质是研究人类工程建设活动与自然地质环境相互作用和相互影响的一门地质科学，也就是研究土木、水利等工程建设中的地质问题，研究在工程建筑设计、施工和运营过程中合理与正确使用自然地质条件和改造不良地质条件等相关问题。

一、工程地质条件

工程地质条件(Engineering Geological Conditions)是一个综合性概念，可理解为与工程建筑有关的地质条件的总称，是工程建筑物所在地区地质环境各项要素的综合，主要包括以下几项。

（一）组成地壳的物质

地壳及其物质组成是最基本的工程地质要素，主要包括岩性、产状、成因、成岩作用特点、变质程度、软弱夹层、结构构造以及物理力学性质等。工程建设项目设计的合理性很大程度上取决于这些岩土参数定量的准确性。

（二）地质构造

地质构造是指地壳组成物质在内外力地质作用下发生的变形变位，从而形成诸如褶皱、节理、断层以及其他各种面状和线状构造等组成的不同几何形态的岩层岩土体或残留下的形迹。它对地基承载力和建（构）筑物的沉降起着决定性作用，研究其规律对工程建筑的安全稳定、沉降变形评价等具有重要意义。

（三）水文地质

水文地质是指自然界中地下水的各种变化和运动的现象，主要研究地下水的成因、埋藏、分布、物理性质、化学成分及动态变化等。地下水是降低岩土体稳定性的主要因素，可能对工程建设造成不良影响。

（四）地表地质作用

地表地质作用主要包括滑坡、崩塌、泥石流、沉降等，与工程项目所在区域的岩性、构造、地形、气候以及水的作用密切相关，对评价建（构）筑物的稳定性、预测工程地质条件变化意义重大。

二、工程地质问题

工程地质问题是指已有的工程地质条件在工程建设和运行期间会产生一些新的变化与发展，构成威胁影响工程建筑安全的地质问题。由于工程地质条件复杂多变，不同类型的工程对工程地质条件的要求又不尽相同，所以工程地质问题是多种多样的。主要包括以下几种。

（一）地基稳定性问题

地基稳定性问题是工业与民用建筑工程经常遇到的工程地质问题。它包括强度和变形两个方面。

（二）边坡稳定性问题

自然界的天然斜坡是经受长期地表地质作用达到相对协调平衡的产物，人类工程建设活动，尤其是道路工程需要开挖和填筑人工边坡（路堑、路堤、堤坝、基坑等），地层岩性、岩体结构、水的作用、风化作用、地应力、地震、地形地貌等是影响边坡稳定的重要因素。

（三）洞室围岩稳定性问题

地下洞室被包围于岩土体介质（围岩）中，在洞室开挖和建设过程中破坏了地下岩体原始平衡条件，便会出现一系列不稳定现象，常遇到围岩塌方、地下水涌水等。一般在工程建设规划和选址时要进行区域稳定性评价，预测岩体变形破坏规律，进行岩体稳定性评价，保证洞室围岩稳定。

(四)区域稳定性问题

在工民建、道路以及水利工程建设过程中,要首先对区域稳定性问题进行论证,以确保选址、选线的科学合理。

(五)工程地质勘察

一般在各类工程项目施工前,先由勘察设计单位对建设地区进行工程地质勘察,以确保工程设计、施工、运营的顺利进行。

第二节　工程地质的主要任务和研究方法

工程地质工作的基本任务在于查明工程地质条件,分析评价工程地质问题,保证工程建设的技术可行性、经济合理性和安全可靠性。

一、工程地质的主要任务

工程地质在经济社会建设和国防建设中应用广泛,纵观各类工程建设,其主要任务包括:

(1)阐明建筑地区的工程地质条件,并指出对建(构)筑物有利和不利的影响。

(2)论证建筑物存在的工程地质问题,进行定性和定量的评价,并得出确切的结论。

(3)选择地质条件优良的建筑场地,并根据场地工程地质条件对建筑物的设计提出建议。

(4)研究工程建筑物兴建后对地质环境的影响,预测其发展趋势,提出利用和保护地质环境的对策与建议。

(5)根据所选定地点的工程地质条件和存在的工程地质问题提出有关建筑物类型、规模、结构及施工方法的合理建议,从而保证建筑物正常施工和使用的地质要求。

(6)为拟订改善、防治不良地质作用措施方案提供地质依据。

二、工程地质的研究方法

工程地质的研究对象是复杂的地质体,其研究需要地质分析法、模拟方法、试验模型及现场测试方法、计算方法等的密切结合。

(一)地质分析法

地质分析法是运用地质学理论,查明工程地质条件和地质现象的空间分布以及它在工程建筑物作用下的发展变化,用自然历史的观点分析研究其产生过程和发展趋势,进行定性判断。它是工程地质研究的基本方法,也是其他研究方法的基础。

(二)模拟方法

模拟方法可分为物理模拟(工程地质力学模拟)和数值模拟。它们是通过地质研究,深入认识地质原型,查明各种边界条件,以及通过试验研究获得有关参数的基础上,结合建筑物的实际作用,正确地抽象出工程地质模型,利用相似材料和各种数学方法,再现和预测地质作用的发生和发展过程。

(三)试验模型及现场测试方法

试验模型及现场测试方法包括测定岩石、土体特性参数的试验,对地应力的量级和方向的测试,以及对地质作用随时间延续而发展的监测,取得所需要岩土的物理性质、水理性质、力学性质数据,观测地质现象的发展速度等。

(四)计算方法

计算方法包括应用统计数学方法对测试数据进行统计分析,利用理论和经验公式对已测得的有关数据进行计算,以定量评价工程地质问题。电子计算机在工程地质学领域的应用,使计算过程变得更为简单易行。

由于工程地质的研究对象是复杂的地质体,因此其研究方法应是地质分析法与模拟方法、试验模型与现场测试方法、计算方法的密切结合,即通常所说的定性分析与定量分析相结合的综合研究方法。

第三节　工程地质学的主要特点、研究内容及学习方法

一、工程地质学的主要特点

工程地质学是地质学的重要分支学科,是把地质学原理应用于工程实际的一门学科,是介于地质学与工程学之间的一门边缘交叉学科,是为了解地质条件与人类活动之间矛盾的一门实用性很强的学科。

随着工程建设的不断发展,工程地质学得到深入的研究与发展,形成了许多分支学科,比如岩土工程学、工程动力学、工程地质勘察学、区域工程地质学与环境地质工程学等。与工程地质学关系密切的基础学科主要有矿物学、岩石学、构造地质学、地史学及地貌学、水文地质学等,都是进行工程地质工作和研究工程地质问题必备的基础知识(见图 1-1)。

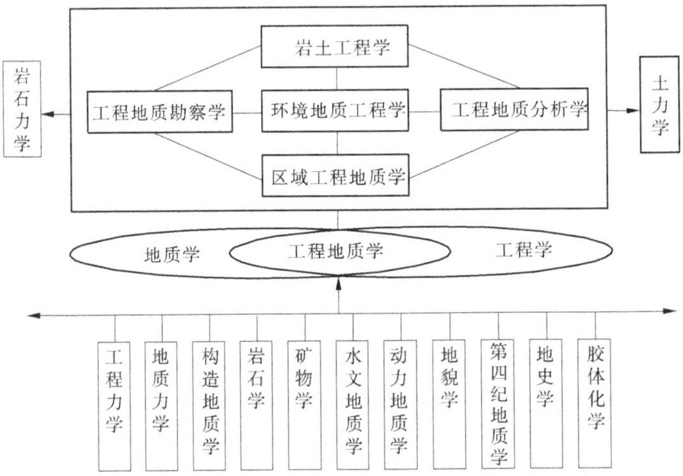

图 1-1　工程地质学与相关学科的关系

二、工程地质学的研究内容

工程地质学主要研究与土木工程、水利水电、铁路桥梁等工程活动有关的地质问题，包括以下三个方面。

（一）岩土工程学

岩土工程学主要研究自然环境地质因素对工程活动的制约和影响而产生的问题。这种环境地质因素通常称为工程地质条件，主要有地形、地层岩性、地质构造、水文地质条件、物理地质现象（滑坡、崩塌、泥石流、风化、侵蚀、岩溶、地震等）及天然建筑材料等六个方面，它们是自然历史发展演变的产物。

（二）工程地质分析学

工程地质分析学主要研究工程活动引起的环境地质条件的变化形成的不利于工程建设的、新的地质作用（通常称为工程地质作用）。它主要包括建筑物荷载引起基岩土体的沉陷变形和剪切滑动，人工开挖造成边坡或地下洞室岩土体的变形和失稳破坏，水库诱发地震、渗漏坍岸和浸没，砂土振动液化，以及潜蚀、流砂等。

（三）工程地质勘察学

工程地质勘察学主要是查明工程地质条件，并研究查明工程地质条件的方法和手段。

三、工程地质学的学习方法

作为一名土木、水利水电、港口等工程建筑方面的工程师，在工作中必须具备一定的工程地质基础知识，既要能阅读和利用工程勘测成果资料，又要能认识、分析和处理有关的地质问题，只有这样，才能作出正确的设计和施工方案。如果缺少必要的工程地质知识，必然会对某些工程的地质问题有疏漏，甚至作出错误的设计或施工方案。

掌握一些必要的地质学的基本理论、原理和知识，是学好工程地质的重要保证。

工程地质是土木工程等专业的一门专业基础课。本课程实践性较强，在学好工程地质基础理论的同时，重点是对工程地质知识在实践中的应用，应加强实践性环节教学，特别要重视矿物、岩石标本的鉴定试验，重视岩体结构稳定性评价，重视常见工程地质问题的诊断与防治，重视野外地质实习，加强案例学习，以巩固所学的理论知识，提高理论联系实际的能力。在学习过程中要善于思考，切忌死记硬背，主要应掌握分析研究问题的思路和方法，以便在以后的实际工作中解决所遇到的问题。

第四节　工程地质在工程建设中的作用

工程地质工作是土木工程、水利工程等工程项目建设的基础性工作，是工程设计建设的先驱。没有高质量的工程地质条件资料而进行的设计，是不切实际的设计，是盲目的设计，将对工程建设及其运行带来不同程度的影响，轻则修改设计方案、增加投资、延误工期；重则使建筑物完全不能使用，甚至突然破坏，酿成灾害。

大量的国内外工程建设实践证明，凡是重视工程地质的工程，无论是总体布局阶段还是单体建筑物设计、施工阶段，都应进行相应的工程地质勘察工作，必须通过工程地质测绘、勘探与取样、室内试验和原位测试、观测与监测、理论分析等手段获得必要的工程地质资料，并结合工程要求进行分析研究，查明工程地质条件和地质环境评价，分析工程地质问题，提出相关建议。

鉴于工程地质对工程建设的重要作用，国家规定，任何工程建设工作必须在进行相应的地质工作、提出必要的地质资料的基础上才能进行工程设计和施工工作。工程技术人员只有具备扎实的工程地质知识，才能充分应用地质资料、正确分析工程地质问题，制定合理的规划和最优的设计方案，保证工程经济合理、施工顺利和运营安全。

第二章　地壳及其组成物质

学习目标

1. 了解地球的圈层结构。
2. 了解矿物的结构、形态、化学物理性质，掌握主要造岩矿物及其鉴定特征。
3. 了解岩石的形成过程、物质组成、结构构造，掌握三大类岩石的联系、区别，以及常见岩石的鉴定特征。
4. 掌握岩石的物理性质、水理性质和力学性质。

地质学（Geology）是以地球为研究对象的一门自然科学。它主要研究地球的物质组成、内部构造、外部特征、各层圈之间的相互作用和演变历史的知识体系。地壳是人类赖以生活和活动的场所，一切工程建设项目都必须落实在地壳上，它构成了人类工程建设的环境条件与物质基础。

第一节　地球的圈层结构

地球是太阳系中围绕太阳进行公转的八大行星之一（见图 2-1），是一个不规则的椭球体（见图 2-2）。根据大地测量和地球卫星测量可知，地球的赤道半径为 6 378. 140 km，极半径为 6 356. 755 km。地球表面起伏不平，总表面积约为 5.1×10^{8} km^2，约有 70. 8% 的面积为海域，有 29. 2% 的面积为陆地。地球的体积为 1.083×10^{12} km^3，平均密度为 5. 52 kg/m^3。

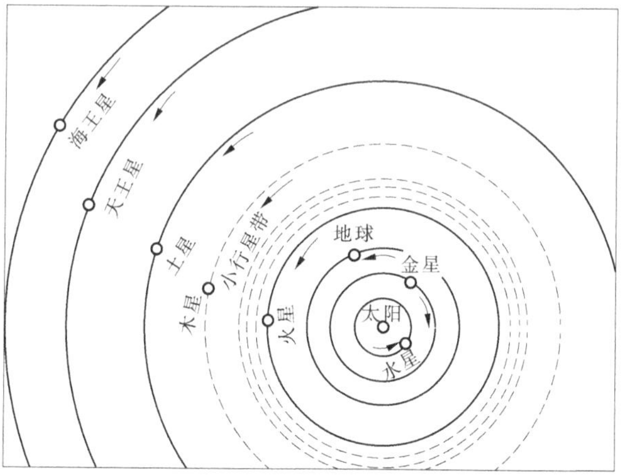

图 2-1　地球在太阳系中的位置

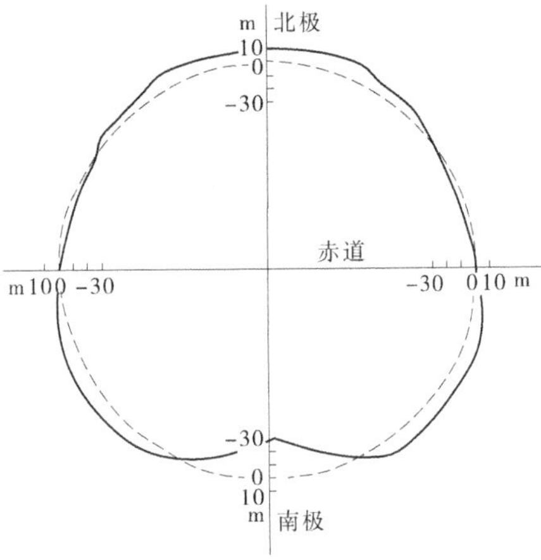

图 2-2　地球梨状体剖面（实线）与旋转体剖面（虚线）比较

一、地球的外部圈层

地球的外部圈层，即大气圈、水圈和生物圈。

（一）大气圈

环绕地球最外面的一个圈层是由气态物质（大气）组成的，称为大气圈。根据大气成分和物理性质的不同，自下而上可以将大气圈划分为对流层、平流层、中间层、暖层和散逸层五个圈层。大气圈层的存在不仅为人类和生物生存提供了条件，而且影响气候变化与水循环，促使外力地质作用发生，改变地球表面形态。

（二）水圈

地球表面的海洋、湖泊、河流、沼泽、冰川以及岩石土壤中的地下水构成的一个基本连续的水体圈层，称为水圈。水圈是地球外部圈中作用最为活跃的一个圈层。各种水体的活动和水的强溶解性使岩石遭受破坏，改变地表形态，同时也为新岩石（沉积岩）的形成创造条件。

（三）生物圈

生物圈是地球上所有生物（动物、植物、微生物）与其环境的总称，是一个连续的圈层。生物活动一方面可以直接或间接地对岩石起破坏作用，导致地表形态改变；另一方面还可引起地表物质迁移和聚集，为某些岩石和矿物的形成提供条件。

二、地球的内部圈层

地球的内部圈层指从地球表面往下直到地球中心的各个圈层，包括地壳、地幔和地核（见图 2-3）。

对地球内部的认识主要来自对地震弹性波的研究。地震波分为纵波（P）和横波（S）。纵波可以通过固体和流体，速度较快；横波只能通过固体，速度较慢。同时，地震波的传播速度随着所通过介质的刚性和密度的不同而改变。因此，地震波实际上对地球起到“透视”作用。当然，也可以借助宇宙地质（特别是陨石的成分）来判断地球内部的成分。

如果地球由表及里由均一物质组成，则纵、横波在任何深度和任何方向都应该相同。但根据地球内部地震波传播曲线分析，地震波传播速度随深度而发生变化，并且有些地方还发生突然变化，可见地球内部物质不是均一的，而且存在许多界面。地震波在地下若干深度处，传播速度发生急剧变化的面，称为不连续面。其中有两个变化最显著的不连续面，叫一级不连续面（见表 2-1）。根据地震波的传播数据，可以制成地球内部地震波传播速度曲线图（见图 2-4）。从表 2-1 或图 2-4 中可以看出两个一级不连续面。

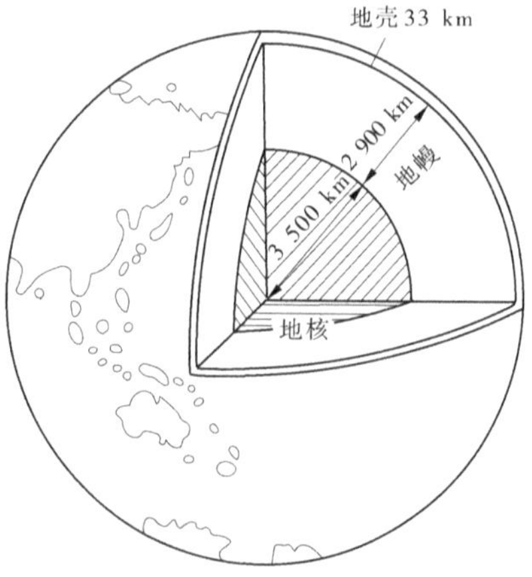

图 2-3　地球的内部结构

表 2-1　地球内部圈层与物理数据

圈层 名称	圈层 代号		不连续面	深度 (km)	纵波速度 (km/s)	横波速度 (km/s)	密度 (g/cm^3)	压力 ($\times10^{11}$ Pa)	温度 (℃)	附注
地壳	A	A′		0	5.6	3.4	2.6	0	14	岩石圈
地壳	A	A′			6.0	3.6	2.7			岩石圈
			康拉德面	10				0.003	180~300	岩石圈
地壳	A	A″			6.6	3.8	2.9			岩石圈
地壳	A	A″			7.6	4.2	3.0			岩石圈
			莫霍面	33				0.01	400~1 000	岩石圈
地幔 上地幔	B	B′			8.0	4.4	3.32			岩石圈
地幔 上地幔	B	B′			8.2	4.6	3.32	0.019	500~1 100	岩石圈
				60						
地幔 上地幔	B	B″	古登堡低速层		7.8	4.2	3.4	0.031	700~1 300	软流圈
地幔 上地幔	B	B″	古登堡低速层		7.7	4.0	3.5	0.050	800~1 400	软流圈
地幔 上地幔	B	B″			8.2	4.55	3.6	0.069	1 000~1 600	软流圈
			拜尔勒面	400						
地幔 上地幔	C	C′			9.0	4.98	3.85	0.14	1 200~2 000	
地幔 上地幔	C	C″			10.2	5.65	4.1	0.218	1 300~2 250	
			雷波蒂面	1 000						
地幔 下地幔	D	D′			11.43	6.35	4.6	0.40	1 850~3 300	
地幔 下地幔	D	D′			12.8	6.92	5.1	0.88	2 500~3 900	
				2 752						
地幔 下地幔	D	D″			13.63	7.31	5.6	1.34	2 800~4 300	
地幔 下地幔	D	D″			13.32	7.11	5.7			
			古登堡面	2 900				1.50	2 850~4 400	
地核 外核	E				8.1	—	9.7			液态
地核 外核	E				8.9	—	10.4	1.95	3 700~4 700	液态
				4 640						
地核 过渡层	F						12.0	3.01	4 500~5 500	
地核 过渡层	F				10.4	2.07	12.5	3.24	4 700~5 700	
地核 过渡层	F				11.2	1.24	12.7	3.33	4 720~5 720	
				5 155						
地核 内核	G				9.6	3.6	12.9	3.54	4 900~5 900	
地核 内核	G				11.3	3.7	13.0	3.65	5 000~5 000	

注：═══ 为一级不连续面，── 为次一级不连续面。

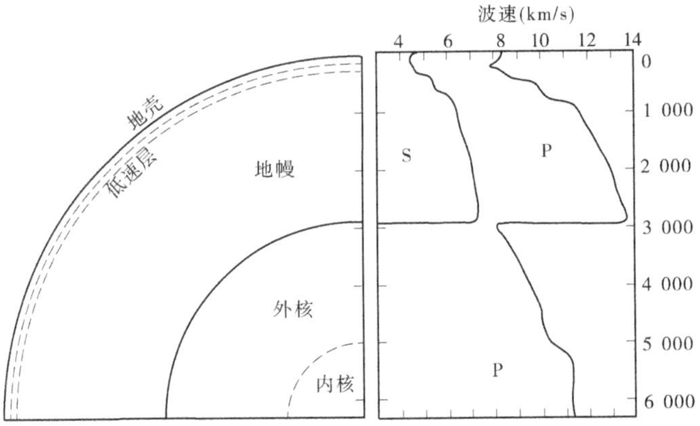

图 2-4　地球内部地震波纵波 P 和横波 S 传播速度曲线

(一)地壳

地壳是由地表所见的各种岩石组成的,密度为 2.7 ~ 2.9 g/cm^3。大陆地区陆壳厚度较大,平均约为 35 km,高山地区可达 70 ~ 80 km,其下层为深变质岩,表层多为沉积岩,形成年代较老,内部构造复杂。海洋地区洋壳厚度较小,平均为 7 ~ 8 km,洋壳由玄武岩组成,表层有不厚的沉积物(见图 2-5)。

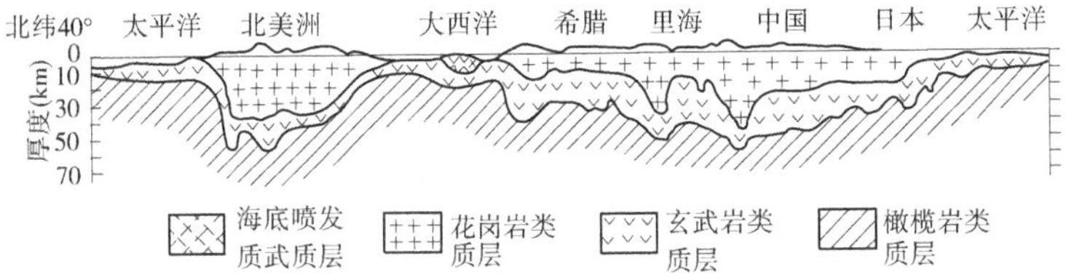

图 2-5　北纬 40°地壳剖面

1. 地壳成分

地壳中含有元素周期表中所列的绝大部分元素,O、Si、Al、Fe、Ca、Na、K、Mg 等 8 种主要元素占 98% 以上,其他元素共占 1% ~ 2%(见表 2-2)。化学元素在地壳中的平均含量称克拉克值,克拉克值又称为元素丰度。

2. 地壳结构

地壳分为上、下两层。上层地壳成分以 O、Si、Al 及 K、Na 等为主,和花岗岩成分相似,故称花岗质层,又称硅铝层。该层厚度在山区和高原地区可达 40 km,平原地区常为 10 km,海洋地区变薄甚至缺失,是一个不连续圈层。下层地壳成分虽然也以 O、Si、Al 为主,但 Mg、Fe、Ca 等成分显著增加,和玄武岩成分相似,所以叫玄武质层,又称为硅镁层。该层洋壳部分平均厚 5 ~ 8 km,陆壳部分则延伸至花岗质层之下,推测厚度可达 30 km,是一个连续圈层。

3. 地壳类型

地壳可分为大陆型地壳(简称陆壳)和大洋型地壳(简称洋壳)。陆壳特征为:厚度较大(30～70 km),具有双层结构,即在玄武质层之上有花岗质层(表层的大部分地区有沉积岩层)。总的来看,硅铝层好像浮在硅镁层之上,地表起伏越大(如高山、高原),莫霍面的位置越深,地壳越厚。洋壳特征为:厚度较小,最薄处不到5 km,一般只有单层结构,即玄武质层,其表层被海洋沉积层覆盖。此外,在陆壳和洋壳交会处还可分出过渡型地壳,又称次大陆型地壳,其特征介于以上2种类型地壳之间。从图2-5可以明显看出陆壳和洋壳在结构、厚度等方面的差异。

表2-2　地壳中主要元素平均含量　　(%)

元素	据克拉克和华盛顿(1924)	据费尔斯曼(1933～1939)	据维诺格拉多夫(1962)	据泰勒(1964)
O	49.52	49.13	47.00	46.40
Si	25.75	26.00	29.00	28.15
Al	7.51	7.45	8.05	8.23
Fe	4.70	4.20	4.65	4.63
Ca	3.29	3.25	2.96	4.15
Na	2.64	2.40	2.50	2.36
K	2.40	2.35	2.50	2.09
Mg	1.94	2.25	1.87	2.33
H	0.88	1.00	—	—
Ti	0.58	0.61	0.45	0.57
P	0.12	0.12	0.093	0.105
C	0.087	0.35	0.023	0.02
Mn	0.08	0.10	0.10	0.095

地壳厚度的差异性和垂直结构及物质成分的不均匀性,构成了地壳总的特征,这种特征常导致地壳物质的重新分配和调整,以便达到新的平衡关系,这是引起地壳运动的多种因素之一。

(二)地幔

地壳以下至大约2 900 km深处为地幔,厚约2 900 km,体积约占地球总体积的82%,密度为3.32～5.66 g/cm^3,由富含Fe、Mg的硅酸盐物质组成。

地幔可分为上、下两层。上地幔从莫霍面至地下1 000 km,平均密度3.5g/cm^3,成分主要为含铁镁质较多的超基性岩。在上地幔的上部100～350 km存在一个由柔性物质组成的圈层,称为软流圈(地震波的低速带),该软流圈之上的固态岩石圈层称为岩石圈。下地幔在地下1 000 km至古登堡面之间,平均密度5.1 g/cm^3,成分仍以含铁镁质的超基性岩为主,但铁的含量增加。

(三)地核

地幔以下直到地心的部分为地核,厚约3 500 km,体积约为地球总体积的17%,密度为 9.71 ~ 17.9 g/cm^3，由含 Fe、Ni 的物质组成。地核由液态外核和固态内核组成。

第二节　矿　物

自然界中已发现的矿物约有 3 000 种，其中能够组成岩石的矿物被称为造岩矿物。在岩石中经常出现、明显影响岩石性质、对鉴别岩石起重要作用的矿物称为主要造岩矿物，有 20 ~ 30 种。

一、矿物的内部结构和晶体形态

（一）结晶质矿物和非晶质矿物

绝大多数造岩矿物呈固态，固态矿物中绝大多数为结晶质，少数为非结晶质。

1. 结晶质矿物

结晶质矿物的内部质点（原子、分子或离子）在三维空间呈有规律的周期性排列，形成空间结晶格子构造。矿物的结晶过程实质上就是在一定介质、一定温度、一定压力等条件下，物质质点有规律排列的过程。质点规则排列的结果，就是晶体内部具有一定的晶体构造，称为晶体格架。这种晶体格架相当于一定质点（离子等）在三维空间所成的无数相等的六面体紧密相邻和互相平行排列的空间格子构造。如食盐的晶体格架是按正六面体（立方体）规律排列（见图 2-6）。不同的矿物，组成其空间格子的六面体的三个边长之比及其交角常不同。因此，各种矿物具有多种多样的晶体构造。

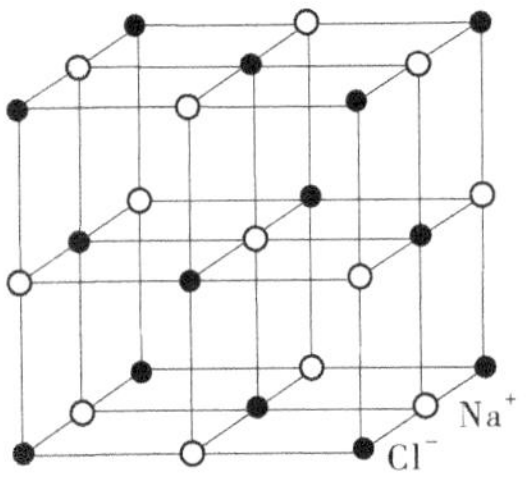

(a)

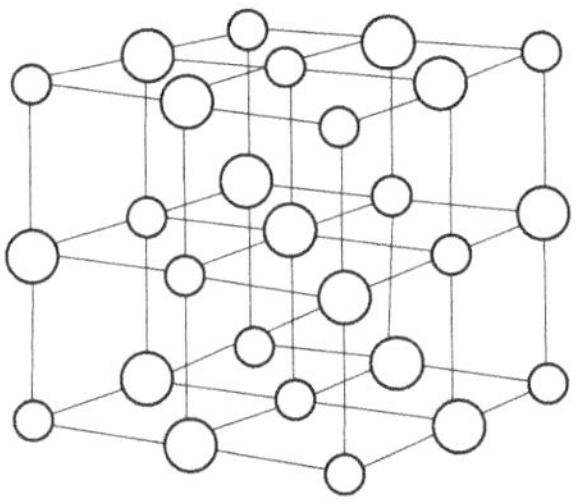
(b)小球代表Na^+，大球代表Cl^-

图 2-6　食盐的内部构造

在适当的环境里，例如有使晶质体生长的足够空间，则晶质体往往表现为一定的几何外形，即具有平整的面，称为晶面；晶面相交称为晶棱。这种具有良好几何外形的晶质体，通称为晶体。但是，大多数晶质体矿物由于缺少生长空间，如图 2-7 所示，许多个晶体同时生长，结果相互干扰，不能形成良好的几何外形。实际上，晶质体和晶体除外表形态有区别外，内部结构并无任何区别，所以二者概念基本相同。

2. 非晶质矿物

非晶质矿物的内部质点排列没有规律性，不具有规则的几何外形。非晶质矿物有玻璃质和胶体质两类，前者由高温熔融体迅速冷凝而成，如火山喷出的岩浆迅速冷凝而成的黑曜岩中的矿物；后者由胶体溶液沉淀或干涸凝固而成，如硅质胶体溶液沉淀凝聚而成的蛋白石（$SiO_2 \cdot nH_2O$）。

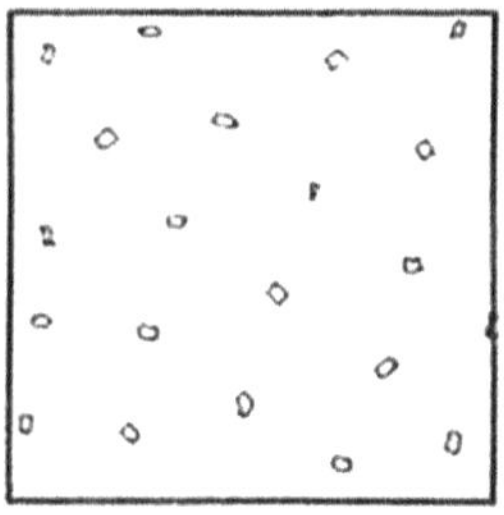

(a) 形成结晶中心

(b) 晶体围绕结晶中心成长

(c) 晶体继续生长受到空间限制

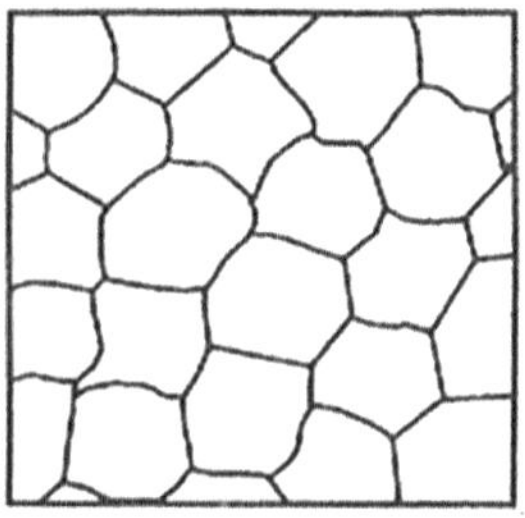

(d) 最后形成不规则粒状集合体

图 2-7 从溶液中结晶形成的粒状集合体示意

(二)矿物的晶体形态

1. 晶形

在一定条件下(如晶体生长较快,生长能力较强,生长顺序较早,或有允许晶体生长的空间——晶洞、裂缝等),矿物可以形成良好的晶体。晶体形态多种多样,但基本可以分成 2 类:一类是由同形等大的晶面组成的晶体,称为单形。单形的数目有限,只有 47 种。另一类是由两种以上的单形组成的晶体,称为聚形。聚形的特点是在一个晶体上具有大小不等、形状不同的晶面。聚形千变万化,种类可以千万计(见图 2-8)。

在自然晶体中,常发现两个或两个以上的晶体有规律地连生在一起,称为双晶。最常见的有 3 种类型:接触双晶——由 2 个相同的晶体,以一个简单平面相接触而成(见图 2-9(a))。穿插双晶——由 2 个相同的晶体,按一定角度互相穿插而成(见图 2-9(b))。聚片双晶——由 2 个以上的晶体,按同一规律,彼此平行重复连生在一起而成(见图 2-9(c))。对某些矿物来说,双晶是重要的鉴定特征之一。

2. 结晶习性

虽然每种矿物都有它自己的结晶形态,但晶体的内部构造不同,结晶环境和形成条件不同,以至晶体在空间 3 个相互垂直方向上发育的程度也不相同。在相同条件下形成的同种晶体经常具有的形态,称为结晶习性。大体可分为以下三种类型:

(1)一向延伸型。有的矿物晶体,如石棉、石膏等常形成柱状、针状、纤维状,即晶体沿一个方向特别发育。

(2)二向延伸型。有的矿物晶体,如云母、石墨、辉钼矿等常形成板状、片状、鳞片状,即晶体沿两个方向特别发育。

(3)三向延伸型。有的矿物晶体,如黄铁矿、石榴子石等常形成粒状、近似球状,即晶

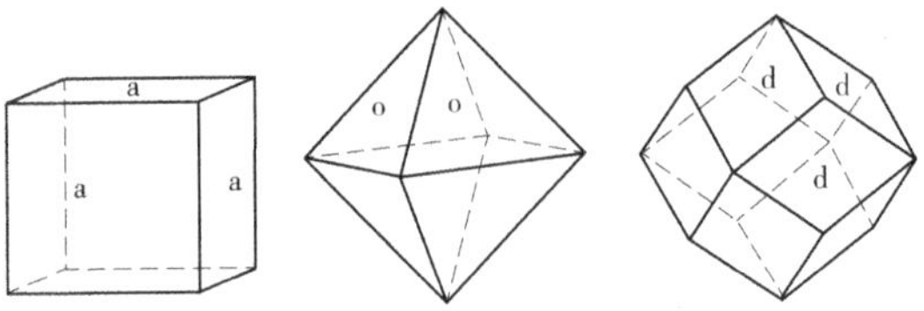

(a)六面体，八面体，菱形十二面体

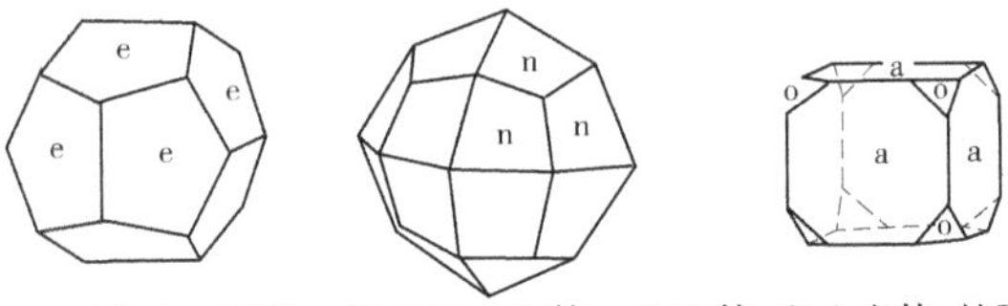

(b)五角十二面体，四角三八面体，六面体a和八在体o的聚形

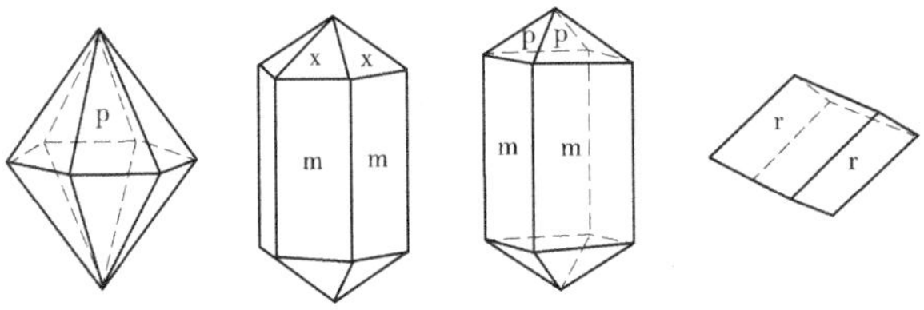

(c)六方双锥，六方柱m与六方双锥的聚形，正方柱m与正方双锥p的聚形，菱面体

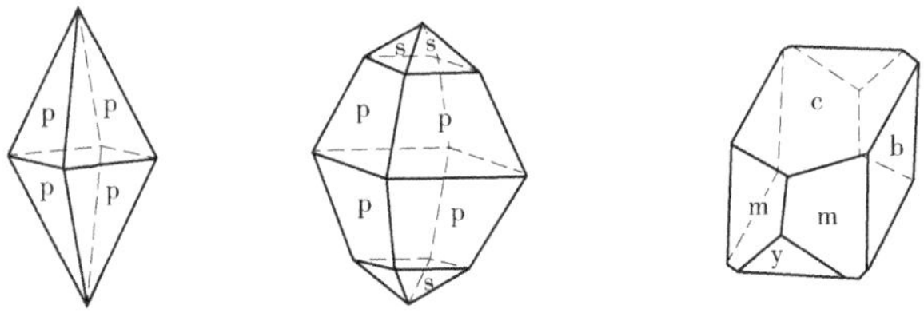

(d)斜方双锥，2种斜方双锥的聚形p、s，斜方柱m与3种平行双面b、c、y的聚形

图 2-8 常见的单晶和聚形

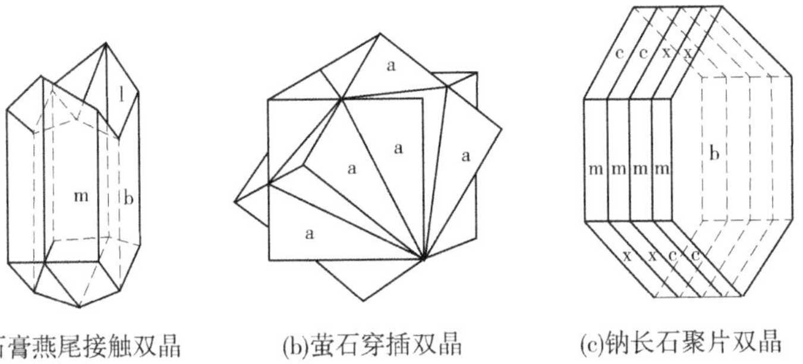

(a)石膏燕尾接触双晶　(b)萤石穿插双晶　(c)钠长石聚片双晶

图 2-9 双晶实例

体沿三个方向特别发育。

此外,还有些矿物晶体的晶面上常具有一定形式的条纹,称晶体条纹。例如,在水晶晶体的六面柱晶面上具有横条纹,在电气石晶体的柱面上具有纵条纹,在斜长石晶面上具有细微密集的条纹(双晶纹)。熟悉这些特征对于鉴定矿物具有一定意义。

二、矿物的集合体形态和化学物理性质

(一)矿物的集合体形态

自然界矿物可呈单独晶体出现,但大多数是以矿物晶体、晶粒的集合体或胶体形式出现。集合体形态不仅具有鉴定特征的意义,还可反映矿物的形成环境。

1. 粒状集合体

粒状集合体是由粒状矿物所组成的集合体,如雪花石膏是由许多石膏晶粒组成的集合体,花岗岩是由石英、长石、云母等晶粒组成的集合体。

2. 片状、鳞片状、针状、纤维状、放射状集合体

如石墨、云母等常形成片状、鳞片状集合体,石棉、石膏等常形成纤维状集合体,红柱石的放射状集合体(见图 2-10),还有些矿物常形成针状、柱状集合体。

3. 致密块状体

由极细粒矿物或隐晶矿物所形成的集合体,表面致密均匀,肉眼不能分辨晶粒间的彼此界限。

4. 晶簇

生长在岩石裂隙或空洞中的许多单晶体所组成的簇状集合体叫晶簇。其一端固着于共同的基底上,另一端自由发育而形成良好的晶形(见图 2-11)。常见的有石英晶簇(见图 2-12)、方解石晶簇等。生长晶簇的空洞叫晶洞,许多良好晶体和宝石是在晶洞中发育而成的。

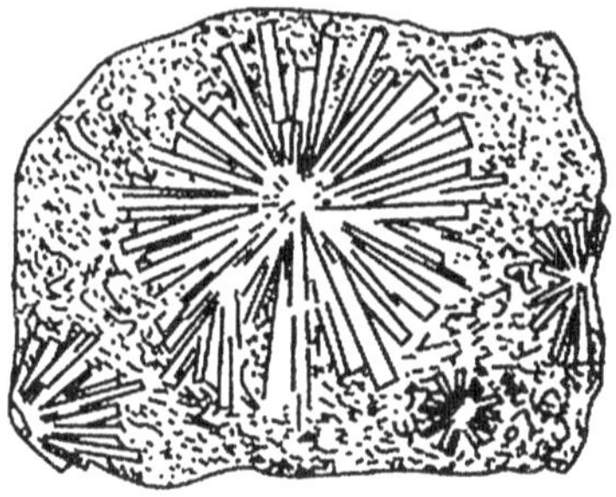

图 2-10　红柱石的放射状集合体

图 2-11　晶簇的形成过程

5. 杏仁体和晶腺

矿物溶液或胶体溶液通过岩石气孔或空洞时,常常从洞壁向中心层层沉淀,最后把孔洞填充起来,小于 2 cm 者通称杏仁体;大于 2 cm 者可称晶腺。如玛瑙往往以此形态产出(见图 2-13)。

6. 结核和鲕状体

矿物溶液或胶体溶液常常围绕着细小岩屑、生物碎屑、气泡等由中心向外层层沉淀而形成球状、透镜状、姜状等集合体,称为结核。常见的有黄铁矿、赤铁矿、磷灰石等结核,在黄土中常有石灰(方解石)结核。其大小可由数厘米到数十厘米甚至更大。

如果结核小于 2 mm,形同鱼子状,具同心层构造,称为鲕状体,鲕状体常彼此胶结在一起。例如,鲕状赤铁矿、鲕状铝土矿等。

图 2-12　石英晶簇

图 2-13　玛瑙

7. 钟状物、葡萄状、乳房状集合体

这些形态大多数是某些胶体矿物所具有的特点。胶体溶液因蒸发失水逐渐凝聚，因而在矿物表面围绕凝聚中心形成许多圆形的、葡萄状的、乳房状的小突起。例如，石灰洞中由 $CaCO_3$ 形成的钟乳石、石笋以及褐铁矿、软锰铁、孔雀石等表面常具此形态。

8. 土状体

疏松粉末状矿物集合体，一般无光泽。许多由风化作用产生的矿石如高岭土等常呈此形状。

9. 被膜

不稳定矿物因受风化作用在其表面往往形成一层次生矿物的皮壳，称为被膜。如各种铜矿表面常有一层因氧化作用而产生的翠绿色孔雀石及天蓝色铜矿的被膜。

图 2-14　假化石

此外，在岩石裂缝中还常发现一种黑色的树枝状物质，酷似植物化石，但缺少植物应有的结构（如叶脉等），称为假化石（见图 2-14）。这是由氧化锰等溶液沿着裂缝渗透沉淀而成的。

（二）矿物的化学成分

1. 矿物的化学组成类型

（1）单质矿物。基本上是由一种自然元素组成的，如金、石墨、金刚石等。自然界中这样的矿物数量不多。

（2）化合物。自然界里的矿物绝大多数都是化合物，但化合物是多种多样的，按组成情况可以划分为以下三类：

第一类是成分相对固定的化合物。简单化合物——由一种阳离子和一种阴离子化合而成，成分比较简单，例如，岩盐 NaCl、方铅矿 PbS、石英 SiO_2 以及刚玉 Al_2O_3 等。络合物——由一种阳离子和一种络阴离子组合而成，为数最多，常形成各种含氧盐矿物，如方解石 $CaCO_3$、硬石膏 $CaSO_4$ 等。复化物——大多数复化物由两种以上的阳离子和一种阴离子或络阴离子构成，如铬铁矿 $FeCrO_4$ 和白云石 $CaMg(CO_3)_2$。也有些阳离子是共同的，而阴离子是双重的，如孔雀石 $CuCO_3 \cdot Cu(OH)_2$。还有阳离子和阴离子都是相同的，但比较少见。

第二类是成分可变的化合物。主要是由类质同像引起的。所谓类质同像是指在结晶格架中，性质相近的离子可以互相顶替的现象。互相顶替的条件是：离子半径相差不大，离子电荷符号相同，电价相同。例如，镁橄榄石 $Mg_2[SiO_4]$，由于 Mg^{2+} 和 Fe^{2+} 都是二价阳离子，半径分别是 0.078 nm 和 0.083 nm（大小近似），因此其中的 Mg^{2+} 经常可以被 Fe^{2+} 所置换，但并不破坏其结晶格架。这样，就是在纯 $Mg_2[SiO_4]$ 和纯 $Fe_2[SiO_4]$ 之间，出现含 $Fe_2[SiO_4]$ 百分比不同的过渡类型。类质同像是矿物中一个普遍现象，是形成矿物中杂质的重要原因之一，也是许多稀散元素在矿物中存在的主要形式之一。

第三类是含水化合物。一般指含有 H_2O 和 OH^-、H^+、H_3O^+ 离子的化合物。含水化合物又可划分为吸附水和结构水。

吸附水是渗入到矿物或矿物集合体中的普通水，呈 H_2O 分子状态，含量不固定，不参加晶格构造。这种水可以是气态的，形成气泡水；也可以是液态的，或者包围矿物的颗粒形成薄膜水，或者填充在矿物裂隙及矿物粉末孔隙中形成毛细管水，或者以微弱的联结力依附在胶体离子表面上，形成胶体水，如蛋白石即为一种含不固定胶体水的矿物，化学式为 $SiO_2 \cdot nH_2O$。在常压下，当温度达到 100～110 ℃或更高一点时，吸附水就可以从矿物中全部逸出。

结构水是参加矿物晶格构造的水，其中一类叫结晶水，这种水以 H_2O 分子形式并按一定比例和其他成分组成矿物晶格，如石膏（$CaSO_4 \cdot 2H_2O$）含 2 个结晶水。结晶水在一定热力条件下可以脱水，脱水后矿物晶格结构也破坏了，随之矿物的物理性质也改变了。如石膏加热至 100～120 ℃水分开始逸出，变为性质不同的热石膏。结晶水逸出温度多为 100～200 ℃，一般不超过 600 ℃。另一类是介于结晶水和吸附水之间过渡性质的水，如黏土矿物之一的胶岭石 $Mg_3(OH)_4[Si_4O_8(OH)_2] \cdot nH_2O$，是具有层状格架的矿物，水分可以进入层间，使层状格架间距加大；又可排出水分，使格架间距缩小，因此胶岭石具有吸水体积膨胀的特性。这种水就是层间水。还有一类是狭义的结构水，这种水是以 OH^-、H^+、H_3O^+ 离子形式参与矿物晶格，如高岭石 $Al_24[Si_4O_{10}](OH)_8$、天然碱 $Na_3H[CO_3]_2 \cdot 2H_2O$、水云母 $(K,H_3O)Al_2[AlSi_3O_{10}](OH)_2$ 等。这种水与结构联系紧密，需要在较高温度（600～1 000 ℃）下，才能使晶格破坏，水分逸出。在一种矿物中可以同时存在几种形式的水。

2. *矿物的同质多像*

同一化学成分的物质，在不同的外界条件（温度、压力、介质）下，可以结晶成两种或两种以上不同构造的晶体，构成结晶形态和物理性质不同的矿物，这种现象称为同质多像。在矿物中，同质多像相当普遍。例如，碳（C）在不同的条件下形成石墨和金刚石，二者成分相同，但结晶形态和物理性质相差悬殊（见表 2-3）。

掌握同质多像规律，对于确定矿物的形成温度具有一定意义。许多同质多像矿物的变体，被称为矿物学温度计。例如，α 石英（三方）和 β 石英（六方）在常压条件下的转变温度为 573 ℃。压力变化对同质多像的转变也有影响，例如在 3 000 个大气压条件下，α 石英和 β 石英的转变温度为 644 ℃。介质的成分、杂质、酸碱度等对同质多像变体的形成也有一定影响。例如，FeS_2 在相同温度和压力下，在碱性介质中生成黄铁矿（等轴），而在酸性介质中生成白铁矿（斜方）。由此可见，研究同质多像有助于研究矿物的形成环境。

表 2-3　碳素同质二像变体的比较

性质	金刚石	石墨
晶系	等轴	六方
形态	八面体	六方片状
颜色	无色	黑色,刚灰色
透明度	透明	不透明
硬度	10	1
比重	3.47~3.56	2.09~2.23
光泽	金刚光泽	金属光泽
导电性	半导体	良导体

3. 胶体矿物

地壳中分布最广的除各种晶体矿物外,还有一些胶体矿物。一种物质的微粒分散到另一种物质中的不均匀分散体系称为胶体。前者称为分散相,其大小为 10^{-5} ~ 10^{-7} cm;后者称为胶凝体。在自然界分布最广的是某些细微固体质点分散到水中所成的交融体,即所谓胶体溶液。这些固体质点因其带电而具有吸附作用,即从周围环境中吸附大量带电异性电荷的离子,这种特性虽然使某些胶体矿物常含有很多其他成分或杂质,但也往往形成钴、镍等重要沉积矿产。这些带电胶体质点当其电荷被中和时,如河流中的胶体质点,进入海洋就被海水中的电解质所中和,即发生凝聚而沉积(也可叫胶凝作用),并富集成矿。这样形成的矿物实际上是胶体溶液失去大部分水分而成的胶凝体,也就是所说的胶体矿物。如 SiO_2、$Fe(OH)_3$ 等胶体溶液失水胶凝后,即可形成蛋白石、褐铁矿等。

胶体矿物在形态上一般呈鲕状、肾状、葡萄状、结核状、钟乳状和皮壳状等,表面常有裂纹和皱纹,这是由胶体失水引起的。在结构上,可以是非晶质的、隐晶质的或显晶质的,这取决于胶体的晶化程度。这种矿物化学成分上往往含有较多的水,并且成分不很固定,这是胶体的吸附作用和离子交换所引起的。

(三)矿物的物理成分

矿物的化学成分不同,晶体构造不同,从而表现出不同的物理性质。

1. 颜色

矿物颜色是矿物对光线吸收和反射的物理性能,是由矿物的化学成分和内部结构决定的。例如,黄铁矿是铜黄色,橄榄石为橄榄绿色。

矿物的颜色有自色、他色和假色之分。自色,是因矿物本身固有的化学组成中含有某些色素离子而呈现的颜色。自色是鉴定矿物的重要标志之一。如矿物中含有 Mn^{4+},呈黑色;含有 Mn^{2+},呈紫色;含有 Fe^{3+},呈樱红色或褐色;含有 Cu^{2+},呈蓝色或绿色,等等。有些矿物的颜色与其化学成分无关,而是因矿物中所含的杂质成分所引起的,称为他色。如纯净水晶(SiO_2)是无色透明的,若其中混入微量不同的杂质,即可具有紫色、粉红色、褐色、黑色等。他色一般不能作为矿物鉴定的主要特征。有些矿物的颜色是由某些化学的和物理的原因引起的，称为假色。如片状集合体矿物常因光程差引起干涉色，称为晕色，如云母；易氧化的矿物在其表面往往形成具有一定颜色的氧化薄膜，称为锖色，如斑铜矿。

2. 条痕

矿物粉末的颜色称为条痕。一般是利用条痕板（无釉瓷板），观察矿物在其上划出的痕迹的颜色。由于矿物的粉末可以消除一些杂质和物理方面的影响，所以比其颜色更为固定。有些矿物如赤铁矿，其颜色可能有赤红、黑灰等色，但其条痕均为樱红色。有些矿物如黄金、黄铁矿，其颜色大体相同，但其条痕则相差很远，前者为金黄色，后者则为黑或黑绿色。因此，条痕在鉴定矿物时具有重要意义。

3. 光泽

矿物表面反射光线的能力称为光泽。根据矿物反射光线的强弱程度，可分为以下几种：

（1）金属光泽。反光极强，光辉闪耀，如黄铁矿、方铅矿等。

（2）半金属光泽。反光较强，较金属光泽弱，暗淡而不刺目，如磁铁矿等。

（3）非金属光泽。是一种不具有金属感的光泽。包括：①金刚光泽，光泽闪亮耀眼，如金刚石。②玻璃光泽，近似一般平面玻璃的反光，如石英晶面、长石等。③油脂光泽，如同涂上油脂后的反光，如石英断口光泽。④珍珠光泽，如同珍珠表面或贝壳内面出现的乳白彩光，如白云母等。⑤丝绢光泽，出现纤维状集合体矿物的表面光泽，如石棉及纤维石膏等。⑥土状光泽，反光暗淡，如高岭石等。

4. 透明度

矿物允许光线透过的程度称为透明度。矿物吸收、反射光线的能力越强，透明度越差。根据矿物的透明度可将矿物分为以下三类：

（1）透明矿物。矿物碎片边缘能清晰地透见他物，如水晶、冰洲石等。

（2）半透明矿物。矿物碎片边缘可以模糊地透见他物或有透光现象，如辰砂、闪锌矿等。

（3）不透明矿物。矿物碎片边缘不能透见他物，如黄铁矿、磁铁矿、石墨等。

多数造岩矿物为半透明矿物，金属矿物则为不透明矿物。观察矿物透明度应注意同等厚度条件，肉眼观察可在矿物碎片边缘进行。

5. 硬度

矿物抵抗外力刻划、压入、研磨的能力称为硬度。根据高硬度矿物可以刻划低硬度矿物的原理，德国摩氏（Mohs F）选择了10种标准矿物，将硬度分为10级，制成“摩氏硬度计”（见表2-4）。摩氏硬度计只代表矿物硬度的相对顺序，而不是绝对硬度。

表2-4　矿物摩氏硬度计

硬度	1	2	3	4	5	6	7	8	9	10
矿物名称	滑石	石膏	方解石	萤石	磷灰石	正长石	石英	黄玉	刚玉	金刚石

摩氏硬度是野外工作和岩矿肉眼鉴定常用的试硬方法。例如，将待定矿物与硬度计中某矿物（假定是方解石）相刻划，若彼此无损伤，则硬度相等，即可定为3；若此矿物能刻

划方解石，但不能刻划萤石，相反却被萤石所刻划，则其硬度当在3～4，可定为3.5。依此类推。另外，还可利用指甲（2～2.5）、小钢刀（5～5.5）等来代替硬度计。

6. 解理

矿物晶体在外力敲击下，按一定方向裂开并产生光滑平面的性质叫作解理。沿着一定方向分裂的面叫作解理面。解理是由晶体内部格架构造所决定的。例如石墨，在不同方向碳原子的排列密度和间距互不相同（见图2-15），竖直方向质点间距等于水平方向质点间距的2.5倍。质点间距越远，彼此作用力越小，所以石墨具有一个方向的解理，即一向解理。

有的矿物具有二向、三向、四向解理或六向解理，方解石具有三个方向的解理（见图2-16）。

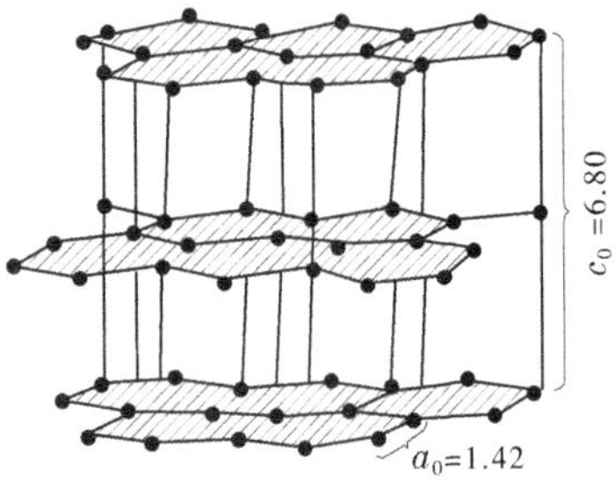

图2-15　石墨的晶格结构

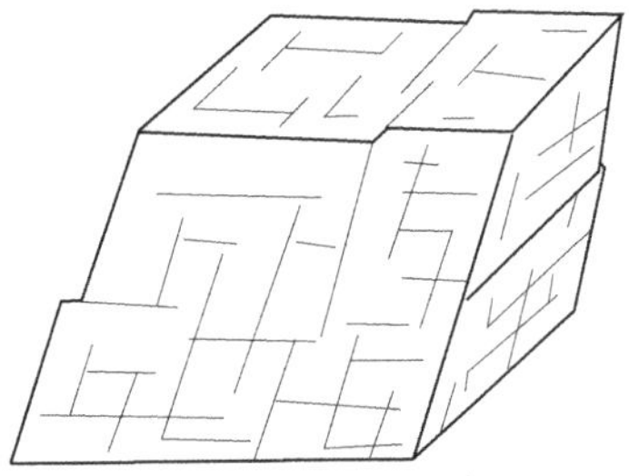

图2-16　方解石的三个方向解理

根据解理的发育程度不同，可分为下列等级：

（1）最完全解理。矿物极易裂成薄片，解理面较大而平整光滑，如云母、石膏等。

（2）完全解理。矿物极易裂成平滑小块或薄板，解理面光滑，如方解石、石盐等。

（3）中等解理。解理面往往不能一劈到底，不很光滑，且不连续，常呈现小阶段梯状，如普通角闪石、普通辉石等。

（4）不完全解理。解理程度很差，在大块矿石上很难看到解理，只在细小碎块上才可看到不清晰的解理面，如磷灰石等。

（5）极不完全解理（无解理）。没有解理面，如石英、磁铁矿等。

对具有解理的矿物来说，同种矿物的解理方向和解理程度总是相同的，性质很固定，因此解理是鉴定矿物的重要特征之一。

7. 断口

矿物受力破裂后所出现的没有一定方向的不规则断开面称为断口。断口出现的程度一般跟解理的完善程度互为消长，即解理程度越高的矿物越不易出现断口，解理程度越低的矿物越容易形成断口。

根据断口的形状，可以分为贝壳状断口、锯齿状断口、参差状断口、平坦状断口等。其中，最常见的是在石英、火山玻璃上出现的具同心圆纹的贝壳状断口（见图2-17、图2-18）。一些自然金属矿物常出现尖锐的锯齿状断口。

8. 脆性和延展性

矿物受力极易破碎，不能弯曲，称为脆性。这类矿物用刀尖刻划即可产生粉末。大部

图 2-17　水晶上的贝壳状断口

图 2-18　黑曜岩上的贝壳状断口

分矿物具有脆性，如方解石。

矿物受力发生塑性变形，如锤成薄片、拉成细丝，这种性质称为延展性。这类矿物用小刀刻划不产生粉末，而是留下光亮的刻痕，如金、自然铜等。

9. 弹性和挠性

矿物受力变形，作用力失去后又恢复原状的性质称为弹性。如云母，屈而能伸，是弹性最强的矿物。

矿物受力变形，作用力失去后不能恢复原状的性质称为挠性。如绿泥石，屈而不伸，是挠性明显的矿物。

10. 相对密度

矿物质量与 4 ℃时同体积水的质量比，称为矿物的相对密度。矿物的化学成分中若含有原子量大的元素或者矿物的内部构造中原子或离子堆积比较紧密，则相对密度较大；反之，则相对密度较小。大多数矿物相对密度为 2.5 ~ 4，一些贵金属矿物常为 5 ~ 8，极少数矿物（如铂族矿物）可达 23。

11. 磁性

少数矿物（如磁铁矿、钛磁矿等）具有被磁铁吸引或本身能吸引铁屑的性质称为磁性。一般用马蹄形磁铁或带磁性的小刀来测验矿物的磁性。

12. 电性

有些矿物受热生电，称热电性，如电气石；有些矿物受摩擦生电，如琥珀；有的矿物在压力和张力的交互作用下产生电荷效应，称为压电效应，如压电石英。压电石英已被广泛地应用于现代科学技术方面。

13. 发光性

有些矿物在外来能量的激发下发出可见光，若在外界作用消失后停止发光，称为荧光。如萤石加热后产生蓝色荧光，白钨矿在紫外线照射下产生天蓝色荧光，金刚石在 X 射线照射下亦发生天蓝色荧光。有些矿物在外界作用消失后还能继续发光，称为磷光，如磷灰石。利用发光性可以探察某些特殊矿物（如白钨矿）。

14. 其他性质

有些矿物具易燃性，如琥珀；有些易溶于水的矿物具有咸、苦、涩等味道；有些矿物具有滑腻感；有些矿物受热或燃烧后产生特殊的气味。

总之，充分利用各种感官，并通过反复实践，抓住矿物的主要特征，就可逐渐达到掌握肉眼鉴定重要矿物的目的。肉眼鉴定矿物是进一步鉴定的基础，也是野外工作所需要掌握的基本技能。

三、主要造岩矿物及其鉴定特征

常见的造岩矿物及其特征见表2-5。

表2-5 常见的造岩矿物及其特征一览

矿物名称及化学成分	形状	物理性质				主要鉴定特征
		颜色	光泽	硬度	解理、断口	
石英 SiO_2	六棱柱状或双锥状、粒状、块状	无色、乳白色或其他色	玻璃光泽、断口为油脂光泽	7	无解理，贝壳状断口	形状，硬度
正长石 $KAlSi_3O_8$	短柱状、板状、粒状	肉色、浅玫瑰色或近于白色	玻璃光泽	6	二向完全解理，近于正交	解理，颜色
斜长石 $Na(AlSi_3O_8)$，$Ca(Al_2Si_2O_8)$	长柱状、板条状	白色或灰白色	玻璃光泽	6	二向完全解理，斜交	颜色，理解面有细条纹
白云母 $KAl_2(AlSi_3O_{10})(OH)_2$	板状、片状	无色、灰白至浅灰色	玻璃或珍珠光泽	2~3	一向极完全解理	解理，薄片有弹性
黑云母 $K(Mg、Fe)_3(AlSi_3O_{10})(OH)_2$	板状、片状	深褐、黑绿至黑色	玻璃或珍珠光泽	2.5~3	一向极完全解理	解理、颜色，薄片有弹性
角闪石 $Ca_2Na(Mg、Fe)_4(Al、Fe)[(Si、Al)_4O_{11}]_2(OH)_2$	长柱状、纤维状	深绿至黑色	玻璃光泽	5.5~6	二向完全解理，交角近56°	形状，颜色
辉石 $(Ca、Mg、Fe、Al)[(Si、Al)_2O_6]$	短柱状、粒状	褐黑、粽黑至深黑色	玻璃光泽	5~6	二向完全解理，交角近90°	形状、颜色
橄榄石 $(Mg、Fe)_2SiO_4$	粒状	橄榄绿、淡黄绿色	油脂或玻璃光泽	6.5~7	通常无解理，贝壳状断口	颜色，硬度
方解石 $CaCO_3$	菱面体、块状、粒状	白、灰色或其他色	玻璃光泽	3	三向完全解理	解理，硬度，遇盐酸强烈起泡

续表 2-5

矿物名称及化学成分	形状	物理性质				主要鉴定特征
		颜色	光泽	硬度	解理、断口	
白云石 $CaMg(CO_3)_2$	菱面体、块状、粒状	灰白、淡红色或淡黄色	玻璃光泽	3.5～4	三向完全解理，晶面常弯曲呈鞍状	解理，硬度，晶面弯曲，遇盐酸起泡微弱
石膏 $CaSO_4 \cdot 2H_2O$	板状、条状、纤维状	无色、白色或灰白色	玻璃或丝绢光泽	2	一向完全解理	解理、硬度
高岭石 $Al_4(Si_4O_{10})(OH)_8$	鳞片状、细粒状	白、灰白或其他色	土状光泽	1	一向完全解理	性软，黏舌，具可塑性
滑石 $Mg_3(Si_4O_{10})(OH)_2$	片状、块状	白、淡黄、淡绿或浅灰色	蜡状或珍珠光泽	1	一向完全解理	颜色，硬度，触摸有滑腻感
绿泥石 $(Mg、Fe、Al)[(Si、Al)_4O_{10}](OH)_8$	片状、土状	深绿色	珍珠光泽	2～2.5	一向完全解理	颜色，薄片无弹性有挠性
蛇纹石 $Mg_6(Si_4O_{10})(OH)_8$	块状、片状、纤维状	淡黄绿、淡绿或淡黄色	蜡状或丝绢光泽	3～3.5	无解理，贝壳状断口	颜色，光泽
石榴子石 $(Mg、Fe、Mn)_3Al_2(SiO_4)_3$	菱形十二面体、二十四面体、粒状	棕、棕红或黑红色	玻璃光泽	6.5～7.5	无解理，不规则断口	形状，颜色，硬度
黄铁矿 FeS_2	立方体、粒状	浅黄铜色	金属光泽	6～6.5	贝壳状或不规则断口	形状，颜色，光泽

第三节　岩　石

岩石是由矿物组成的，是地壳的基本组成物质，是内外力地质作用的产物。岩石按其形成方式不同可以划分为岩浆岩（火成岩）、沉积岩和变质岩三大类型，它们分别是岩浆作用、外力地质作用和变质作用的产物。地质作用方式及发生环境不仅影响着岩石的矿物组成，而且对岩石中矿物的形态和彼此间的组合方式（岩石的结构和构造）起着控制作用。岩石的结构是指岩石中矿物的结晶程度、颗粒大小、形状及彼此间的组合方式；岩石的构造是指岩石中矿物集合体之间或矿物集合体与岩石其他组成部分之间的排列和充填方式。岩浆岩多具块状构造，沉积岩多具层状构造，变质岩多具片理构造。矿物成分和结构、构造是识别岩石类型的主要依据。

地球上三大类岩石数量不均，分布位置也不同。沉积岩主要分布在陆地表面，约占整个大陆面积的75%，洋底几乎全部为沉积物所覆盖；从地表面往下越深则沉积岩越少，而岩浆岩和变质岩则越来越多，地壳深处和上地幔主要是岩浆岩和变质岩。岩浆岩占整个地壳体积的64.7%，变质岩占27.4%，沉积岩占7.9%。

一、岩浆岩

（一）岩浆与岩浆作用

岩浆是存在于上地幔和地壳深处，以硅酸盐为主要成分，富含挥发性物质，处于高温（700～1 300 ℃）、高压（高达数千兆帕）状态下的熔融体。按岩浆中所含 SiO_2 的多少，可将岩浆划分为四种类型（见表2-6）。

表2-6　岩浆分类

岩浆类型	SiO_2 含量（%）	颜色	稀稠	密度
酸性的	>65	浅	稠	轻
中性的	65～52	↕	↕	↕
基性的	52～45			
超基性的	<45	深	稀	重

岩浆作用是指地下深处相对平衡状态下的岩浆，受地壳运动影响，沿着地壳中薄弱、开裂地带向地表方向活动的过程。若岩浆上升未达地表，在地壳中冷却凝固，称为岩浆的侵入作用；若岩浆上升冲出地表，在地面冷却凝固，称为岩浆的喷出作用，也称火山作用。

（二）岩浆岩的成因及产状

1. 岩浆岩的形成

岩浆岩按其生成环境可分为侵入岩和喷出岩。侵入岩是岩浆侵入作用使岩浆在高温下缓慢冷却结晶而形成的岩浆岩。其中，在岩浆源附近凝结而形成的岩浆岩称为深成侵入岩；在接近地表形的地段，但未上升至地表面而凝结的岩浆岩称为浅成侵入岩。喷出岩是喷出作用使岩浆在地表常压下迅速冷凝而成的岩石。

2. 岩浆岩产状

岩浆岩生成的空间位置和形状、大小称为岩浆岩的产状（见图2-19）。

岩基是一种规模巨大的深成侵入岩体，其横截面面积一般超过60 km^2，构成岩基的岩石多是花岗岩，岩性均匀稳定，是良好的建筑地基。

岩株是一种形体较岩基小的岩体，分布面积一般小于60 km^2，形状不规则，也常是岩性均一的良好地基。

岩盘是一种中心厚度较大，底部较平，顶部呈穹窿状的层间侵入体，分布范围可达数平方千米，多由酸性、中性岩石组成。

岩床是由流动性较大的岩浆沿着岩层层面贯入而形成的板状岩体。其表面无明显凸凹，厚度为数米至数百米不等。

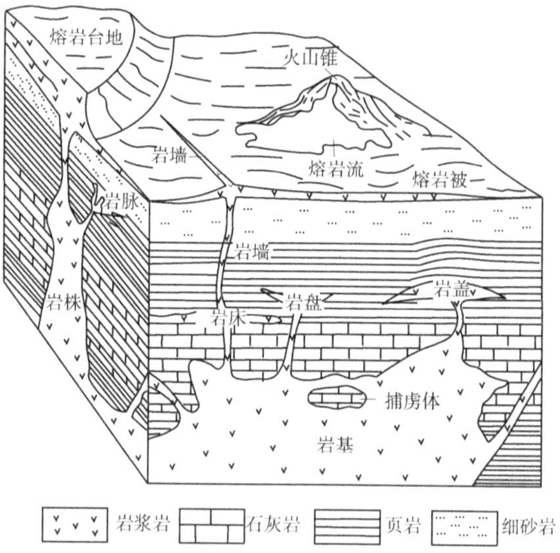

图 2-19　岩浆岩的产状

岩墙是岩浆沿岩层裂隙侵入形成的狭长岩浆岩体,与周围层理或片理斜交。

岩脉是岩浆侵入围岩各种断层和裂隙形成的脉状岩体。

岩钟和岩流属喷出岩产状。前者是黏性大的酸性岩浆在喷出火山口后,于火山口周围冷凝而成的钟状或锥状岩体;后者是黏性小的基性岩浆在喷出火山口后,迅速向地表较低处流动,边流动边冷凝而成的岩体,它在一定地表面范围内覆盖一定的厚度,也称为岩被。

(三)岩浆岩的地质特征

岩浆岩的地质特征包括岩浆岩的结构、构造和矿物成分,它们都是由岩石的形成过程所决定的,是鉴定岩石的重要特征。

1. 岩浆岩的结构

岩浆岩的结构是指组成岩浆岩的结晶程度、矿物颗粒大小、形状特征以及这些物质彼此之间的相互关系等所反映出来的特征。

(1)按岩石的结晶程度分类。岩石的结晶程度是指岩石中结晶物质和非结晶玻璃物质的含量比例。全结晶结构:岩石全部由矿物的晶体所组成的一种结构,常见于深成岩中,如花岗岩。玻璃质结构:岩石全部由玻璃质组成,主要分布于喷出岩中,如黑曜岩。半晶质结构:岩石中既有矿物晶体,又有玻璃物质,常见于喷出岩中,如流纹岩。

(2)按晶粒的绝对大小分类。显晶质结构:矿物颗粒在肉眼下可以分辨的,常见于深成岩中,如花岗岩。隐晶质结构:矿物颗粒非常细小,肉眼不可分辨,显微镜下可分辨,常见于浅成岩和喷出岩中。非晶质结构:不结晶的玻璃质,在显微镜下也观察不到矿物晶粒的一种结构,常见于火山熔岩中。

(3)按晶粒的相对大小分类。等粒结构(见图 2-20):岩石中的矿物全部为显晶质,呈粒状,且主要矿物颗粒大小近似相等的结构,是深成岩特有的结构。按矿物结晶颗粒粗细又可分为粗粒结构(晶粒直径 >5 mm)、中粒结构(晶粒直径为 5 ~ 1 mm)、细粒结构(晶粒直径<1 mm)。不等粒结构:组成岩石的主要矿物结晶颗粒大小不等,相差悬殊,多见于深成侵入岩边缘部位或浅成侵入岩中。斑状结构:斑状结构(见图2-21)和似斑状结构是指岩石中较大的矿物晶体被细小晶粒或隐晶质、玻璃质矿物所包围的一种结构。较大的晶体矿物称为斑晶,细小的晶粒或隐晶质、玻璃质称为基质。当基质由显晶质物质组成时则形成似斑状结构,常见于深成侵入体的边缘或浅成岩中;当基质为隐晶质或玻璃质组成时则称为斑状结构,是浅成岩或喷出岩的重要特征。

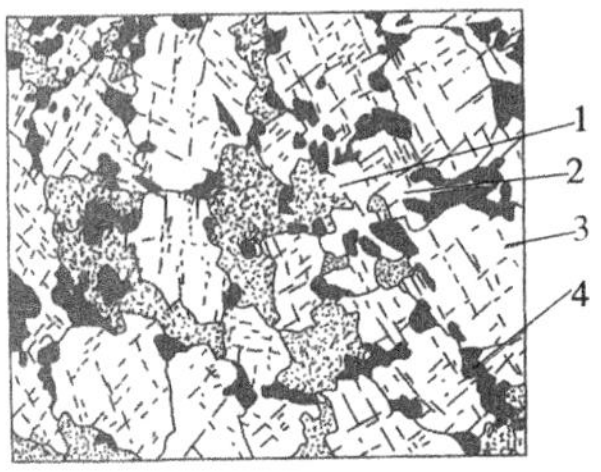

1—石英;2—斜长石;3—钾长石;4—云母

图2-20 具有等粒结构的花岗岩

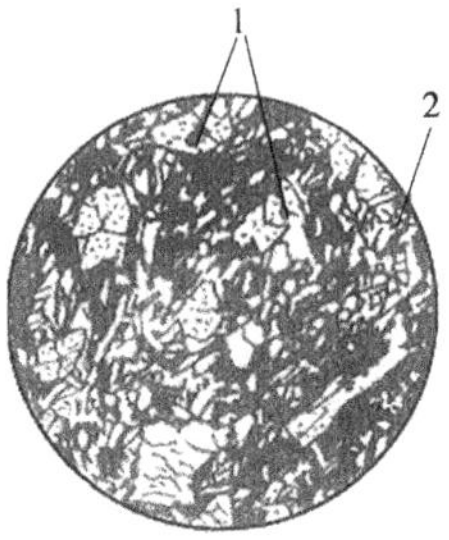

1—斑晶;2 基质

图2-21 斑状结构

2. 岩浆岩的构造

岩浆岩的构造是指岩浆岩中各种矿物集合体在空间排列及填充方式上所表现出来的特征。

(1)块状构造,是指矿物在岩石中的排列无一定次序、无一定方向,不具有任何特殊形象的均匀块体。多数侵入岩具有这种构造。

(2)流纹状构造。在喷出岩中由不同颜色的矿物、玻璃质和拉长气孔等沿一定方向排列,表现出熔岩流动的状态。

(3)气孔及杏仁状构造。当熔岩喷出时,由于温度和压力骤然降低,岩浆中大量挥发性气体被包裹于冷凝的玻璃质中,气体逐渐逸出,形成各种大小和数量不同的孔洞,称气孔构造(见图2-22)。有的岩石气孔极多,以至岩石成泡沫状块体,如浮岩。如果孔洞被后期次生方解石、蛋白石等矿物填充,形如杏仁则称为杏仁状构造。

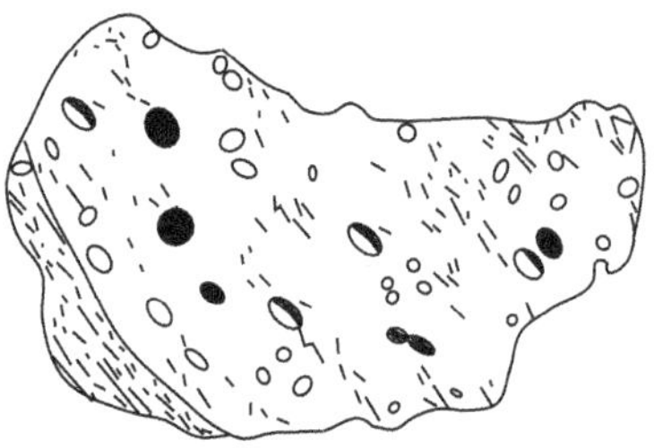

图2-22 气孔构造

3. 岩浆岩的矿物成分

组成岩浆岩的矿物有30多种,按其颜色及化学成分的特点可分为浅色矿物和深色矿物两类。浅色矿物含硅、铝成分,如正长石、斜长石、石英、白云母等;深色矿物富含铁、镁物质,如黑云母、辉石、角闪石、橄榄石等。

(四)常见的岩浆岩

1. 酸性岩类

(1)花岗岩。属深成岩,多呈肉红色、灰白色,主要矿物为石英、正长石和酸性斜长石,次要矿物有黑云母和角闪石等。全晶质等粒结构,块状构造。花岗岩分布广泛,抗压强度大,质地均匀坚实,颜色美观,产状多为岩基、岩株,不仅是优质建材,也是良好的建筑物地基。

(2)花岗斑岩。成分与花岗岩相似,斑状结构,斑晶主要有钾长石、石英或斜长石,块状构造。

(3)流纹岩。呈灰白色、紫红色,斑状结构,斑晶多为斜长石、石英或正长石,流纹状构造,抗压强度略低于花岗岩。

2. 中性岩类

(1)正长石。呈肉红色、浅灰色,全晶质等粒结构或似斑状结构,块状构造。主要矿物为正长石,次要矿物有黑云母、角闪石,含极少量石英,较易风化。极少单独形成,主要与花岗岩等共生。

(2)正长斑岩。斑状结构,斑晶为正长石,块状构造。

(3)粗面岩。斑状结构,斑晶为正长石,块状构造,表面具有细小孔隙,且粗糙。

(4)闪长岩。呈灰色或浅绿灰色,主要矿物为中性斜长石和角闪石,次要矿物有黑云母、辉石等,全晶质等粒结构,块状构造。闪长岩结构致密强度高,且具有较高的韧性和抗风化能力,是优质建筑石料。

(5)闪长玢岩。斑状结构,斑晶为中性斜长石,有时为角闪石,块状构造。常为灰色,如有次生变化,则多为灰绿色。

(6)安山岩。呈灰绿色、灰紫色,斑状结构,斑晶为角闪石或基性斜长石,块状构造,有时为气孔构造或杏仁构造,是分布较广的中性喷出岩。

3. 基性岩类

(1)辉长岩。呈灰黑、黑色,主要矿物为基性斜长石和辉石,次要矿物有橄榄石和角闪石,全晶质等粒结构,块状构造。辉长岩强度很高,抗风化能力强。

(2)辉绿岩。呈灰绿色,辉绿结构,块状构造,是优良的建筑材料。

(3)玄武岩。呈灰黑色、黑色,隐晶质结构或斑状结构,斑晶为橄榄石、辉石或斜长石,常见气孔状构造、杏仁状构造。玄武岩致密坚硬,性脆、强度较高。但是多孔时强度较低,较易风化。

(五)岩浆岩的工程地质特征

地壳表层出露的岩浆岩以花岗岩和玄武岩的分布最广,我国东南沿海如浙、闽地区,流纹岩也有较广泛的分布。通常情况下,在岩浆岩中裂隙发育的部位或风化带内,可形成和储藏裂隙地下水,尤其是玄武岩分布区,往往存在具有供水意义的地下水资源。由于不同的生成条件,各种岩浆岩的结构、构造和矿物成分亦不相同,因而岩石的工程地质及水文地质性质也各有所异。

一般深成岩常形成岩基等大型侵入体,岩性一般较均一,以中、粗粒结构为主,致密坚硬,空隙率小,透水性弱,抗水性强,故深成岩体常被选为理想的建筑场地。

深成岩具结晶联结,晶粒粗大均匀,力学强度高,裂隙较不发育,一般岩体大、整体稳定性好,故一般是良好的建筑物地基和天然建筑石材。但有些岩体风化层很厚,须采取处理措施。此外,深成岩经过多期地壳变动影响,其完整性和均一性受到破坏,且有些节理被黏土矿物充填形成软弱夹层或泥化夹层。

浅成岩中细晶质和隐晶质结构的岩石透水性小、力学强度高、抗风化性能较深成岩强，通常也是较好的建筑地基。但斑状结构岩石的透水性和力学强度变化较大，特别是脉岩类，岩体小，且穿插于不同的岩石中，这些小型侵入体与围岩接触部位岩性不均一，节理发育，岩石破碎，风化蚀变严重，透水性增大，应进行充分调查和研究。

喷出岩一般原生节理发育，产状不规则，厚度变化大，岩性很不均一，因此强度较低，透水性强，抗风化能力差。但对于节理不发育、颗粒细或呈致密状的喷出岩，则强度高，抗风化能力强，也属于良好建筑物地基。应注意的是其中常常具有气孔构造、流纹构造及发育有原生裂隙，透水性较大。此外，喷出岩多呈岩流状产出，岩体厚度小，岩相变化大，对地基的均一性和整体稳定性影响较大。

二、沉积岩

（一）沉积岩的形成过程

沉积岩是在地表常温常压下，由外力地质作用促使地壳表层先生成的矿物和岩石遭到破坏，将其松散碎屑搬运到适宜的地带沉积下来，再经压固、胶结而形成的层状岩石。沉积岩广泛分布于地壳表层，占陆地面积的75%，沉积岩各处的厚度不一，最厚处可超过10 km，薄者只有数十米。沉积岩是地表常见的岩石，在沉积岩中蕴藏着大量的沉积矿产，比如煤、石油、天然气等，同时各种建筑物如道路、桥梁、矿山、水坝等几乎都以沉积岩为地基，同时沉积岩也是建筑材料的重要来源。

（二）沉积岩的物质组成

1. 沉积物颗粒

沉积物颗粒主要由矿物和岩屑（先成的岩浆岩、沉积岩和变质岩经物理风化作用产生的岩石碎屑）组成；此外，还有其他方式生成的沉积物颗粒，如火山喷发产生的火山灰、火山角砾等火山碎屑以及由生物残骸或有机化学变化而成的物质（贝壳、泥炭、有机质等）。

沉积岩中已发现的矿物有160余种，但比较重要的只有20余种，如石英、长石、云母、黏土矿物、碳酸盐矿物、卤化物及含水氧化铁、锰、铝矿物等，在同一种沉积岩中出现的矿物成分一般有1~3种，沉积物颗粒的矿物成分按其成因可分为：

（1）碎屑矿物。指母岩中抵抗风化能力强而残留下来的矿物，如石英、长石、白云母等原生矿物。

（2）黏土矿物。主要由含铝硅酸盐类的母岩，经化学风化作用新形成的不溶矿物。如高岭石、伊利石、蒙脱石等，这些矿物粒径小，小于等于0.002 mm，具有很大的亲水性、可塑性及膨胀性。

（3）化学沉积矿物。只有纯化学作用或生物化学作用从真溶液和胶体溶液中沉淀出来而形成的矿物，如方解石、石膏、蛋白石、铁和锰的氧化物或氢氧化物等。

2. 胶结物

在沉积物颗粒之间，存在把松散沉积物联结起来的物质，称为胶结物（见表2-7）。胶结物对于沉积岩的颜色、坚硬程度有很大影响，对碎屑岩的工程性质产生重要作用。按其成分可以分为下面四种。

表 2-7　胶结物鉴定特征

胶结物类型	主要鉴定特征			
	颜色	硬度	滴稀盐酸	其他
硅质	灰白、灰黑	6～7		
钙质	灰白、灰黄	3	剧烈起泡	
铁质	灰红、铁锈	4～5		
泥质	红、灰、黑色	1		遇水软化

(1)硅质胶结物。胶结物成分为二氧化硅,所胶结的岩石强度高,呈灰色。

(2)钙质胶结物。胶结物成分为钙质,所胶结的岩石强度比泥质胶结的岩石高,具有可溶性,呈灰白色。

(3)铁质胶结物。胶结物成分为氢氧化铁或三氧化二铁,所胶结的岩石强度仅次于硅质胶结,常呈黄褐色或砖红色。

(4)泥质胶结物。胶结物成分为黏土物质,多呈黄褐色,所胶结的岩石硬度小,强度低,易碎,易湿软,断面呈土状。

胶结物在沉积岩中的含量一般为25%左右,若含量超过25%,即可参与岩石的命名。如钙质长石石英砂岩,说明长石石英砂岩中钙质胶结物含量超过了25%。

(三)沉积岩的结构

沉积岩的结构是指组成岩石的物质颗粒大小、形状及其组合关系,是沉积岩分类命名的重要依据。

1. 碎屑结构

碎屑结构是指碎屑物被胶结物胶结而成的结构(见图2-23),按碎屑颗粒的粒径大小划分为3种结构:

(1)砾状结构。碎屑粒径大于2 mm,碎屑形成后未经过长距离搬运呈棱角状,称为角砾状结构;碎屑经过长距离搬运呈浑圆状,称为砾状结构。

(2)砂质结构。碎屑粒径为0.05～2 mm,其中,0.5～2 mm的为粗粒结构,如粗粒砂岩(粗砂岩);0.25～0.5 mm的为中粒结构,如中粒砂岩;0.05～0.25 mm的为细粒结构,如细粒砂岩(细砂岩)。

(3)粉砂质结构。碎屑粒径为0.002～0.05 mm,如粉砂岩。

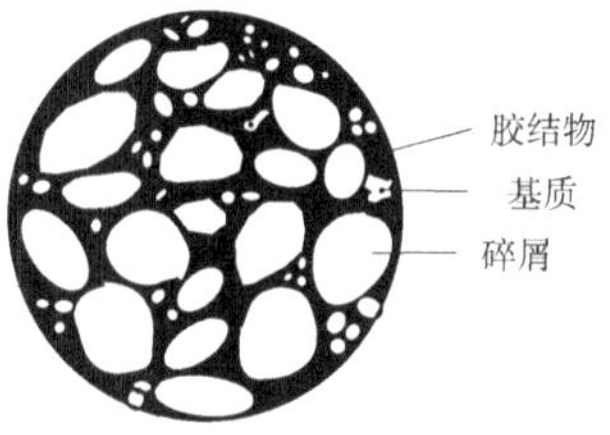

图 2-23　碎屑、基质和胶结物

2. 泥质结构

泥质结构是由粒径 $d<0.002$ mm的陆源碎屑和黏土矿物经过机械沉积而成的。外观呈均匀致密的泥质状态,特点是手摸有滑感,用刀切呈平滑面,断口平坦。

3. 结晶结构

结晶结构是溶液中沉淀或重结晶,纯化学成因所形成的结构,是溶液中溶质达到过饱和后逐渐积聚生成的。

4. 生物结构

生物结构是指岩石由大部分或全部生物遗体或碎片组成的结构。

(四)沉积岩的构造

沉积岩的构造是指岩石各组成部分的空间分布和排列方式所呈现的特征。

1. 层理构造

在地质特征上与相邻层不同的沉积层称为一个岩层,经常由两个平行或近于平行的界面(岩层面)所限制的同一岩性组成。岩层可以是一个单层,也可以是一组层。而层理是指一个岩层中颗粒大小、成分、形状及颜色在垂直方向上发生变化时产生的纹理。分隔不同性质岩层的界面称为层面。层面的形成标志着沉积作用的短暂停顿或间断,故层面上常分布着少量的黏土矿物或白云母等碎片,也是岩体在强度上的软弱面。

上下两个层面之间的一个岩层,是在一定的范围内,生成条件基本一致的情况下形成的。它是组成地层的基本单元,不仅可以帮助确定该岩层的沉积环境,还可以帮助划分地层层序、进行不同地区及不同地层的层位对比。岩层的上下层面之间的垂直距离为该岩层的厚度。

夹在两层中间的薄层称为夹层。若岩层的一侧逐渐变薄至消失,称为尖灭;若两侧都尖灭,则称为透镜体(见图 2-24)。如果岩层由两种以上不同岩性的岩层交互组成,则称为互层,如砂、页岩互层,页岩、灰岩互层等,夹层和互层反映构造运动或气候变化所导致的沉积环境的变化。

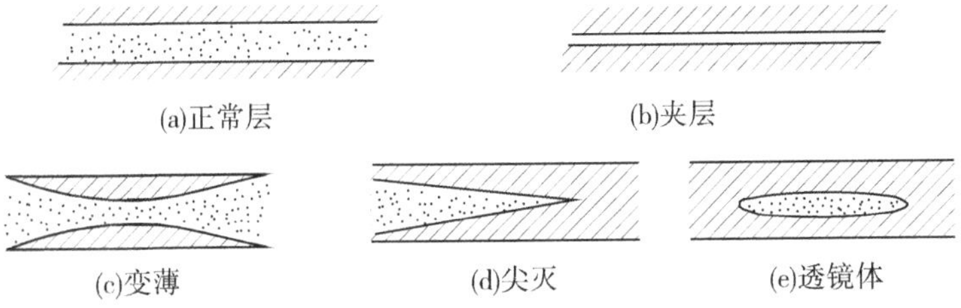

图 2-24　岩层的几种形态

季节、沉积环境的改变使沉积物的物质在颗粒大小、颜色和成分上发生相应的变化,从而显示出来的成层现象称为层理构造。层理分为水平层理、斜交层理、波状层理(见图 2-25)。不同类型的层理反映了沉积岩形成的古地理环境的变化。

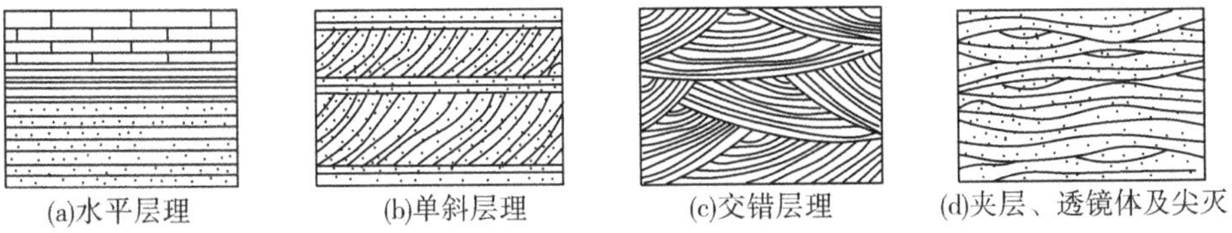

图 2-25　层理构造

(1)水平层理。层理与层面平行,层理面平直,是在稳定和流速很低的水中沉积而成的。

(2)斜交层理。又可分为单斜层理和交错层理,不同的层理面与层面斜交成一定角度。单斜层理是沉积物单向运动时受流水或风的推力而形成的,交错层理则是由于流体运动方向交替变换而形成的。

(3)波状层理。层理面呈波状起伏,其总方向与层面大致平行。波状层理又可分为平行波状层理和斜交波状层理。波状层理是在流体发生波动情况下形成的,经常有夹层、透镜体及尖灭现象。

2. 层面构造

层面构造指未固结的沉积物,由于搬运介质的机械原因或自然条件的变化以及生物活动,在层面上留下痕迹并被保存下来,如波痕(见图2-26)、泥裂(见图2-27)、雨痕等。

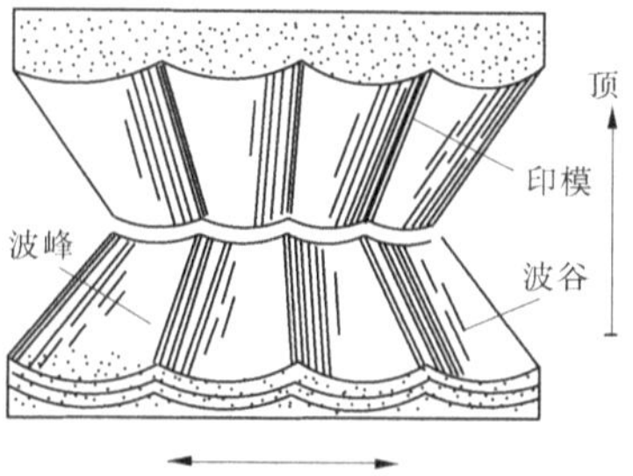

图2-26　波痕及其印模

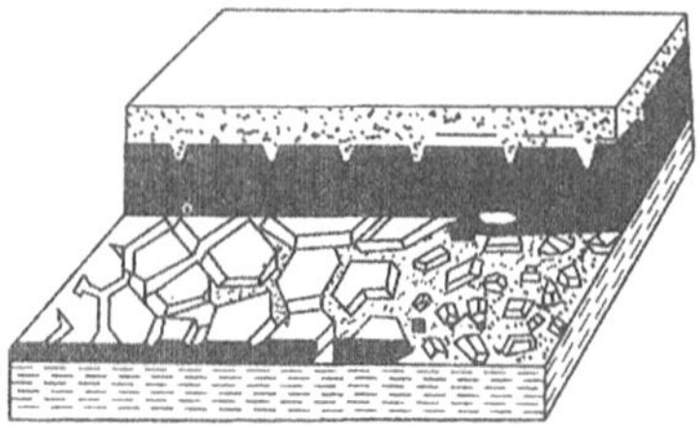

图2-27　泥裂示意

3. 层间构造

层间构造指不同厚度、不同岩性的层状岩石之间层位上发生变化的现象,层间构造有尖灭、透镜体、夹层等类型。性质不同的岩石之间的接触面称为层面,上下层面间成分基本一致的岩石体称为岩层。

(五)沉积岩中的结核与化石

结核是指沉积岩中常含有的,与该沉积岩成分不同的圆球状或不规则形状的无机物包裹体。通常是沉积岩或岩石中某些成分在地下水活动与交代作用下的结果。常见的结核有碳酸盐、硅质、磷酸盐质、锰质及石膏质结核。

化石是指埋藏于沉积物中的古代生物遗体或遗迹,随沉积物形成岩石或化成岩石的一部分,但其形态却保留下来。在沉积岩中常可见到许多动植物化石,它们是经过石化作用保存下来的动植物的遗骸或遗迹,如鱼类化石、三叶虫化石、树叶化石等。化石常沿层面平行分布。化石是推断沉积物的古地理、古气候变化的主要依据之一,也是划分地层地质年代的重要依据之一。

(六)沉积岩的分类

由于沉积岩的形成过程比较复杂,目前对沉积岩的分类方法尚不统一。通常主要依据岩石的成因、成分、结构和构造等方面的特征进行分类(见表2-8)。

(七)常见的沉积岩

1. 碎屑岩类

碎屑岩由碎屑和胶结物两部分构成。一般确定碎屑岩名称也分两部分,前边是胶结物成分,后边是碎屑的大小和形状。碎屑岩的构造(层理或块状构造)一般不包含在岩石名称之内。

表 2-8　沉积岩分类

<table>
<tr><th>分类</th><th>岩石名称</th><th colspan="2">结构</th><th>构造</th><th colspan="2">矿物成分</th></tr>
<tr><td rowspan="6">碎屑岩</td><td>角砾岩</td><td rowspan="2">砾状结构（粒径大于 2 mm）</td><td>角砾状结构（粒径大于 2 mm）</td><td rowspan="6">层理或块状</td><td rowspan="2">砾石成分为原岩碎屑成分</td><td rowspan="6">胶结物成分可为硅质、钙质、铁质、泥质、炭质等</td></tr>
<tr><td>砾岩</td><td>砾状结构（粒径大于 2 mm）</td></tr>
<tr><td>粗砂岩</td><td rowspan="4">砂状结构（粒径为 0.002～2 mm）</td><td>粗砂状结构（粒径为 0.5～2 mm）</td><td rowspan="3">砂粒成分：
石英砂岩：石英占 95%以上；
长石砂岩：长石占 25%以上；
杂色岩：含石英、长石及大量暗色矿</td></tr>
<tr><td>中砂岩</td><td>中砂状结构（粒径为 0.25～0.5 mm）</td></tr>
<tr><td>细砂岩</td><td>细砂状结构（粒径为 0.05～0.25 mm）</td></tr>
<tr><td>粉砂岩</td><td>粉砂状结构（粒径为 0.002～0.05 mm）</td><td></td></tr>
<tr><td rowspan="2">黏土岩</td><td>页岩</td><td colspan="2" rowspan="2">泥状结构（粒径小于 0.002 mm）</td><td>页理</td><td colspan="2" rowspan="2">颗粒成分为黏土矿物，并含其他硅质、钙质、铁质、炭质等成分</td></tr>
<tr><td>泥岩</td><td>块状</td></tr>
<tr><td rowspan="7">化学岩及生物化学岩</td><td>石灰岩</td><td colspan="2" rowspan="7">化学结构及生物化学结构</td><td rowspan="7">层理或块状或生物状</td><td colspan="2">以方解石为主</td></tr>
<tr><td>白云岩</td><td colspan="2">以白云石为主</td></tr>
<tr><td>泥灰岩</td><td colspan="2">方解石、黏土矿物</td></tr>
<tr><td>硅质岩</td><td colspan="2">燧石、蛋白石</td></tr>
<tr><td>石膏岩</td><td colspan="2">石膏岩</td></tr>
<tr><td>盐岩</td><td colspan="2">NaCl、KCl 等</td></tr>
<tr><td>有机岩</td><td colspan="2">煤、油页岩等含碳、碳氢化合物的成分</td></tr>
</table>

（1）砾岩及角砾岩。由 50%以上粒径大于 2 mm 的砾或角砾胶结而成，砾状结构，块状构造。硅质胶结的石英砾岩非常坚硬，开采加工较困难，泥质胶结的则相反。

（2）砂岩。由 50%以上粒径在 0.05～2 mm 的砂粒胶结而成，砂粒主要成分为石英、长石及碎屑等，砂状结构，层理构造。

砂岩为多孔岩石，孔隙越多，透水性和蓄水性越好。砂岩强度主要取决于砂粒成分和胶结物的成分、胶结类型等。其抗压强度差异较大，由于多数砂岩岩性坚硬而脆，在地质构造作用下张裂隙发育，所以常具有较强的透水性。

（3）粉砂岩。由直径为 0.002～0.05 mm 的砂粒经胶结而生成。粉砂岩成分以石英为主，其次是长石、云母和岩石碎屑等。

2. 黏土岩类

黏土岩类又称泥质岩，是沉积岩中常见的岩石，其体积约占沉积岩总体积之和的60%。这类岩石主要由粒径小于0.002 mm的细粒沉积物组成，主要矿物成分为高岭石、蒙脱石、水云母等黏土矿物。此外，尚有少量极为细小的石英、长石、云母、硫酸盐类矿物等。黏土岩属于碎屑岩与化学岩之间的过渡类型，可通过机械沉积与胶体化学沉积两种方式形成。黏土岩的颜色与沉积环境和混入物有关，有黑色、褐色、紫色、红色、绿色、白色、灰色等各种颜色，具泥质结构，质地均一，有细腻感。可塑性和吸水性很强，吸水后体积膨胀。由于该类岩石组成颗粒细，肉眼不能鉴别其成分，易于风化。

(1)泥岩。主要由黏土矿物经脱水固结而形成，具黏土结构，层理不明显，呈块状构造。固结不紧密、不牢固。强度较低，一般干试样的抗压强度为5~30 MPa，遇水易软化，强度显著降低，饱水试样的抗压强度可降低59%左右。

(2)页岩。层理十分发育的黏土岩，沿层理方向易裂成薄片。一般情况下，页岩岩性松软，易于风化，呈碎片状，强度低，遇水易软化而丧失其稳定性。

3. 化学岩及生物化学岩类

最常见的是由碳酸盐组成的岩石，以石灰岩和白云岩最为广泛。鉴别这类岩石时，要特别注意对盐酸试剂的反应，石灰岩在常温下遇稀盐酸剧烈起泡；泥灰岩遇稀盐酸起泡后留有泥点；白云岩在常温下遇稀盐酸不起泡，但加热或研磨成粉末后则起泡。多数岩石结构致密，性质坚硬，强度较高。但是它具有可溶性，在水流的作用下形成溶蚀裂隙、洞穴、地下河等。

(1)石灰岩。主要矿物为方解石，有时含有少量的白云石或粉砂粒、黏土矿物等。纯石灰岩呈浅灰白色，含杂质后可为灰黑至黑色；硬度3~4；性脆；遇稀盐酸会剧烈起泡。普通化学结构的称为普通石灰岩；同生粒状结构的有豆状石灰岩、鲕状石灰岩和竹叶状石灰岩；生物化学结构的有介壳状石灰岩、珊瑚石灰岩等。

(2)白云岩。主要矿物为白云石，有时含有少量的方解石、黏土矿物和石膏等杂质。白云岩一般比石灰岩颜色稍浅，多灰白色；硬度4~4.5；滴稀盐酸缓慢起泡或不起泡，滴镁试剂由紫变蓝。

(3)泥灰岩。主要矿物为方解石和含量高达25%~50%的黏土矿物两种。泥灰岩是黏土岩与石灰岩间的一种过渡类型岩石，颜色有浅灰、浅黄、浅红等；多块状构造；滴稀盐酸起泡后，表面残留有黏土物质。

(4)燧石岩。由燧石组成的岩石，性硬而脆；颜色多样，灰黑色较多。在沉积岩中，少量燧石呈结核；局部较多可呈夹层；数量较大的燧石沉积成相当厚度的燧石岩。

(八)沉积岩的工程地质特征

沉积碎屑岩的工程地质性质一般较好，但其胶结物的成分和胶结类型影响显著，如硅质基底式胶结的岩石比泥质接触式胶结的岩石强度高、裂隙率小，透水性低等。此外，碎屑的成分、粒度、级配对工程性质也有一定的影响，如石英质的砂岩和砾岩比长石质的砂岩好。

黏土岩和页岩的性质相近，抗压强度和抗剪强度低，受力后变形量大，浸水后易软化和泥化。若含蒙脱石成分，还具有较大的膨胀性。这两种岩石对水利工程建筑物地基和建筑场地边坡的稳定性都极为不利,但其透水性小,可作为隔水层和防渗层。

化学岩和生物化学岩抗水性弱,常具不同程度的可溶性。硅质成分化学岩的强度较高,但性脆易裂,整体性差。碳酸盐类岩石如石灰岩、白云岩等具中等强度,一般能满足结构设计要求,但存在于其中的各种不同形态的喀斯特,往往成为集中渗漏的通道,在坝址和水库的地质勘察中,应查清喀斯特的发育及分布规律。易溶的石膏、石盐等化学岩,往往以夹层或透镜体存在于其他沉积岩中,质软,浸水易溶解,常常导致地基和边坡失稳。

上述各类沉积岩都具有成层分布规律,存在各项异性特征,在工程建设中尚需特别重视对其成层构造的研究。砂岩、砾岩和石灰岩的裂隙度较大,往往储存有较丰富的地下水资源,一些水量较大的泉流,大多位于石灰岩分布区或其边缘部位,是重要的水源地。

三、变质岩

变质岩是地壳中的原有岩石(岩浆岩、沉积岩和变质岩,简称原岩),在高温、高压和化学成分加入的情形下,在固体状态下发生矿物成分和结构、构造改变而形成的新岩石。引起原岩地质特性发生改变的因素称为变质因素,在变质因素作用下使原岩地质特性发生改变的过程称为变质作用。因此,变质岩不仅有自身的特点,而且常保留有原岩的一些特征。

(一)变质因素

1. 高温

高温是引起岩石变质的最基本、最重要的因素。大部分变质作用都是在高温条件下进行的。高温一方面可使原岩中元素的化学活泼性增大,使得岩石发生重结晶形成新的结晶结构;另一方面能促进矿物间的化学反应,产生新矿物。

2. 高压

引起岩石发生变质的高压,主要有上覆岩层重量产生的静压力和地质构造运动产生的动压力两种。

(1)静压力。由上覆岩体的重量引起,随深度的增加而增大。原岩在静压力的长期作用下,孔隙减小,岩石会变得致密坚硬,矿物的结晶格架改变而形成新的矿物。同时,在静压力和温度的共同作用下,岩石的塑性增强,比重增大,常形成一些体积较小,比重较大的变质矿物,如石榴子石变质矿物等。

(2)动压力。由地质构造运动产生的定向横压力,与区域地质作用强度有关。在动压力的作用下,岩石和矿物会发生变形和破裂,形成各种破裂构造。通常,伴随着静压力和温度的升高,在最大压力方向上,矿物被压缩;在垂直最大压力方向上,针状和片状矿物定向生长,矿物重新组合发生重结晶作用,形成变质岩特有的片理构造。

3. 化学活动性流体

在岩石发生变质作用过程中,岩浆活动带来的包括水蒸气、O_2、CO_2,含活泼性 B、S 等元素的气体和液体起着溶剂的作用。在温度和压力的共同作用下,这些化学活泼性较强的流体与围岩接触,使矿物发生化学替换、分解,形成新的变质矿物,从而改变了原岩的矿物成分。

(二)变质作用类型

在自然界中,原岩变质很少只受单一变质因素作用,多受两种以上变质因素的综合作用，但在某一局部地区内，以某一种变质因素起主要作用，其他变质因素起辅助作用。根据各种变质因素所起的主导作用不同，可将变质作用分为以下四种类型。

1. 接触变质作用

岩浆上升入侵围岩时，围岩受到岩浆高温影响，从而使接触带附近的围岩发生变质的作用，称为接触变质作用，又称热力变质作用。其主要使原岩结构特征发生改变。

2. 交代变质作用

岩浆上升入侵围岩时，围岩由于受化学活泼性流体因素影响而变质的作用，又称汽化热液变质作用。主要使原岩矿物和结构特征发生改变。

3. 动力变质作用

地壳运动产生的强烈定向压力，主要使原岩结构和构造特征发生改变的作用，称为动力变质作用，也叫碎裂变质作用。其特征是常与较大的断层伴生，原岩挤压破损、变形并有重结晶现象。

4. 区域变质作用

在一个较大的区域内（如数百或数千平方千米范围内），高温、动压力和化学活泼性流体三因素综合作用而引起的变质作用，作用规模和范围都较大，称为区域变质作用。一般该区域内地壳运动和岩浆活动都较强烈。

（三）变质岩的物质组成

1. 化学成分

变质岩的化学成分主要取决于原岩的化学成分。当有交代作用发生时，其化学成分会发生很大的变化。变质岩的化学成分主要有 SiO_2、Al_2O_3、Fe_2O_3、FeO、MnO、MgO、CaO、K_2O、Na_2O、H_2O、CO_2、TiO_2、P_2O_5 等。

2. 矿物成分

组成变质岩的矿物可分为两部分：一部分是与岩浆岩和沉积岩共有的矿物，主要有石英、长石、云母、角闪石、辉石、方解石、白云石等；另一部分是变质岩特有的变质矿物，主要有石榴子石、红柱石、蓝晶石、阳起石、硅灰石、透辉石、透闪石、矽线石、绿泥石、蛇纹石、绢云母、石墨、滑石等。变质岩所特有的变质矿物是鉴别变质岩的重要标志（见表 2-9）。

表 2-9　变质矿物一览

贯通矿石	三大类岩石中共存的矿物	如石英、长石、云母、角闪石、辉石、磷灰石等
变质矿物（是变质作用中产生的新矿物，也是鉴别变质优劣的重要标志）	低级变质矿物	如绢云母、绿泥石、蛇纹石、浊沸石、绿纤石等
	中级变质矿物	蓝晶石、十字石（中压）、红柱石、堇青石（低压）
	高级变质矿物	紫苏辉石、矽线石
	高压低温矿物	蓝闪白、硬柱石、硬玉、文石

（四）变质岩的结构

变质岩的结构是指变质岩的变质程度、颗粒大小和连接方式。根据变质程度的不同，可将变质岩的结构分为以下两种类型。

1. 变晶结构

变晶结构是变质岩最重要、最常见的结构,是指原岩在变质作用过程中重结晶所形成的结构。变质程度较深,岩石为全晶质,没有非晶质成分。与岩浆岩的结构相似,所以在描述变质岩的结构时,常在前加“变晶”以示区别。

2. 变余结构

变余结构是一种过渡性结构。原岩在变质过程中由于重结晶、变质结晶等作用进行不彻底,原岩的矿物成分和结构特征部分被保留下来,即构成变余(残留)结构。变余结构易出现在低级变质岩中,由于温度低,溶液活动性不大,原岩的一部分特征得以保存,如泥质砂岩经变质后,泥质胶结物变成绿泥石和绢云母,而其中的碎屑物质(如云英)不发生变化,形成变余砂状结构。若原岩是岩浆岩,则可出现变余斑状结构、变余花岗结构等。

(五)变质岩的构造

变质岩的构造是指变晶矿物集合体之间的分布和填充方式,是识别各种变质岩的重要标志。变质岩的构造主要是片理构造和块状构造。

1. 片理构造

片理构造不仅是识别各种变质岩的特征,而且是区别于其他岩类的重要特征。片理构造是由于岩石中的片状、板状和柱状矿物(如云母、长石、角闪石等),在定向压力作用下重结晶,垂直压力方向呈平行排列而形成的(见图 2-28)。顺着平行排列的面,可把岩石劈成薄片状,叫作片理。根据形态不同,片理构造又可分为以下四种:

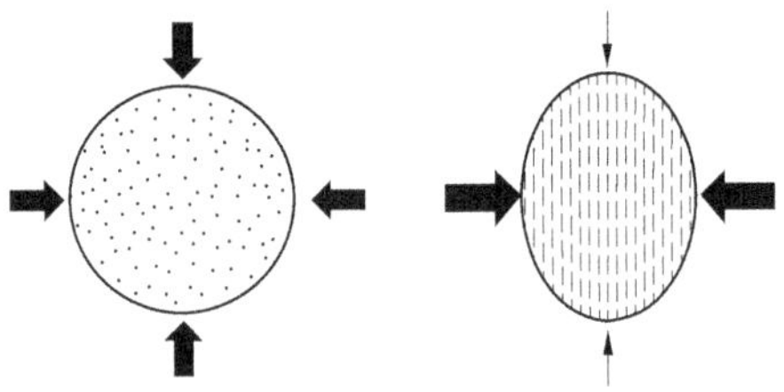

(a)均匀压力　　(b)差异压力

图 2-28　定向压力作用下矿物的平行排列

(1)片状构造。重结晶作用明显,大量的片状、针状矿物沿片理面富集,呈平行排列。片理薄而清楚,沿片理面很容易剥开成不规则的薄片,光泽较强。它是变质较深的构造,如云母片岩。

(2)板状构造。片理厚,片理面平直,重结晶作用不明显,颗粒细密,光泽暗淡,沿片理面裂开呈厚度一致的板状,片理面偶有绢云母、绿泥石出现。它是变质岩最浅的构造,如板岩等。

(3)千枚状构造。片理薄而清晰,片理面较平直,片理面上有许多细小的绢云母鳞片呈规律排列,容易裂开呈千枚状,具丝绢光泽。它是区域变质较深的构造,如千枚岩。

(4)片麻状构造。颗粒粗大,片理不规则。深色矿物与浅色矿物相间呈条带状分布。仅含少量的片状和柱状矿物断续平行排列,沿片理面不易裂开。它是变质最深的构造,如片麻岩等。

2. 块状构造

岩石由粒状结晶矿物组成，矿物均匀分布，结构均一，无定向排列现象，不能定向裂开，如大理岩、石英岩等。

（六）变质岩的分类

变质岩的种类很多，通常按其构造特征来划分岩石类型（见表 2-10）。

表 2-10　变质岩分类

岩类	岩石名称	构造	结构	主要矿物成分	变质作用类型
区域变质岩	板岩	板状构造	变余结构部分变晶结构	黏土矿物、绢云母、绿泥石、石英等	区域变质作用（由板岩至片麻岩变质程度递增）
	千枚岩	千枚状构造	鳞片状变晶结构	绢云母、石英、长石、绿泥石等	
	片岩	片状构造	鳞片状、叶片状变晶结构	云母、角闪石、绿泥石、石墨、滑石、石榴子石等	
	片麻岩	片麻状构造	粒状变晶结构	石英、长石、云母、角闪石等	
混合岩化岩	混合岩	带状、肠状构造等	交代结构等	脉体矿物为长石、石英等	混合岩化作用
接触变质岩	大理岩	块状构造	粒状变晶结构	方解石、白云石等	接触变质或区域质作用
	石英岩	块状构造等	粒状变晶结构	石英等	
	矽卡岩		不等粒变晶结构	石榴子石、透辉石、硅灰石、符山石、钙质矽卡岩等	接触变质作用
气液变质岩	蛇纹岩	块状构造	隐晶质结构	蛇纹石、滑石等	热液交代作用
动力变质岩	糜棱岩	条带构造等	糜棱结构	原岩细破碎物、绢云母等	动力变质岩

（七）常见变质岩

1. 板岩

板岩是一种结构均匀、致密且具有板状劈理的岩石。它由泥质岩类经受轻微的区域变质作用而成。因而，其结晶程度很差，尚保留较多的泥质成分，具有变余泥质结构，板状构造。矿物颗粒很细，肉眼一般很难识别，可在板理面上见有散布的绢云母或绿泥石鳞片。与页岩的区别是，质地坚硬，用锤击能发出清脆的响声，被广泛用作建筑石材。

2. 千枚岩

岩石的变异程度比板岩深，原泥质一般不保留，新生矿物颗粒较板岩粗大，有时部分绢云母有渐变为白云母的趋势。主要矿物除绢云母外，尚有绿泥石、石英等。岩石中片状矿物形成细而薄的连续的片理，沿片理面呈定向排列，致使这类岩石具有明显的丝绢光泽和千枚状构造。岩石颜色多种，一般为绿色、黄绿色、黄色、灰色、红色和黑色等。这类岩石大多由黏土类岩石变质而成，质地软，没有大的用途。

3. 片岩

片岩是以片状构造为其特征的岩石。组成这类岩石的矿物成分主要是一些片状矿物，如云母、绿泥石、滑石等，此外尚含有石榴子石、蓝晶石、十字石等变质矿物。片岩与千枚岩、片麻岩极为相似，但其变质程度较千枚岩深。片岩与片麻岩的区别，除构造上不同外，最主要的是片岩中不含或很少含长石。根据片岩中片状矿物种类不同，又可分为云母片岩、绿泥石片岩、滑石片岩、石墨片岩等。片岩的岩性较弱，抗风化能力差，没有什么用途。

4. 片麻岩

片麻岩以片麻状构造为其特征。片麻岩可由各种沉积岩、岩浆岩和原已形成的变质岩经变质作用而成。这类岩石变质程度较深，矿物大都重结晶，且结晶粒度较大，肉眼可辨识。主要矿物为石英和长石，其次为云母、角闪石、辉石等。片麻岩和片岩可以是逐渐过渡的，两者有时无清晰的界限，但大多数片麻岩都含有相当数量的长石。因此，习惯上常根据是否含有粗粒长石来划分。这类岩石在垂直片理的方向上强度最大，可加工劈成石板作建筑材料。

5. 大理岩

较纯的石灰岩和白云岩在区域变质作用下，由于重结晶而变为大理岩，也有部分大理岩是在接触变质作用下产生的，这类岩石多具有等粒变晶结构，块状构造。因主要矿物为方解石，故滴冷稀盐酸强烈起泡，以此可与其他浅色岩石相区别。大理岩色彩多异，有纯白色大理岩（又称汉白玉），浅红色、浅绿色、深灰色及其他各种颜色的大理岩。因其含有杂质而呈现出美丽的花纹，被广泛用作建筑石料和雕刻原料。

6. 石英岩

石英岩由较纯的石英砂岩经变质而成，变质以后石英颗粒和硅质胶结物合为一体。因此，石英岩的硬度和结晶程度均较砂岩高。主要矿物成分为石英，含量可达85%以上；尚有少量长石、云母、绿泥石、角闪石等，深变质时还可出现辉石；质纯的石英岩为白色，因含杂质常可呈灰色、黄色和红色等；多具有等粒变晶结构，块状构造。石英岩有时易与大理岩相混，其区别在于大理岩加盐酸起泡，硬度比石英岩小。石英岩在区域变质作用和接触变质作用下均可形成，但以前种方式为主。石英岩强度很高，抗风化能力很强，是良好的建筑石材，但开采加工较困难。

7. 蛇纹岩

蛇纹岩由富含镁质的超基性岩经接触交代变质而成，主要矿物为蛇纹石，含少量石棉、滑石及磁铁矿等。具有隐晶质结构，块状构造。质软，略有滑感。

8. 构造角砾岩

构造角砾岩是高度角砾岩化的产物。碎块大小不一，形状各异，其成分取决于断层破碎带岩石的成分。破碎的角砾和碎块已离开原来的位置杂乱堆积，带棱角的碎块互不相连，被胶结物隔开。胶结物以次生的铁质、硅质为主，也见有泥质及一些被磨细的本身岩石的物质。

9. 糜棱岩

糜棱岩是粒度比较小的强烈压碎岩，岩性坚硬，具明显的带状、眼球纹理构造。它是在压碎过程中，矿物发生高度变形移动或定向排列而成的。此类岩石往往伴随有重结晶或少量新生矿物析出物，如绢云母、绿泥石及绿帘石等。

（八）变质岩的工程地质特征

变质岩是由岩浆岩或沉积岩受温度、压力或化学性质活泼的溶液的作用，在固态下变质而成的，故其工程性质与原岩密切相关。原岩为岩浆岩的变质岩，其性质与岩浆岩相似（如花岗片麻岩与花岗岩）；原岩为沉积岩的变质岩，其性质与沉积岩相近（如各种片岩、千枚岩、板岩和页岩，石英岩、大理岩分别与石英砂岩和石灰岩相似）。一般情况下，由于原岩矿物成分在高温高压下重结晶，岩石的力学强度较变质前相对较高。但是，如果在变质过程中形成某些变质矿物，如滑石、绿泥石、绢云母等，则其力学性质（特别是抗剪强度）会相对降低，抗风化能力变差。动力变质作用形成的变质岩（包括碎裂岩、断层角砾岩、糜棱岩等）的力学性质和抗水性均甚差。

变质岩的片理构造（包括板状、千枚状、片状及片麻状构造）会使岩石具有各向异性特征，工程建筑中应注意研究其在垂直及平行于片理构造上工程性质的变化。变质岩中往往裂隙发育，在裂隙发育部位或较大断裂带部位，常常形成裂隙含水带，这样的地区可作为小规模的地下水源地。

四、岩石的工程地质性质

岩石的工程地质性质包括物理性质、水理性质和力学性质三个主要方面。就大多数工程地质问题来看，岩体的工程地质性质主要取决于岩体内部裂隙系统的性质及其分布情况，但岩体本身的性质也起着重要作用。

（一）岩石的物理性质

岩石的物理性质是岩石的基本工程地质性质，主要是指岩石的重力性质和孔隙性，包括密度、重度、空隙率、空隙比等。

1. 岩石的密度ρ

岩石单位体积的质量称为岩石的密度，可用下式表示

$$\rho = \frac{m}{V} \tag{2-1}$$

式中　ρ——岩石的密度，g/cm^3；

m——岩石的总质量，g；

V——岩石的的总体积，cm^3。

岩石孔隙中完全没有水存在时的密度，称为干密度。岩石中孔隙完全被水充满时的密度称为岩石的饱和密度。常见岩石的密度为2.3～2.8 g/cm^3。

2. 岩石的相对密度d

岩石的相对密度指岩石固体部分的质量与同体积4 ℃水的质量的比值。

$$d = \frac{m_s}{V_s\rho_w} \tag{2-2}$$

式中　d——岩石的相对密度；

m_s——固体岩石的质量，g；

V_s——固体岩石的体积；cm^3；

ρ_w——水的密度，g/cm^3。

固体岩石的质量是不包含气体和水在内的干燥岩石的质量，固体岩石的体积是指不包含孔隙在内的因素的实际体积。

岩石的相对密度大小取决于组成岩石矿物的相对密度及其在岩石中的相对含量，如超基性、基性岩含铁镁矿物较多，其相对密度较大，酸性岩相反。岩石的相对密度为2.5~3.3，测定其数值常采用比重瓶法。

3. *岩石的重度 γ*

岩石的重度指包括空隙在内的单位体积岩石的重量。

$$\gamma = \rho g \tag{2-3}$$

式中　γ——岩石的重度，kN/m^3；

ρ——岩石的密度，g/cm^3；

g——重力加速度，m/s^2。

组成岩石的矿物相对密度大，或岩石中的孔隙性小，则岩石的重度大。对于同一种岩石，若重度有差异，则重度大的结构致密、孔隙性小，强度和稳定性相对较高。

4. *岩石的空隙性*

岩石的空隙性指岩石的孔隙和裂隙的总称，岩石的空隙性指岩石孔隙和裂隙的发育程度。岩石中孔隙、裂隙的大小、多少及其连通情况等，对岩石的强度及透水性有着重要的影响，一般可用空隙率和空隙比来表示。

空隙率 n 指岩石中空隙体积 V_a 与岩石总体 V 的百分比，即

$$n = \frac{V_a}{V} \times 100\% \tag{2-4}$$

空隙比指岩石中空隙体积 V_a 与岩石固体部分体积 V_s 的比值，即

$$e = \frac{V_a}{V_s} \tag{2-5}$$

岩石空隙性主要取决于岩石的结构和构造，也受到外力因素的影响。由于岩石中孔隙、裂隙发育程度变化很大，其空隙率的变化也很大。例如，三叠系砂岩的空隙率为0.6%~27.2%，碎屑沉积岩的时代越新，其胶结越差，则空隙率越高。结晶盐类的空隙率较低，很少高于3%。随着空隙率的增大，透水性增大，岩石的强度降低削弱了岩石的整体性，同时又加快了风化的速度，使空隙又不断扩大。

（二）岩石的水理性质

岩石的水理性质是指岩石和水相互作用时所表现的性质，包括吸水性、透水性、软化性、溶解性和抗冻性。

1. *岩石的吸水性*

岩石在一定试验条件下的吸水性能称为岩石的吸水性。它取决于岩石空隙数量、大小、开闭程度、连通与否等情况。表征岩石吸水性的指标有吸水率、饱水率和饱水系数等。

吸水率 W_a 指岩石试件在常压下(1 个大气压)所吸入水分的质量(m_{w1})与岩石试样质量(m_s)之比的百分数。

$$W_a = \frac{m_{w1}}{m_s} \times 100\% \tag{2-6}$$

饱水率 W_{sa} 指在高压(15 MPa)或真空条件下岩石吸入水的质量(m_{w2})与干燥岩石质量之比的百分数。

$$W_{sa} = \frac{m_{w2}}{m_s} \times 100\% \tag{2-7}$$

岩石的吸水率与饱水率的比值,称为岩石的饱水系数。

$$k = \frac{W_a}{W_{sa}} \tag{2-8}$$

饱水系数反映了岩石大开型空隙与小开型空隙的相对数量,饱水系数越大,表明岩石的吸水能力越强,受水作用越显著。一般认为饱水系数 $k < 0.8$ 的岩石抗冻性较高,一般岩石饱水系数为 0.5 ~ 0.8。

2. 岩石的透水性

岩石的透水性是指在一定压力下,岩石允许水通过的能力。岩石的透水性大小,主要取决于岩石中孔隙、裂隙的大小和连通情况。岩石的透水性用渗透系数 K 表示。渗透系数等于水力坡度为 1 时,水在岩石中的渗透速度,其单位为 m/d 或 cm/s。

3. 岩石的软化性

岩石的软化性是指岩石在水的作用下,其力学强度和稳定性趋于降低的一种性能。岩石的软化性主要取决于岩石的矿物成分、结构和构造特征。黏土矿物含量越高、孔隙率越大、吸水率越高的岩石,与水作用越容易软化而丧失其强度和稳定性。

岩石软化性的指标是软化系数。它等于岩石在饱和状态下的极限抗压强度与岩石在风干状态下的极限抗压强度的比值。其值越小,表示岩石在水作用下的强度和稳定性越差。未受风化作用的岩浆岩和某些变质岩,软化系数大都接近于 1,是弱软化的岩石,其抗水、抗风化和抗冻性强;软化系数小于 0.75 的岩石,认为是强软化的岩石,工程地质性质比较差。

4. 岩石的崩解性

岩石的崩解性是指黏土质岩石或化学弱胶结岩石与水作用后,由于吸水使体积膨胀或溶解,降低了颗粒的联结力,岩石产生崩解的现象。含蒙脱石的岩石极易发生崩解,如斑脱岩。

5. 岩石的抗冻性

岩石孔隙中有水存在时,水一结冰,体积膨胀,就产生巨大的压力。这种压力的作用会使岩石的强度和稳定性破坏。岩石抵抗这种冰冻作用的能力,称为岩石的抗冻性。在寒冷地区,抗冻性是评价岩石工程地质性质的一个重要指标。

岩石的抗冻性有不同的表示方法,一般用岩石在抗冻试验前后抗压强度的降低表示。抗压强度降低率小于 25% 的岩石,认为是抗冻的;大于 25% 的岩石,认为是非抗冻的。

常见岩石的物理性质与水理性质指标见表 2-11。

表 2-11　常见岩石的物理性质与水理性质指标一览

岩石名称	相对密度	天然重度(kN/m^3)	空隙率(%)	吸水率(%)	软化系数
花岗岩	2.50～2.84	22.56～27.47	0.04～2.80	0.10～0.70	0.75～0.97
闪长岩	2.60～3.10	24.72～29.04	0.25 左右	0.30～0.38	0.60～0.84
辉长岩	2.70～3.20	25.02～29.23	0.29～0.13	—	0.44～0.90
辉绿岩	2.60～3.10	24.82～29.14	0.29～1.13	0.80～5.00	0.44～0.90
玄武岩	2.60～3.30	24.90～30.41	1.28 左右	0.30 左右	0.71～0.92
砂岩	2.50～2.75	21.58～26.49	1.60～28.30	0.20～7.00	0.44～0.97
页岩	2.57～2.77	22.56～25.70	0.40～10.00	0.51～1.44	0.24～0.55
泥灰岩	2.70～2.75	24.04～26.00	1.00～10.00	1.00～3.00	0.44～0.54
石灰岩	2.48～2.76	22.56～26.49	0.53～27.00	0.10～0.45	0.58～0.94
片麻岩	2.63～3.01	25.51～29.43	0.30～2.40	0.10～3.20	0.91～0.97
片岩	2.75～3.02	26.39～28.65	0.02～1.85	0.10～0.20	0.49～0.80
板岩	2.84～2.86	26.49～27.27	0.45 左右	0.10～0.30	0.52～0.82
大理岩	2.70～2.87	25.80～26.98	0.10～6.00	0.10～0.80	—
石英岩	2.63～2.84	25.51～27.47	0～8.70	0.10～1.45	0.96 左右

(三)岩石的力学性质

岩石的力学性质是指岩石抵抗外力作用的性能。岩石在外力作用下,首先发生变形,当外力增加到某一数值时,岩石便开始破坏。岩石遭到破坏时的强度,称为岩石的极限强度。

1. 岩石的变形指标

岩石的变形指标主要有弹性模量、变形模量和泊松比。

(1)弹性模量,是应力与弹性应变的比值,即

$$E = \frac{\sigma}{\varepsilon_\gamma} \tag{2-9}$$

式中　E——弹性模量,Pa;

σ——应力,Pa;

ε_γ——弹性应变。

(2)变形模量,是应力与总应变的比值,即

$$E_0 = \frac{\sigma}{\varepsilon_0 + \varepsilon_\gamma} \tag{2-10}$$

式中　E_0——变形模量,Pa;

ε_0——塑性应变;

其他符号意义同前。

(3)泊松比。岩石在轴向压力作用下,除产生纵向压缩外,还会产生横向膨胀,这种

横向应变与纵向应变的比值,称为泊松比,即

$$\mu = \frac{\varepsilon_1}{\varepsilon} \tag{2-11}$$

式中 μ——泊松比;

ε_1——横向应变;

ε——纵向应变。

泊松比越大,表示岩石受力作用后的横向变形越大。岩石的泊松比一般为0.2～0.4。常见岩石变形指标见表2-12。

表2-12 常见岩石变形指标

岩石名称	变形模量 $E(\times10^4\ \text{MPa})$	泊松比 μ	岩石名称	变形模量 $E(\times10^4\ \text{MPa})$	泊松比 μ
花岗岩	5～10	0.1～0.25	页岩	0.2～8	0.2～0.4
流纹岩	5～10	0.1～0.25	石灰岩	5～10	0.2～0.35
闪长岩	7～15	0.1～0.3	白云岩	5～9.4	0.15～0.35
安山岩	5～12	0.2～0.3	板岩	2～8	0.2～0.3
辉长岩	7～15	0.1～0.3	片岩	1～8	0.2～0.4
玄武岩	6～12	0.1～0.35	麻岩	1～10	0.1～0.35
砂岩	0.5～10	0.2～0.3	石英岩	6～20	0.08～0.25

2. *岩石的强度指标*

岩石受力作用破坏有压碎、拉断和剪断等形式,故岩石的强度可分为抗压强度、抗剪强度和抗拉强度。岩石的强度单位用Pa表示。

(1)抗压强度。是指岩石在单向压力作用下,抵抗压碎破坏的能力,即

$$\delta_c = \frac{p}{A} \tag{2-12}$$

式中 δ_c——岩石抗压强度,Pa;

p——岩石破坏时的压力,N;

A——岩石受压面积,m^2。

各种岩石抗压强度差别很大,主要取决于岩石的结构、构造、矿物成分以及生成环境等因素。

(2)抗剪强度。是指岩石抵抗剪切破坏的能力,以岩石的被剪切时的极限应力表示。根据试验形式不同,岩石的抗剪强度可分为以下三种。

①抗剪断强度。是指在垂直压力作用下的剪断强度,即

$$\tau = \sigma\tan\varphi + c \tag{2-13}$$

式中 τ——岩石抗剪断强度,Pa;

σ——破裂面上的法向应力,Pa;

φ——岩石的内摩擦角,(°);

c——岩石的内聚力,Pa。

坚硬岩石因由牢固的结晶联结或胶结联结，故其抗剪断强度一般较高。

②抗剪强度。是沿已有的破裂面发生剪切滑动时的指标，即

$$\tau = \sigma \tan\varphi \tag{2-14}$$

显然，抗剪强度大大低于抗剪断强度。

③抗切强度。压应力等于零时的抗剪断强度，即

$$\tau = c \tag{2-15}$$

(3)抗拉强度。是岩石单向拉伸时抵抗拉断破坏的能力，以拉断破坏时最大张应力表示。

抗压强度是岩石力学性质的一个重要指标。岩石的抗压强度最高，抗剪强度居中，抗拉强度最小。岩石越坚硬，其值相差越大，松软的岩石差别较小。岩石的抗剪强度和抗压强度，是评价岩石(岩体)稳定性的指标，是对岩石(岩体)稳定性进行定量分析的依据。由于岩石的抗拉强度很小，所以当岩石受到挤压形成褶皱时，常在弯曲变形较大的部位受拉破坏，产生张性裂隙。

常见岩石的抗压强度、抗拉强度指标见表2-13。

表2-13　常见岩石的抗压强度、抗拉强度指标

岩石名称	抗压强度 σ_c(MPa)	抗拉强度 σ_t(MPa)	岩石名称	抗压强度 σ_c(MPa)	抗拉强度 σ_t(MPa)
花岗岩	100～200	25～70	页岩	5～100	2～10
流纹岩	160～300	30～120	黏土岩	2～15	0.3～1
闪长岩	120～280	30～120	石灰岩	40～250	7～20
安山岩	140～300	20～100	白云岩	80～250	15～25
辉长岩	160～300	35～120	板岩	60～200	7～20
辉绿岩	150～350	35～150	片岩	10～100	1～10
玄武岩	150～300	30～100	片麻岩	50～200	5～20
砾岩	10～150	15～100	石英岩	150～350	10～30
砂岩	20～250	25～40	大理石	150～250	7～20

思考与练习题

1. 简述地球的圈层结构。

2. 什么是矿物？简述主要造岩矿物及其鉴定特征。

3. 对比岩浆岩、沉积岩、变质岩三大类岩石在成因、产状、矿物成分、结构等方面的不同特性。

4. 简述岩浆岩代表性岩石的特征及其工程地质性质。

5. 简述沉积岩代表性岩石的特征及其工程地质性质。

6. 简述变质岩代表性岩石的特征及其工程地质性质。

7. 岩石的工程地质性质表现在哪三个方面？各自用哪些主要指标表示？

第三章　地质构造

学习目标

1. 了解地质年代的测定方法及地质年代表。
2. 了解常见的地质构造类型。
3. 掌握岩层产状要素的测定和记录方法及地质罗盘的使用方法。
4. 掌握断层的类型、识别及对工程的地质影响。
5. 了解节理的类型及对工程的影响。
6. 了解地质图的绘制及识读方法。

地壳不是静止不变的,而是始终处于不断运动和变化之中的。这种运动和变化的动力主要来自于地球内部能量的集聚和释放,这种能量作用于地表就是地壳运动。地壳运动导致组成地壳的岩层或岩体产生各种各样的变形和变位的现象,以及变形和变位使岩体或岩层遗留在地壳中的空间分布状态,就是地质构造。

地质构造使地表呈现出高低起伏的不同形态即为地质构造地貌,主要表现为水平构造地貌、倾斜构造地貌、褶皱构造地貌和断层构造地貌等类型。不同的地质构造地貌有不同的工程地质性质。因此,研究地质构造不仅可以丰富地壳运动的发展规律,而且对工程项目选址、施工有重要的指导意义。

第一节　地质年代

一、地层

地质构造地貌均是地壳运动的结果,同时也是地球演化时期构造运动的物质记录,不同的地质构造地貌是特定时期特定区域地质构造运动特点的反映。地质构造运动的特点是通过分析地层得出的。地层是地壳在演化过程中经过各种地质作用而在上部形成带状展布的层状岩石或松散的堆积物,主要为变质岩、沉积岩、岩浆岩。它记录着地壳演化不同时期的自然地理环境、古生物化石以及地壳运动变化等。

从时间上讲,地层形成在特定的时间,有老有新,因此地层是具有时间概念的,这种时间概念就是所谓的上下或新老关系,也即地层层系,类似于书本。正常情况下,若地层没有经历过扰动,越是下部的地层年代就越老,越是处于上部的地层年代就越新,这就是地质学上所讲的正常层位。那么,这种上新下老的层位关系就是地层层序律。

然而,现实情况是组成地壳的地层是错综复杂的,往往由于地质构造运动而使层序颠倒,变质作用或岩浆活动使地层产状或面貌改变。因此,需要对地层进行整理,理顺新老关系或上下关系，划分出不同等级的历史阶段，也即地层划分。

地层划分的直接依据就是地层接触关系，此外还有其他的依据，如古生物化石、沉积旋回和岩性变化等，考虑到工程项目选址、施工等实际情况，我们重点对地层接触关系进行介绍。

二、地层接触关系

地层接触关系可以反映地质环境是否发生重大构造运动变化，它是指岩层彼此之间的衔接情况，主要有整合接触和不整合接触两种。

（一）整合接触

整合接触是指同一地点两套岩层之间产状完全一致，相互平行，而且在岩性、时代、生物化石特征等是连续递变的。这种接触关系新岩层在上，老岩层在下，岩层没有缺失，说明地壳比较稳定或处于相对稳定的下降过程（或虽有上升，但没有出露海面），它的运动方向和古地理环境没有发生显著的变化。

（二）不整合接触

不整合接触是地层的年代不连续，地层间有明显的岩层缺失，两套岩层之间存在着一个不连续的界面或不整合面，岩层岩性、生物化石特征是突变的。按照上下两层的产状关系，不整合接触又分为平行不整合接触和角度不整合接触。

1. 平行不整合接触

平行不整合接触又叫假整合接触，它是指同一地点的地层内存在区域性剥蚀面（不整合面），同时，此面上下两套岩层产状一致，在大范围内是相互平行的，但地层的年代不连续，有岩层缺失。岩层的岩性、年代和古生物化石特征有大的变化，同时在剥蚀面上有风化壳残余。此种不整合接触是由于地壳上升，部分岩层出露在水面以上，在地壳长期稳定的前提下，岩石遭受风化、剥蚀而发生迁移，造成沉积间断，地势高的地区逐步被夷平而形成不整合面后地壳下降，不整合面被水淹没而重新接受沉积形成新的岩层而形成的（见图3-1）。

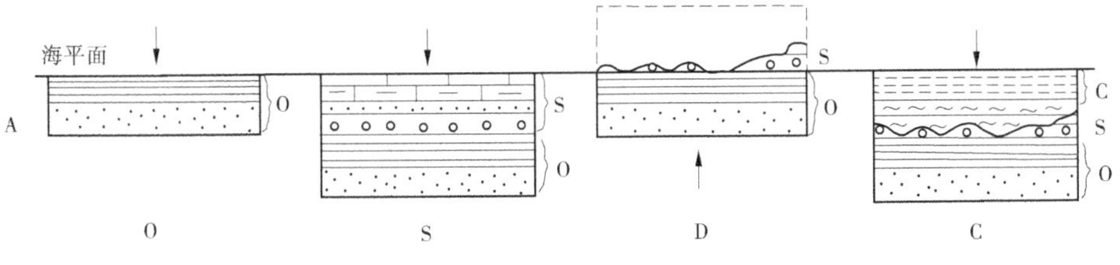

O—接受沉积；S—地壳平稳上升；D—接受风化、剥蚀；C—下降，接受沉积

图3-1　平行不整合接触形成过程示意图

2. 角度不整合接触

角度不整合接触是指同一地点的剥蚀面（不整合面）上下两套岩层的产状不一致，彼此以角度相交，且年代也不连续，存在岩层缺失的不整合接触。此种接触关系，上下两套岩层在岩性、年代和古生物化石特征等方面存在较大差异，且在不整合面上常分布有底砾岩、古风化壳层等。它是大规模的造山运动使岩层隆起成山，水平岩层的产状发生了倾斜

或弯曲变化(常伴有断裂、区域变质等),此后在地壳长期稳定的前提下,倾斜或弯曲的岩层遭受风化剥蚀而发生迁移,造成沉积间断,地势起伏逐渐变缓形成不整合面。当地壳下降时,海水淹没岩层而接受新的沉积,形成新的岩层,其产状与下伏岩层产状不同而形成角度不整合接触(见图3-2)。

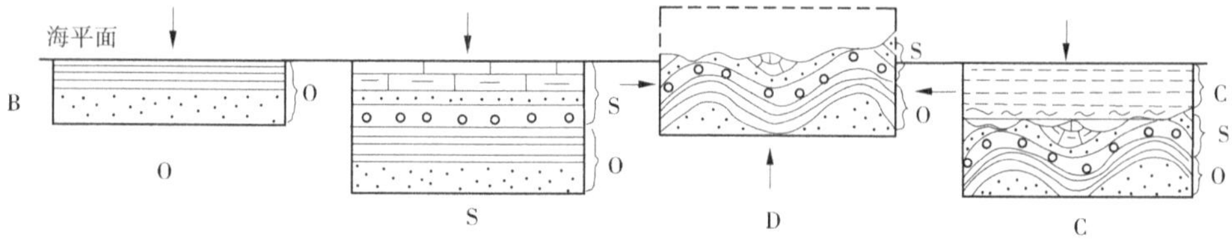

O—接受沉积;S—褶皱,隆起;D—接受风化、剥蚀;C—下降,接受沉积

图3-2 角度不整合接触形成过程示意图

无论是平行不整合接触还是角度不整合接触,都常具有以下共同特点:有明显的剥蚀面存在,剥蚀面上往往有底砾岩、古风化壳层等;有明显的岩层缺失现象,代表长期间断;不整合面上下的岩性、年代和古生物化石特征等有显著的差异。

三、地质年代

(一)地质年代定义及确定方法

地层是在一定的地质历史时期和特有的古地理环境条件下形成的。经过地质工作者100年来的研究,根据地层接触关系、层序、岩性、古生物化石特征、放射性元素等确定了地层的形成时代和先后顺序,明确了地壳在演化过程中的地质事件和演变历史。

地质年代是指用来表示地壳演化中各类地质事件发生时间、顺序的一种记录手段,它分为绝对地质年代和相对地质年代。

1.绝对地质年代

绝对地质年代是指地质事件发生距今的实际年数,用年来表示。它主要根据岩石中放射性同位素衰变规律来测定岩石形成距今的实际年龄。地壳演化过程中形成的岩石中含有多种放射性同位素,它们在自然界中以稳定的速率发生着衰变(衰变速率用半衰期表示,即衰变一半所需的时间),生成一种新的元素,衰变前的元素称为母同位素,新生成的元素称为子元素。根据母同位素的衰变常数以及母同位素和子元素的数值,即可求得岩石的绝对年龄:

$$T = \frac{1}{k}\ln(1 + M/N) \tag{3-1}$$

式中 T——岩石形成至今的绝对年龄;

k——母同位素的衰变常数;

M、N——岩石中母同位素和子元素的含量。

绝对年代是确定地层新老关系的最准确、最基本的方法。

常见的放射性同位素有铀(U^{238})、钍(Th^{232})、铷(Rb^{87})、钾(K^{40})等。

2.相对地质年代

相对地质年代是指根据地壳演化过程中地层接触关系、沉积顺序、古生物化石特征来确定其形成的先后时间关系，它仅能表示出地质事件或地层的相对时代关系，并不能确切地表示其绝对年代。据此，可以看出相对地质年代的划分依据主要是地层层序和古生物化石特征。若地层没有经历过扰动，越是向下的地层其年代肯定越老；反之，越是处于上部的地层其年代肯定越新，这是前文已述的地层层序律。

生物进化是按照从无到有，从简单到复杂，从低级到高级的规律分阶段进行的，它是不可逆的，不同的地质年代的地层中包含不同的古生物化石，相同地质年代地层中的生物化石是相同的或相似的。古生物化石结构越简单，地层时代就越老；反之，古生物化石结构越复杂，地层年代就越新，这即是生物层序律或化石层序律。通过这个层序律，借助于地层对比，不仅可以确定地层的先后顺序，还可以确定地层形成的大概时代。

目前，我国已经出版了包含各个地质年代地层标准化石（指在地质历史中存在时间短、演化较快、分布范围较广的化石）的手册，可以方便地确定地层年代。

（二）地质年代表

在地质工作中，根据古生物演化顺序把地质历史划分为不同的阶段，其单位从高级到低级依次为宙、代、纪、世、期，这个单位是对古生物演化时间上的区分，为地质年代单位；地层单位依次为宇、界、系、统、阶，这个单位是对古生物演化时间地层的划分，也称为时间地层单位。每个地质年代单位有相应的地层单位与之相对应，如恐龙生活在侏罗纪，这是时间上的描述，但恐龙化石在侏罗系地层中找到，这是对当时地层的描述。地质年代单位对应关系见表 3-1。

表 3-1　地质年代单位与地层单位的对应

实用范围	地质年代单位（时间）	地层单位（地层）
国际性	宙	宇
	代	界
	纪	系
	世	统
全国性或大区域性	期	阶
地方性	时	群
		组
		段

各个地质时代单位用英文字母代码表示，宙（宇）用两个大写字母表示，如太古宙（宇）的代码为 AR；代（界）也是用两个字母表示，但第一个大写，第二个小写，如古生代（界）的代码为 Pz；纪（系）都是用一个大写字母表示，如奥陶纪为 O、泥盆纪为 D 等，这些字母均是各自英文第一个字母。

把不同地区的沉积地层，根据古生物化石和岩性进行详细的分析研究和对比，弄清它们之间的相互关系，按先后（新、老）顺序连接起来，就建立起了完整的地层系统。根据地层系统建立一个比较完整的地层系统表，结合同位素年龄，生物演化的顺序、过程、阶段、构造运动、古地理环境变化等，将地壳的全部历史划分成许多自然阶段，即地质年代。按新老顺序进行地质编年，就构成了地质年代表（见表 3-2）。

表 3-2　地质年代表

地质时代					距今年数	生物演化及地理环境			主要构造运动	
宙	代		纪	符号	($\times 10^6$)	动物界	植物界	地理环境	中国	西欧
显生宙 PH	新生代 Kz		新四纪	Q	2～3	人类出现	被子植物急速发展	冰川广布,黄土形成,地壳发育		
			新近纪	N	26	哺乳动物时代		地壳初具现代轮廓	喜马拉雅运动	阿尔卑斯运动
			古近纪	E	70					
	中生代 Mz		白垩纪	K	138	爬行动物时代	裸子植物时代	地壳运动强烈,岩浆活动频繁		
			侏罗纪	J	190			中国广大地区已上升为陆地	燕山运动	
			三叠纪	T	230			华北为陆、华南为浅海	印支运动	
	古生代 Pz	晚古生代 Pz_2	二叠纪	P	285	两栖动物时代	陆生孢子植物时代	地壳运动强烈,火山间断爆发。石炭纪末期二叠纪早期,出现第二次冰期	海西运动	
			石炭纪	C	350					海西运动
			泥盆纪	D	400	鱼类时代	半陆生孢子植物时代			
		早古生代 Pz_1	志留纪	S	435	海生无脊椎动物时代		局部火山爆发,珊瑚发育		加里东运动
			奥陶纪	O	500			海水广布		
			寒武纪	∈	600		海生藻类时代	浅海广布		
元古宙 PT	新元古代 Pt_3		震旦纪	Z	800	低级原始动物		第一次冰期震旦纪冰期	晋宁运动	
			青白口纪		1 000			陆地面积增大,海洋仍占据主体,浅海面积广大,构造运动剧烈		
	中元古代 Pt_2				1 800	原始菌藻类时代			吕梁运动	
	古元古代 Pt_1				2 500				五台运动 阜平运动	
太古宙 AR	新太古代 Ar_3				3 800	基本上无生命		地层厚度巨大,主要是正、副片麻岩、页岩、板岩、千枚岩,褶皱等;断裂广泛发育;生物化石贫乏;岩浆、火山活动频繁;大气圈、水圈出现,大气为还原性大气	鞍山运动	
	中太古代 Ar_2									
	古太古代 Ar_1									
冥古宙 HD	地壳最初发展阶段				4 600			地壳薄弱,水圈没有出现,还原性大气圈		

地质年代表中的名称有的是以标准地点的地名命名，如寒武（英国西部威尔士地区的寒武区。1883 年，英国地质学家首先在此研究该地层）、泥盆（英国西南的泥盆郡）、侏罗（法国、瑞士交界处的侏罗山系）；有的是以曾经居住在那里的民族名命名，如奥陶（英国威尔士地区的民族名）、志留（英国威尔士地区的民族名）；有的是以某一时代地层本身的特征来命名，如石炭、二叠、三叠、白垩等。

第二节　岩层产状

一、岩层

地质学上将岩石的物质组成、颜色、结构和构造等特征称为岩性特征；由上下两个平行或近似平行的岩性界面所限制的同一岩性的层状岩石称为岩层。

岩层的上下界面叫层面，即顶面和底面。岩层的顶面和底面的垂直距离称为岩层的厚度。同一岩层在不同地段或同一地段的不同部位，厚度会有明显的变化，有的厚度比较稳定，在较大范围内变化较小。它们有的是原来沉积时，沉积物沉积不均衡所致，有的是被后来的构造运动改变所致。在空间的表现，有的则逐渐变薄，以至消失，称为尖灭；有的中间厚、两边薄并逐渐尖灭，称为透镜体（见图 3-3）。如果岩性基本均一的岩层，中间夹有其他岩性的岩层，称为夹层，如砂岩含页岩夹层，砂岩含煤夹层；如果岩层有两种以上不同岩性的岩层交互组成，则称为互层。夹层和互层反映岩层沉积环境的变化。

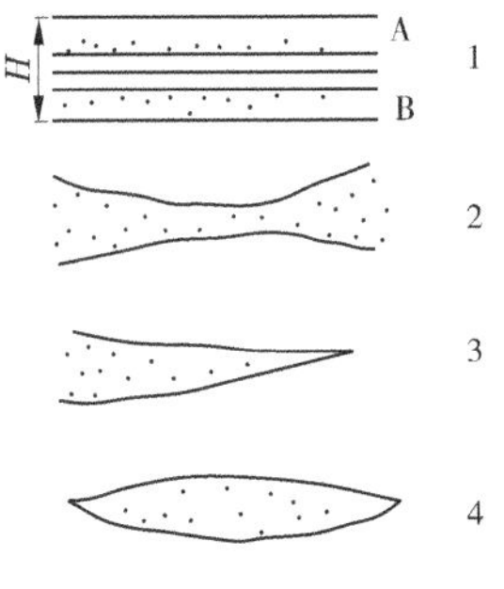

1—夹层；2—变薄；3—尖灭；4—透镜体；A—岩层顶板；B—岩层底板

图 3-3　岩层厚度的变化

地质学上，岩层根据厚度划分为块状层（ >1 m）、厚层（0.5 ~1 m）、中厚层（0.1 ~0.5 m）、薄层（ <0.1 m）。

岩层和地层是不同的。地层是具有一定层位（某一层或某一组岩层在符合地层层序律的叠置地层中的相关位置）的一组岩层（是具有一定的时代含义的岩层或岩层组合），包含时间的概念，而岩层不具有时间的概念。

二、岩层产状

岩层的产状是指岩层在地壳的空间方位和出露状态。鉴于岩层的沉积环境和所受构造运动不同，产状有不同的类型，主要有水平岩层、倾斜岩层、直立岩层、倒转岩层等。在地表低洼处，也会有外动力地质作用如重力、流水、冰川、岩溶等，使岩层产状局部发生变化而形成各种表生构造。

（一）水平岩层

岩层产状近似于水平的构造称为水平岩层（见图3-4）。它一般出露在构造运动较轻微的地区或大范围内均匀抬升或下降的地区。在广阔的海底、湖盆、盆地中沉积的岩层，其原始产状均是水平的或近似水平的，其岩层没有发生显著的变形，它是符合沉积层序律的，即老岩层在下，新岩层在上。在地面受外动力切割严重的情况下，才能露出下伏老岩层。

（二）倾斜岩层

岩层层面与水平面有一定夹角（0°～90°）的构造称为倾斜岩层（见图3-5）。大多数情况下，它是大规模的构造运动使水平岩层发生变形变位形成的。在一定范围内，倾斜岩层的产状一致（同时向一个方向倾斜），即单斜岩层。还有一些原始倾斜岩层，是由原始堆积形成的，如冲积扇地区的沉积岩层、坡麓地带的沉积岩层等。

图3-4　水平岩层

图3-5　倾斜岩层

（三）直立岩层

岩层层面与水平面的夹角近似90°的岩层称为直立岩层（见图3-6）。它往往是受到强烈的构造运动而形成的。

（四）倒转岩层

岩层层面翻转，造成老岩层在上、新岩层在下的岩层成为倒转岩层。它也是由岩层受到强烈的构造运动挤压而形成的。

图3-6　直立岩层

三、岩层产状要素

岩层在形成的时候大多数情况下是水平的，后来受到构造运动的影响，产生了变形和变位，成为直立岩层或倒转岩层。对于倾斜岩层来说，其产状是通过走向、倾向、倾角三要素来确定的（见图3-7）。

（一）走向

岩层层面与任一假想水平面的交线称为走向线，也就是同一层面上等高两点的连线；走向线两端延伸的方向称为岩层的走向，表示岩层在空间的水平延伸方向（见图3-7中OA、OB），用方位角来表示。岩层的走向有两个方向，相差180°。

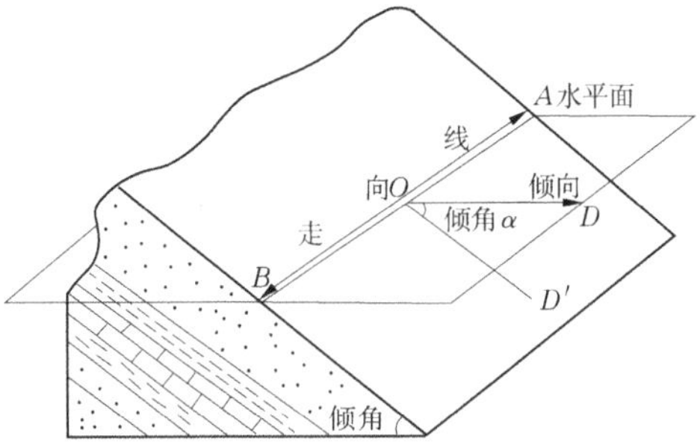

图 3-7　岩层产状要素

(二)倾向

层面上与走向线垂直并沿斜面向下所引的直线叫倾斜线,它表示岩层的最大坡度。倾斜线在水平面上的投影所指示的方向称岩层的倾向,它又叫岩层的真倾向(见图 3-7 中 OD)。真倾向只有一个,与岩层走向垂直,表示岩层向哪个方向倾斜。其他斜交于岩层走向线并沿斜面向下所引的任一直线称为倾斜线,它在水平面上的投影所指的方向称为视倾向。无论是倾向还是视倾向,都是有指向的,即只有一个方向。

走向和倾向的计算关系为

$$走向 = 倾向 \pm 90°$$

(三)倾角

层面上的倾斜线和它在水平面上投影的夹角称为倾角,又称为真倾角(见图 3-7 中 α),真倾角只有一个,角度变化范围为 0~90°。倾角的大小表示岩层的倾斜程度。视倾斜线和它在水平面上投影的夹角称视倾角。视倾角有无数个,任何一个视倾角都小于该层面的真倾角。

(四)记录方法

倾斜岩层产状三要素的记录方法主要有方位角表示法和象限角表示法。

1. 方位角表示法

方位角表示法一般记录倾向和倾角,如 205∠65,即倾向为南西 205°、倾角 65°。

2. 象限角表示法

象限角表示法一般记录走向、倾向和倾角,如 N65°W,25°SW,∠45°,即走向为北偏西 65°,倾向为 25°,向南西倾斜,倾角为 45°。

四、地质罗盘的使用方法

地质罗盘用途广泛,借助它可以确定方位、测坡度、测量各种面状要素(如岩层层面、褶皱轴面、断层面、节理面)和线状要素(如褶皱枢纽、断层擦痕等)的产状等,以确定各种构造面和构造线的空间位置,是进行野外地质工作的必备工具。因此,必须学会使用地质罗盘。

(一)认识地质罗盘

地质罗盘式样很多,但结构大同小异,主要功能也都相同(见图 3-8)。

(1)磁针。我国位于北半球,磁针两端所受磁力不等,使磁针失去了平衡。为了使磁针保持平衡,常在磁针南端绕上几圈铜丝,用此也便于区分磁针的南北两端。

(2)刻度环。水平刻度盘的刻度采用这样的标示方式:从0°开始按逆时针方向每10°一记,连续刻至360°,0°和180°分别为N和S,90°和270°分别为E和W,利用它可以直接测得地面两点间直线的磁方位角。

(3)角度刻度环。用来读倾角和坡度指数。

(4)水准器。通常有两个,分别装在圆形玻璃管中。圆形水准器固定在底盘上,长形水准器固定在测斜仪上。

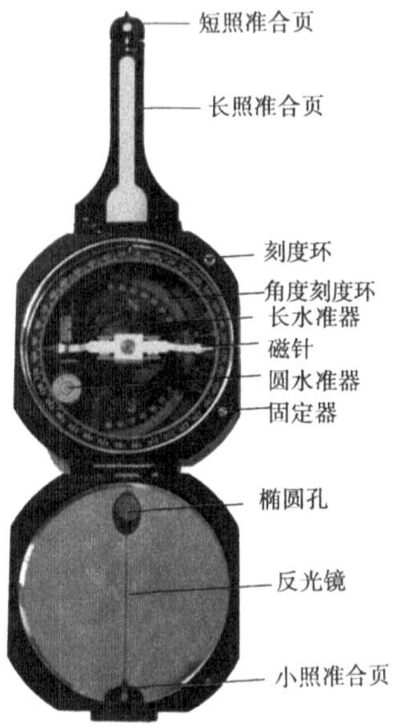

图3-8 罗盘结构

(二)罗盘方位与校正

方位是指在水平面内,一点(未知点)在另一点(已知点)的方向。方位规定正北方向为0°,正东方向为90°,正南方向为180°,正西方向为270°,在水平面内顺时针方向旋转一圈为360°。如方位角为60°,即北东方向,通常可直接写为60°。若方位角为210°,即南西方向,可直接写为210°。有时也用象限角表示,即用北、南两个基准,分为北东、北西、南东、南西四个象限。若方位角为60°,用象限角表示为N60°E;若方位角为210°,用象限角表示为S210°W。欲知此方位,必须有一个参照点或参照方向,也即基准点或基准方向。方位角是在水平面内测出由已知点向未知点的连线方向与基准方向的夹角(见图3-9)。

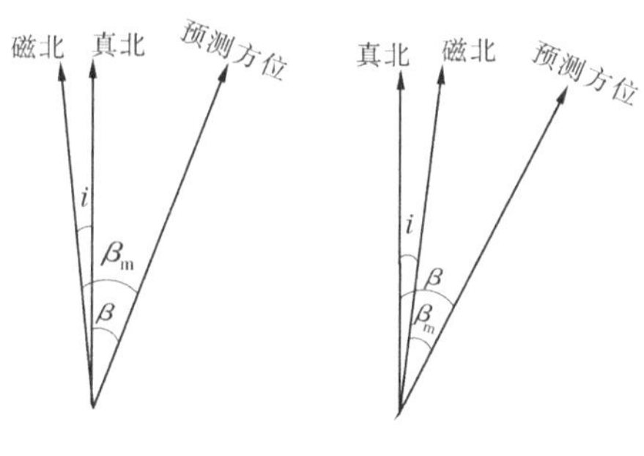

西偏:$\beta=\beta_m-i$　　东偏:$\beta=\beta_m+i$

i—磁偏角;β—真方位角;β_m—磁方位角

图3-9 磁偏角及其校正示意图

基准方位有两种:一种是真北方向,即地北极方向,也叫真子午线方向;另一种是磁北方向,即地球的磁北极方向,也叫磁子午线方向。地球的南北极与地球磁场的南北极并不重合。出于习惯和方便使用考虑,基准方位一般采用真北方向。

罗盘出厂时，其0°刻度一般在长照准合页的方向。而罗盘的指针为磁针，其总是指向磁南北方向而保持不动。当将罗盘顺时针方向旋转时（与方位角的计量方向一致），磁针却相对逆时针方向旋转，因此必须将罗盘刻度环刻划数值按逆时针方向标记。

一般情况下，地球上某点的磁子午线并不与真子午线重合，磁北方向偏离真北方向的角度叫作磁偏角，一般以 i 表示。如果磁北方向在真北方向以东，称为东偏，规定为正角；如果磁北方向在真北方向以西，称为西偏，规定为负角（见图 3-9）。

当罗盘长照准合页指向磁北方向时，磁针指向 0°，这时罗盘测量的是磁方位角。当罗盘长照准合页指向真北方向时，磁针仍指向磁南北方向并不指向 0°，罗盘测量的仍是磁方位角，必须利用关系式：$\beta = \beta_m \pm i$（β 为真方位角，β_m 为磁方位角，i 为磁偏角）进行换算，才能得到真北的0°方位角。以此类推，其他方位的测量也要经过如此换算。因此，若要快速获得真方位角，必须进行罗盘校正。罗盘校正的方法是东偏多少度，则将刻度环顺时针旋转多少度；西偏多少度，则将刻度环逆时针旋转多少度。若东偏 5°，则将 5°刻划线调至对准罗盘北端标记线即可。校正前，0°位于照准点或长照准中心合页中心线的位置；校正后，0°已调离照准点或长照准中心合页中心线的位置。如北京地区西偏 5°50′，则将 354°10′刻划线调至对准北端标记线即可。经校正后磁偏角的罗盘可直接用于测量方位角。

（三）罗盘测量倾斜岩层产状要素

1. 测量岩层走向

测量岩层走向时，可选择一个代表性的面，将罗盘长边（即侧边）平行于走向线并紧贴于面上，然后调整罗盘，使圆水准器水泡居中，磁针停止摆动，此时北针所指读数即为走向（见图 3-10）。

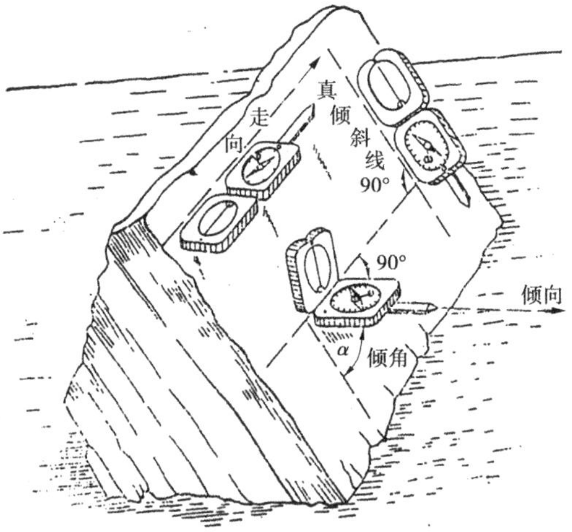

图 3-10　岩层产状的测量

2. 测量岩层倾向

测量倾向时，可将罗盘盖（带反光镜一侧）紧贴于待测面上，然后调整罗盘，使圆水准器水泡居中。此时，长照准合页即指向岩层倾向的方向，这时罗盘的北针所指的刻度即为待测面的倾向（见图 3-10）。

3. 测量岩层倾角

测量倾角时，将罗盘侧立，长边平行于真倾斜线（倾角最大方向）并紧贴于待测面上，保持罗盘直立，然后调解罗盘背后铁片，使长水准器中的水泡居中，此时倾斜刻度盘上的读数即为倾角（见图 3-10）。

我国部分城市的分磁偏角见表 3-3。

表 3-3 我国部分城市的磁偏角（1997 年制）

序号	地名	磁偏角（D）	序号	地名	磁偏角（D）
1	齐齐哈尔	9°48′（W）	27	武昌	3°21′（W）
2	哈尔滨	9°51′（W）	28	南昌	3°21′（W）
3	延吉	9°37′（W）	29	沙市	3°05′（W）
4	长春	9°14′（W）	30	台北	3°14′（W）
5	沈阳	8°05′（W）	31	西安	2°30′（W）
6	大连	6°58′（W）	32	福州	3°23′（W）
7	承德	6°25′（W）	33	长沙	2°41′（W）
8	烟台	6°12′（W）	34	赣州	2°48′（W）
9	天津	5°40′（W）	35	兰州	1°33′（W）
10	济南	4°51′（W）	36	厦门	2°38′（W）
11	青岛	5°31′（W）	37	重庆	1°45′（W）
12	保定	5°25′（W）	38	西宁	1°00′（W）
13	大同	4°43′（W）	39	桂林	1°50′（W）
14	徐州	4°52′（W）	40	成都	1°09′（W）
15	太原	4°12′（W）	41	贵阳	1°30′（W）
16	包头	4°00′（W）	42	康定	0°52′（W）
17	北京	6°05′（W）	43	广州	1°49′（W）
18	上海	4°43′（W）	44	昆明	0°57′（W）
19	合肥	4°25′（W）	45	保山	0°52′（W）
20	杭州	4°35′（W）	46	南宁	1°15′（W）
21	安庆	4°01′（W）	47	海口	1°28′（W）
22	洛阳	3°49′（W）	48	拉萨	0°12′（E）
23	温州	4°07′（W）	49	玉门	0°01′（E）
24	南京	4°59′（W）	50	和田	2°36′（E）
25	信阳	3°46′（W）	51	乌鲁木齐	3°05′（E）
26	汉口	3°21′（W）			

注：表中所列数值是 1997 年数据，在之后数年内使用时，按不同城市每年增减 1′修正，即凡数据偏东（E）者每年增加 1′，偏西（W）者每年减少 1′。

第三节 褶 皱

一、褶皱定义

水平岩层在构造运动的作用下，受到水平挤压力而产生的各种各样的弯曲即为褶皱。它是地壳中发育广泛的地质构造之一，与地貌关系密切，几乎控制了全部大中型地貌的空间分布格局。其空间尺度规模大小不一，大的可以长达几十到几百千米，小的能在地质标本上出现。

在自然界，褶皱通常是一系列连续的波状起伏的岩层，地质学里常把其中的一个弯曲称为褶曲，褶皱和褶曲并没有严格的区别。

二、褶曲要素

褶曲通常由核、翼、转折端、轴面、轴、枢纽等要素构成(见图3-11)。

(1)核：褶曲中心部位的岩层。

(2)翼：褶曲核部两侧的岩层，一个褶曲有两个翼。

(3)转折端：褶曲两翼之间最弯曲的部分，是两翼会合的部位，也是从褶曲的一翼转到另一翼的过渡部分，可以是一点，也可以是一段曲线。它可以反映褶曲的强度和岩层的强度。

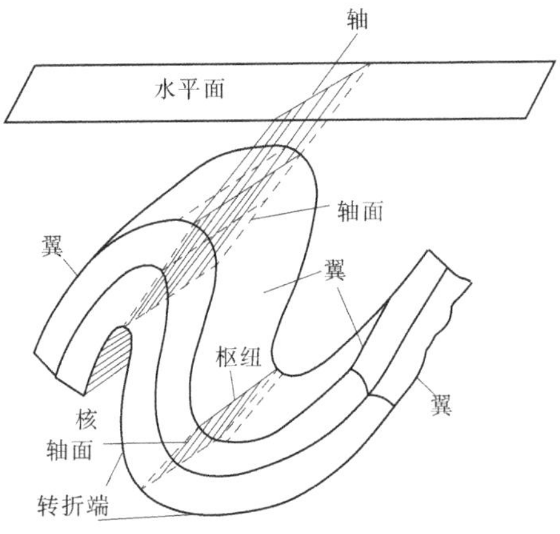

图3-11 褶曲要素

(4)轴面：通过转折端平分两翼的一个假想面。由于构造运动的结果，轴面可以是一个简单的平面，也可以是一个复杂的曲面，其产状可以是直立的、倾斜的或水平的。

(5)轴：褶曲的轴面与水平面的交线，它一定是水平的，可以是直线，也可以是曲线，轴向代表褶曲的延伸方向，轴的长度反映褶曲的规模。

(6)枢纽：褶曲的轴面与岩层层面的交线即枢纽。

三、褶曲类型

(一)褶曲的基本类型

地质学上，褶曲的基本类型有背斜和向斜两种。

1. 背斜

背斜是指岩层向上拱起、核部岩层比两翼岩层老的褶曲。它是水平岩层受力作用后向上拱起形成的。岩层拱起部分，经外动力作用会迁移到其他地区，常见的是对称分布在岩层两侧，造成老岩层出露，新岩层在两侧，从核部向两翼逐步变新。

2. 向斜

向斜是指岩层向下凹曲、核部岩层比两翼岩层新的褶曲，空间形态为槽形，它是水平岩层受力向下凹形成的。两翼岩层容易受外力作用而受到破坏，但出露地面的岩层是对称的，新岩层在中间，老岩层在两侧，从核部向两翼逐步变老。

背斜和向斜在自然界往往是成对出现的，两者共用一个翼。

（二）褶曲的组合形式

背斜和向斜常常相互连接、相间排列连续出现，形成一定的组合形式。

（1）复背斜和复向斜。两翼为次一级皱曲复杂化了的大型背斜（向斜）构造（见图 3-12）。它多出现在构造运动剧烈的褶皱带中，如著名褶皱山脉昆仑山、天山、秦岭等。

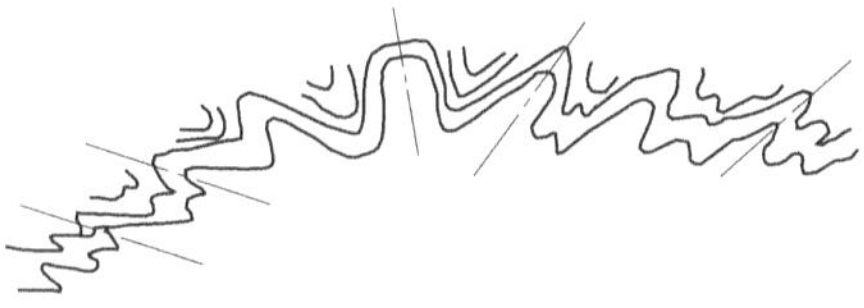

(a)复背斜

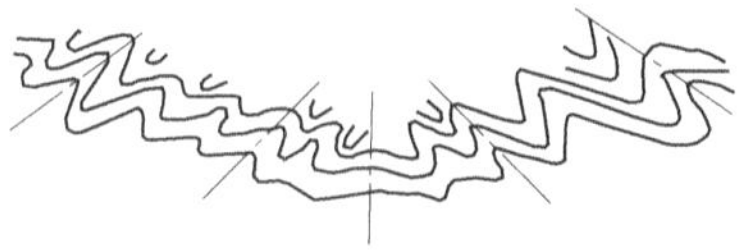

(b)复向斜

图 3-12 复背斜和复向斜示意图

（2）同斜褶皱和等斜褶皱。同斜褶皱是指由一系列褶曲轴面和两翼岩层向同一方向斜倾的倒转褶曲所组成的褶皱；等斜褶皱是指由一系列倒转褶曲的轴面和两翼岩层不仅向同一方向倾斜，而且倾角几近相等；两者都是在强烈的挤压情况下形成的。

（3）隔档式褶皱和隔槽式褶皱。这两种褶皱组合形式都是由一系列平行褶曲组成但背斜和向斜发育程度不同的褶皱。隔档式褶皱是指背斜狭窄紧闭，发育完整而向斜宽阔平整的褶皱；隔槽式褶皱是指背斜宽阔平缓而向斜狭窄紧闭、发育完整的褶皱。

四、褶皱的分类

（一）根据褶皱的轴面和两翼产状

（1）直立褶皱。是指轴面直立，两翼向不同方向倾斜，两翼倾角相等且对称的褶皱（见图 3-13(a)）。

（2）倾斜褶皱。是指轴面倾斜，两翼向不同方向倾斜，两翼倾角不相等且不对称的褶皱（见图 3-13(b)）。

（3）倒转褶皱。是指轴面倾斜较大，两翼向同一方向倾斜，其中一翼的岩层发生倒转，岩层顶面向下；另一翼的产状正常，岩层顶面向上的褶皱（见图 3-13(c)）。

（4）平卧褶皱。也称为横卧褶皱，是指轴面水平或近似水平，两翼岩层的产状也近于水平，一翼岩层的层位是正常的，另一翼岩层的层位发生倒转的褶皱（见图 3-13(d)）。

（5）翻卷褶皱。是指轴面翻转向下弯曲的褶皱（见图 3-13(e)）。

以上五种褶皱，基本上反映了褶皱变形程度从轻微到剧烈、从简单到复杂的过程以及受到水平挤压力的不同强度。

（二）根据转折端形状及两翼特点分类

（1）圆弧褶皱。是指转折端呈圆滑弧形的褶皱。

（2）箱形褶皱。是指转折端平直而两翼陡峭，转折端边缘呈膝状弯曲，形似箱形（见图 3-14）。

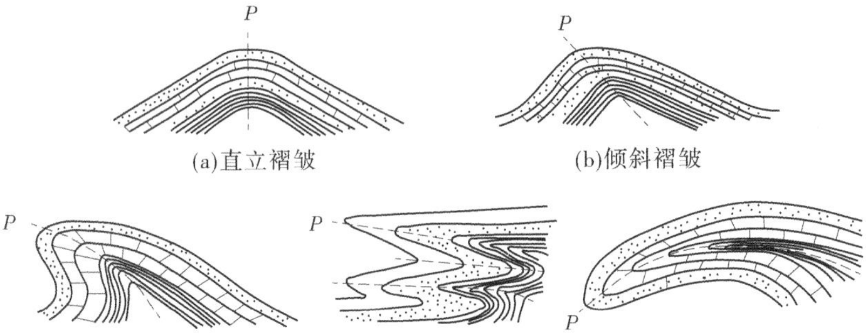

(a)直立褶皱　(b)倾斜褶皱

(c)倒转褶皱　(d)平卧褶皱　(e)翻卷褶皱

P —轴面

图 3-13　根据轴面和两翼产状划分的褶皱类型示意图(宋春青,2005)

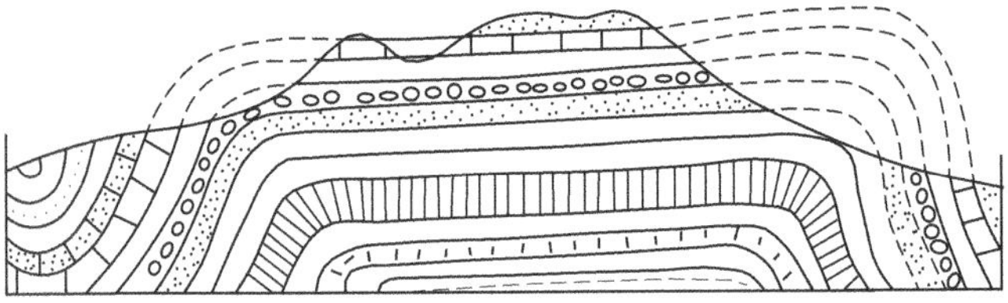

图 3-14　箱形褶皱(宋春青,2005)

(3)锯齿状褶皱。转折端是一点,呈锯齿状的褶皱,此种褶皱多发生在岩层岩性比较坚硬且脆的岩层中。

(4)扇形褶皱。是指转折端平缓但两翼岩层均发生倒转的褶皱,在背斜中是两翼岩层向轴面倾斜,向斜中是两翼岩层向外倾斜(见图 3-15)。

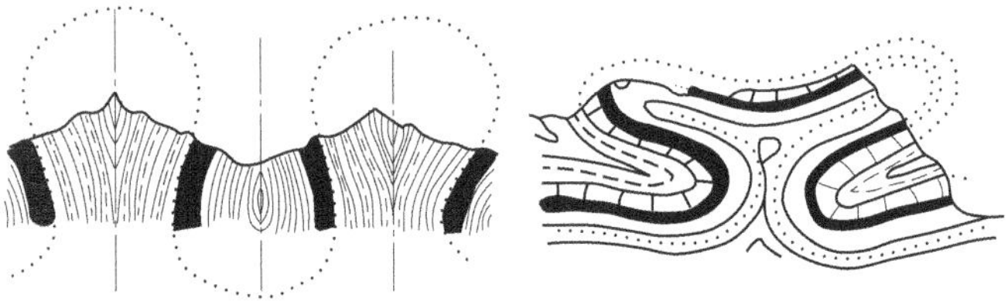

图 3-15　扇形褶皱(宋春青,2005)

(三)根据褶皱的平面形态分类

褶皱的平面形态主要取决于褶皱的长度和宽度,褶皱的长度即枢纽延伸的长度,褶皱的宽度即在垂直于枢纽的切面上,相邻两背斜或两向斜的枢纽之间的距离。根据长宽比,把褶皱分为以下几种类型:

(1)线状褶皱。是指水平方向上枢纽延伸较远的褶皱,长宽之比大于 10∶1。

(2)长圆形褶皱。也可称为短轴褶皱,长宽之比为 10∶1 ~3∶1。若为背斜即为短背斜,若为向斜即为短向斜,它们在平面上的投影形态近似椭圆形。

(3)穹窿构造。是指平面形态几乎呈圆形的褶皱,长宽之比小于 3∶1的背斜构造,褶皱层面呈浑圆形隆起。

(4)构造盆地。是指平面形态几乎呈圆形的褶皱，长宽之比小于3∶1的向斜构造，褶皱层面从四周向中心倾斜。

五、褶皱的工程意义

褶皱构造是地壳中广泛发育的构造之一，它对于矿产的形成、分布等有一定的控制作用，同时对地下水的富集也有很大的作用。

（一）褶皱与矿产、水

褶皱构造的背斜顶部由于受到拉应力的作用，常常会发育一组裂隙，这为矿液的侵入提供了通道，此部位容易形成脉状矿体（矿脉、岩脉）。褶皱由于岩层之间的滑动，在上下层的转折部位最容易形成空洞（地质学称为虚脱），这也为矿质的填充提供了条件，常形成鞍状矿体。同时，具有封闭条件的穹窿、短背斜等构造是重要的储油、储气构造。向斜和构造盆地往往形成良好的储水构造，见表3-4。

表3-4　褶皱的基本类型及地质构造意义

褶皱类型	判断依据	顺地貌	逆地貌	构造意义	原因或依据
背斜	岩层向上拱，自中心向外倾斜，中心老岩层，外围新岩层	背斜成山	背斜成谷	石油、天然气埋藏区，同时也是隧洞的良好选址区域	岩层封闭、常有“储油构造”，易于储油、储气；天然拱形、结构稳定，不易储水
向斜	岩层向下弯曲，自中心向两翼倾斜，中心新岩层，外围老岩层	向斜成谷	向斜成山	地下水储藏区	底部低凹，易汇集水

（二）褶皱构造地质工程评价

褶皱构造的地质工程评价主要涉及核部和翼。

1. 核部

核部是岩层强烈变形的部位，一般在背斜的顶部和向斜的底部存在有拉张应力，发育较多的裂隙，这些裂隙把岩层切割成块状，加上外动力的风化作用，造成岩石破碎，岩石强度低，渗透性大，特别是在石灰岩地区还容易形成溶蚀地貌，为工程地质条件差的地段。

在变形强烈时，沿褶皱核部常有断层发生，造成岩石破碎或形成构造角砾岩带。此外，地下水多聚积在向斜核部，背斜核部的裂隙也往往是地下水富集和流动的通道。由于岩层构造变形（稳定性问题）和地下水的影响，所以公路、隧道工程或桥梁工程在褶皱核部容易遇到工程地质问题。如果没有进行工程地质评价报告并采取相应的措施，很容易产生隧道塌顶和涌水现象，在建造大坝、电站、隧道等工程项目时应尽量避开核部地带。

2. 翼

在褶皱两翼形成的倾斜岩层容易顺层滑动，特别是当岩层倾向与临空面坡向一致，且岩层倾角小于坡角时，或当岩层中有软弱夹层，如有云母片岩、绿泥石片岩、滑石片岩、千枚岩等软弱岩层存在时坡面容易发生风化剥蚀，导致碎落坍塌，对公路、桥梁等工程极为不利，应慎重对待。

由此可知，褶皱的工程地质评价主要考虑以下几方面：

（1）褶皱是岩层受到水平挤压应力变形而形成的，其核部岩层破碎严重，产生许多裂隙，加上地球表面外动力的影响，往往工程地质条件比较差。在石灰岩地区还往往使喀斯特较为发育，所以在核部布置各种建筑工程，应重点注意岩层破碎产生的岩体稳定问题和向斜核部地下水问题。特别在隧道工程中此类问题往往显得更为突出，极易产生隧道内岩层坍塌、漏水及涌水等问题。

（2）研究工程与褶皱要素空间的关系。一般来说，褶皱的受拉部位工程地质条件差，如背斜转折端（转折端弯曲严重）部位。在褶皱翼部，如果边坡倾向与岩层倾向相反，或者两者倾向相同但岩层倾角更大，则对开挖边坡的稳定较为有利，否则容易造成顺层滑动现象。因此，在褶皱翼部布置建筑工程时，如果开挖边坡的走向与岩层走向一致，则重点注意岩层的倾向及倾角大小。

（3）对于隧道等深埋地下工程，一般应布置在褶皱翼部的均一岩层内，以利稳定。

（4）在褶皱地区进行工程建设，还需要研究褶皱岩石的力学特征，一般来说，脆性岩石组成的褶皱工程地质条件差。

第四节　断　裂

一、概述

断裂就是指岩石或岩层的破裂，特别是脆性岩石当外力超过其抗力强度而发生破裂或者错动的现象，也称为断裂构造。它与褶皱构造一样，也是地壳表面发育最广泛的构造之一，不同的是褶皱构造是岩石或岩层的塑性变形，断裂构造是岩石或岩层的断裂变形，两者区别与联系，见表3-5。

表3-5　褶皱和断裂的区别与联系

构造名称	变形类型	岩石或岩层类型	作用机制	完整性情况	两者联系
褶皱构造	塑性变形	柔性	受力发生变形，外力消失，不能恢复原来形状	岩石或岩层连续完整	褶皱构造→断裂构造，而且不可逆
断裂构造	断裂变形	脆性	受力发生变形，超过岩石内部结合力而发生破坏	岩石或岩层不完整	

岩石或岩层发生破裂，两侧岩石或岩层沿着破裂面发生明显移动的构造称为断层，没有明显移动的称为节理，两者统称为断裂构造。

二、断层构造

（一）断层要素

断层是岩石或岩层破裂后，沿着破裂面发生明显移动的构造。这种构造与褶皱构造一样在地壳中分布广泛，而且规模不一。破裂面两侧的岩层或岩体相对位移的距离小到几厘米，大到上百千米，特别是大的断层破裂面可绵延数百、数千千米。断层构造所波及的深度有深有浅，形成的时代有老有新；有的是一次构造运动的结果，有的是多次构造运动的结果；有的已不活动，有的还在继续活动。

断层要素主要包括断层面、断层线、断盘和断距等（见图 3-16）。

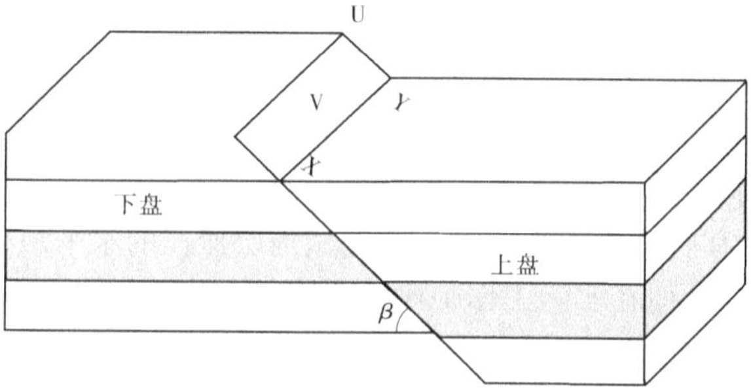

β—断层倾角；V—断层面；XY—断层线；UY—总断距（可分为垂直断距、水平断距）

图 3-16　断层要素

1. 断层面

岩石或岩层被错开并沿之滑动的破裂面称为断层面。断层面可以是平面，也可以是曲面。断层面的产状可以是水平的、倾斜的或直立的。断层的产状可用走向、倾向、倾角来表示。同是一条断层，其产状在不同部位常有很大变化，甚至倾向完全相反。大规模断层不是沿着一个简单的面发生，而往往是沿着一系列密集的破裂面或破碎带发生位移，这称为断层带或断层破碎带。

2. 断层线

断层线为断层面与地面的交线，表示断层的延伸方向。

3. 断盘

断盘为沿断层面发生相对滑动的两侧岩石或岩层。断层面倾斜时，有上盘和下盘之分，位于断层面上方的断盘为上盘，位于断层面下方的为下盘。如果断层面是直立的，可根据断盘与断层线的关系命名，如断层线的走向为东西，则可分别称两盘为南盘和北盘。

4. 断距

断距指断层两盘同一岩石或岩层沿断层面相对移动的距离。通常用断层两盘在水平、垂直和倾斜三个方向上移动的距离来表示。断距有视断距、地层断距、铅直断距、水平断距（见图 3-17）。

（1）视断距即断层两盘上相当层的同一层面错开后的位移量 *OP*。

（2）地层断距即断层两盘相当层层面之间的垂直距离 *XZ*，相当于二相当层之间重复

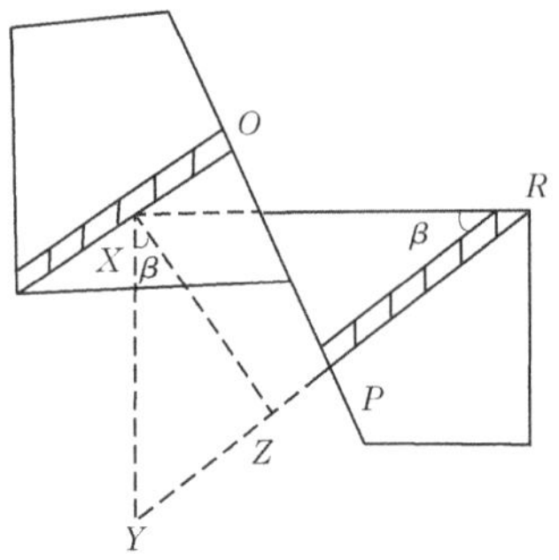

OP—视断距；XZ—地层断距；XY—铅直断距；XR—水平断距；β—地层倾角

图 3-17　断层断距示意图

或缺失的那一部分地层厚度。

(3)铅直断距即断层两盘相当层层面在铅直方向上的距离 XY。

(4)水平断距即在同一高度上断层面两侧相当层层面之间的距离 XR。这个断距代表断层面两侧相当层位移拉开的水平距离或两侧相当层掩覆的水平距离。这种断距并不代表断层移动的实际距离，但在实际工作中比较有用。

从图 3-17 可以看出，$\triangle XZY$ 和 $\triangle XZR$ 为两个相似直角三角形，只要知道地层的倾角 β 及其中一个位移量，便可根据下式计算出其他两种断距：

$$\begin{cases} XZ = XY\cos\beta \\ XZ = XR\sin\beta \end{cases} \tag{3-2}$$

(二)断层基本类型

地质学上，通常按照断层两盘的相对运动方向，将断层分为正断层、逆断层、平移断层、垂直断层、捩转断层等。

1. 正断层

正断层是指上盘相对下降、下盘相对上升的断层(见图 3-18)。规模大小不一，断层面倾角一般较大，多大于 45°。正断层后相当间层出现拉开的一段水平断距，说明正断层是在张力和重力作用下形成的。

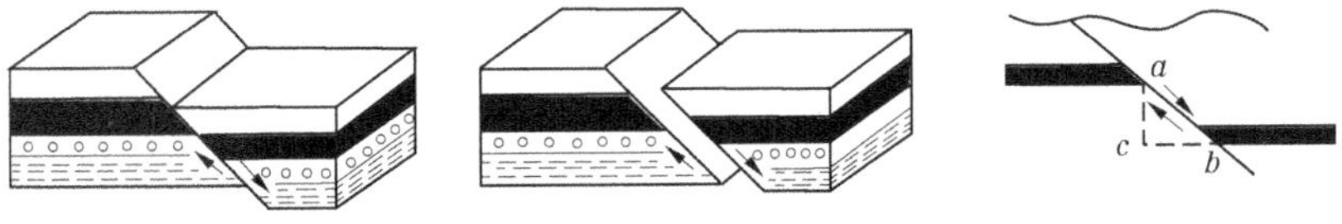

(a)上盘顺断层面倾向滑动　(b)上盘顺断层面斜向滑动　(c)正断层剖面示意图

图 3-18　正断层(宋春青，2005)

2. 逆断层

逆断层是指上盘相对上升、下盘相对下降的断层(见图 3-19)。逆断层后相当间层出现一段掩覆现象(逆掩断层)，即上盘掩盖下盘，说明逆断层是在水平挤压应力作用下形成的。

大规模的逆掩断层(倾角小于 45°的逆断层)或推覆构造能表现出独特空间特征即老

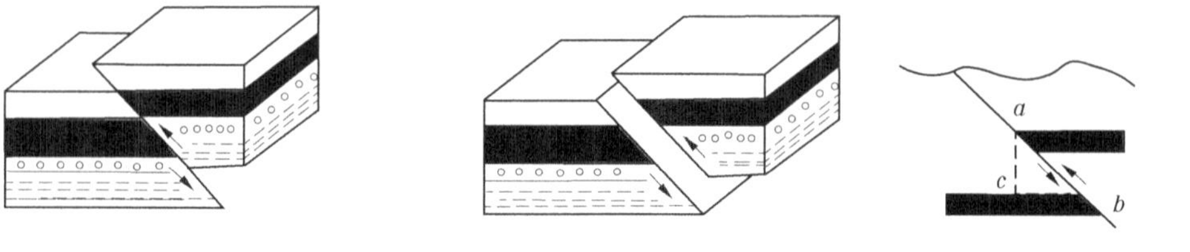

(a)上盘顺断层面倾向向上滑动　　(b)上盘顺断层面斜向向上滑动　　(c)逆断层剖面示意图

图 3-19　逆断层(宋春青,2005)

岩层推覆在新岩层之上。这些盖在较新岩层之上的来自远处的老岩层,称为外来岩块或推覆体;相对地停留在原地的岩层岩块,称为原地岩块或下伏岩块。如果在推覆构造的上盘岩块中,由于差异侵蚀局部露出下盘的较新的原地岩块,这种构造称为构造窗。相反,如果由于强烈侵蚀,上盘的外来岩块只局部残留于较新的原地岩块之上,这种构造称为飞来峰(见图 3-20)。

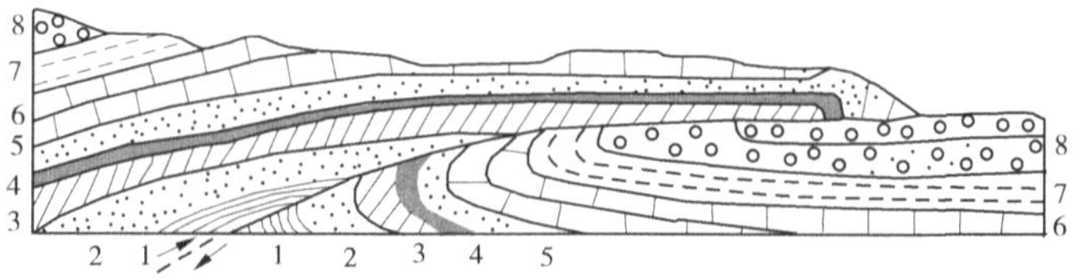

(a)逆辗掩断层

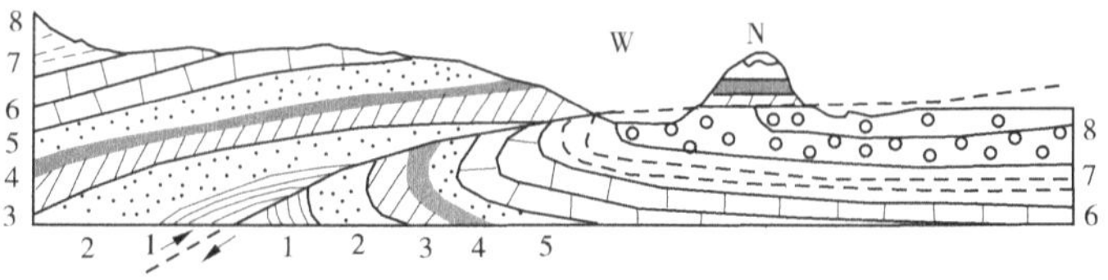

(b)侵蚀后形成构造窗(W)、飞来峰(N)

1 ~ 8—岩层由老到新

图 3-20　逆掩断层、构造窗及飞来峰剖面示意图(宋春青,2005)

逆掩断层及推覆构造,其形成与强烈的水平挤压作用有关,形成过程复杂,其形成过程见图 3-21。这种断层的特点是:断层常与倒转褶皱、平卧褶皱等伴生。岩层受水平压力,由倾斜、倒转、平卧到翼部(倒转翼)变薄而断裂,断层一般发生在倒转翼上。推覆体盖在新岩层上,上下盘的相当层有很长一段距离的掩覆。

3. 平移断层

平移断层是指上下盘在沿断层线走向上发生相对位移的断层(见图 3-22)。它说明此断层是在张切应力作用下形成的。根据断层走向与岩层走向的关系,它可分为走向断层(与岩层的走向平行)、倾向断层(与岩层的走向垂直)和斜交断层(与岩层的走向斜交)。根据断层走向与褶皱轴向的关系,它也可分为纵断层(与褶皱轴向一致)、横断层(与褶皱轴向正交)和斜断层(与褶皱轴向斜交)。

4. 垂直断层

垂直断层是指断层面垂直,一盘相对上升,另一盘相对下降的断层。

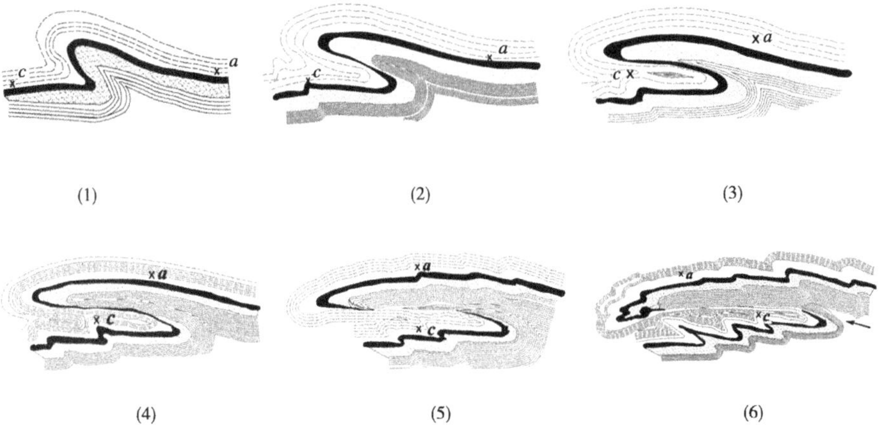

(1)—倒转褶皱;(2)、(3)、(4)—平卧褶皱;(5)、(6)—逆掩断推覆;a、c—褶皱原同一层面上的两点

图 3-21　逆掩断层形成示意图(宋春青,2005)

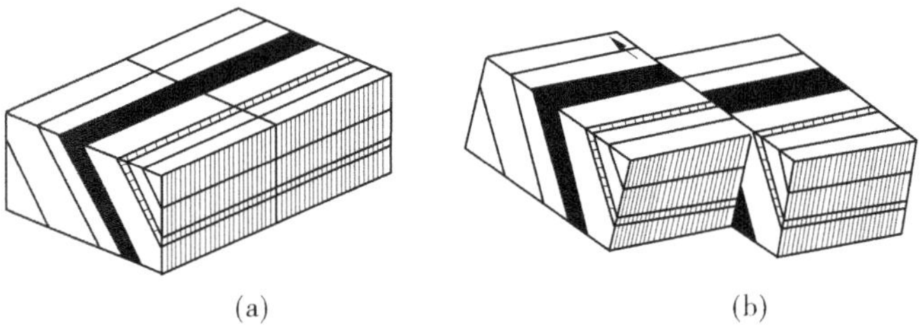

图 3-22　平移断层

5. 捩转断层

捩转断层是指断层两盘以断层面上某一点为轴发生旋转位移的断层(见图 3-23)。

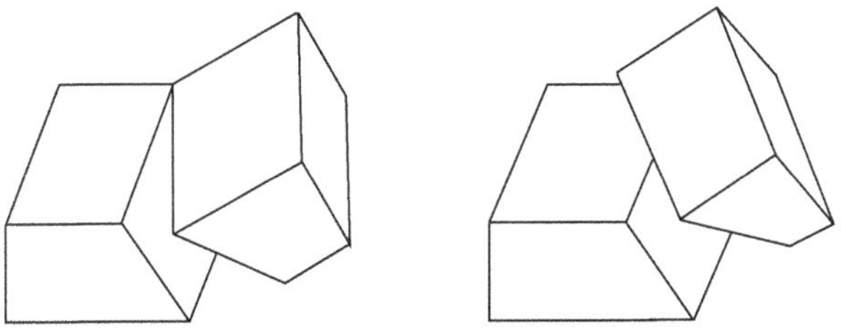

(a)旋转轴位于断层一端　　(b)旋转轴位于断层中间

图 3-23　捩转断层

(三)断层组合形式

野外断层很少单个存在,通常成群地以一定组合形式出现,主要有地堑、地垒、阶梯状断层、叠瓦状断层等。

1. 地堑

两条或两组大致平行的断层,其中间岩块为共同的下降盘,两侧为上升盘,这样的断层组合叫地堑(见图3-24)。地堑类断层往往是正断层,断层面相向倾斜。在地形上地堑常形成狭长的凹陷地带,如欧洲的莱茵河谷,中国的汾河河谷、渭河河谷等。

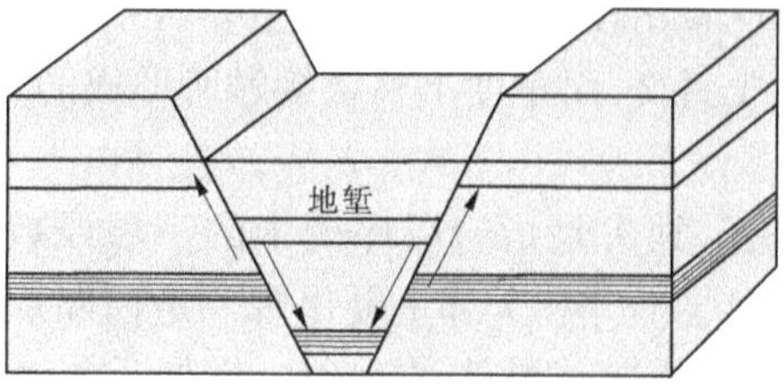

图3-24　地堑示意图

2. 地垒

两条或两组大致平行的断层,其中间岩块为共同的上升盘,两侧为下降盘,这样的断层组合叫地垒(见图3-25)。地垒类断层一般是正断层,但也可能是逆断层。地垒构造往往形成块状山地,如我国的天山、阿尔泰山等。

地堑和地垒常常相伴存在,两个地垒之间形成一个地堑。如河南安阳林州太行大峡谷桃花谷景区入口处的地堑和地垒构造(见图3-26)。

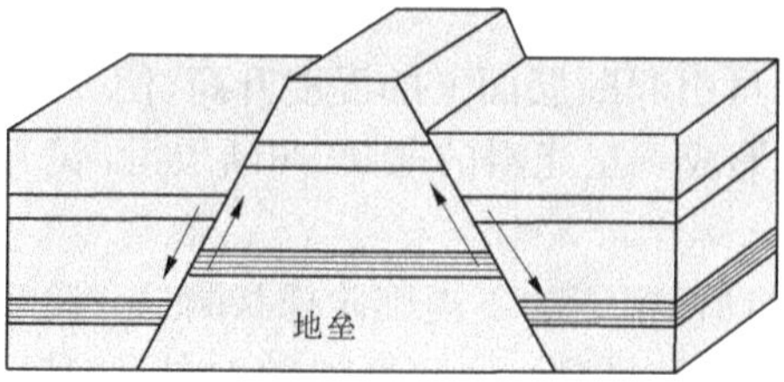

图3-25　地垒示意图

图3-26　林州太行大峡谷桃花谷景区入口的地堑和地垒

3. 阶梯状断层

两条以上倾向相同而又互相平行的正断层,在地形上表现为阶梯状起伏的块状山地状态。

4. 叠瓦状断层

叠瓦状断层也可称为推覆式断层,它是由两条以上的倾向相同而又相互平行的逆断层组合而成的。上盘依次向上推移,形似叠瓦,故名叠瓦断层。此种断层组合常常和一系列倒转褶皱相伴而生。

(四)野外识别断层的标志

在野外地质工作中,有时一眼就能辨别出断层构造,但由于后期地质构造作用的加深以及地表外动力的影响使断层比较隐蔽,断层被大量松散的覆盖物遮掩,更不易被发现。因此,需要从岩层、断层构造和断层地貌、水文等直接证据和间接证据来分析断层是否存在。

1. 岩层

(1)岩层的不连续。断层常把原来连续的地层、矿脉、岩脉、变质带以及各种构造线错开,使它们发生不连续或中断现象,特别是平推断层,这种现象非常明显。应该指出,岩层错开中断,也可由岩层尖灭和岩层的角度不整合接触等所形成。断层接触和角度不整合接触所形成的岩层中断现象比较突出。二者最主要区别是:断层接触所形成的岩层中断是上盘岩层界线与断层线斜交;而角度不整合接触所形成的岩层中断,是不整合面上的岩层界线与不整合线平行。

(2)岩层的重复或缺失。缺失是指岩层序列中的一层或数层在地层中断失的现象。重复是指原来顺序排列的岩层部分和全部重复出现。走向断层或纵断层(无论是正断层或是逆断层)必然会产生岩层重复或缺失的现象。岩层重复或缺失取决于断层性质、断层产状和被切断岩层的产状三者之间的关系。褶皱构造中的重复是对称性的重复,而断层构造中的重复是单向性的重复。另外,沉积间断或者不整合构造也可能造成岩层的缺失,但这两类地层缺失都是区域性的,而断层造成的地层缺失则是局部性的。

2. 断层面构造特征

(1)断层擦痕。断层面两侧岩层相互滑动和摩擦而留下的擦痕相对错动,常在断层面上留下平行细密而均匀的擦痕,有时形成相间平行排列的擦脊和擦槽。这些擦痕有时呈一头粗深、一头浅细的“丁”字形,由粗向细的方向代表对盘运动的方向。用手抚摸擦痕,有不同方向的滑涩手感,光滑方向代表对盘移动方向。

(2)断层滑面(镜面)。断层两盘相对错动,可引起断层面上的温度升高,使一些铁、锰、钙、硅等成分的物质粉末重熔,敷在断层面上形成一层光滑的薄膜,叫断层滑(镜)面。在扭性、压扭性断层面上更容易出现断层滑面。

(3)断层阶步。断层面上由于上下两盘的错动而留下的不规则阶梯状断口。阶步常垂直擦痕方向延伸,但延伸一般不远,阶步间彼此平行排列。在平行运动方向上,其形状特征为不对称的起伏状,阶步陡坎方向指示对盘错动方向。

(4)断层构造岩。当断层两壁相对移动时,岩石发生破碎,在强大的压力下,矿物出现定向排列,并有重结晶作用,形成一系列新的岩石,即构造岩,这是断层上下盘错动导致断层面附近的岩石破碎成碎块或粉末。构造岩的种类很多,如构造角砾石(角砾形状不规则,大小不一)、碎裂岩(破碎的程度比前者更高,主要是原岩中的矿物颗粒的破碎,常见于逆断层或平移断层的断裂带中)、糜棱岩(破碎极细,只能用显微镜观察)、更进一步的破碎即片理化岩(具有片状构造的构造岩)。

如果断层两盘剧烈错动,破碎岩石常被辗磨成细小碎屑和粉末,呈鳞片状或小透镜体状(肉眼不易分辨),定向排列显著。若松软未胶结,称为断层泥;若胶结起来,致密坚硬,称为糜棱岩。在逆断层、平移断层中常见此种构造岩。

(5)构造(线)不连续。地层、矿层、矿脉、侵入体与围岩的接触界线等都有一定的形状和分布方向。一旦断层发生,它们就会突然中断、错开,即造成构造(线)不连续的现象,这是判断断层存在的直接标志。

3. 地貌和水文

(1)断层崖和断层三角面。断层面的上下盘(大多数情况下是上盘)露出地表形成悬崖,叫断层崖。有时顺着断层线,由于两侧岩石力学性质有差别,在侵蚀作用下亦可形成陡坡或悬崖,叫断层线崖。多数断层崖形成后,受到流水的侵蚀切割,沿着断层面形成一系列三角形陡崖，称为断层三角面。这种面有时也可呈梯形面。山西太谷、内蒙古大青山麓、关中华山北麓等都有明显的断层崖或三角面。但必须注意，三角面、悬崖等并不完全与断层有关。

（2）山脉错开或中断。山脉的山脊或山峰一般顺着岩层的走向延伸，如果突然错开、中断或呈大角度拐弯，或截然与平原相接触，则可考虑断层的可能性。

（3）河流改向。水平移动的断层可以使河流河道错开，导致河流流向发生急速改变，形成断头河。

（4）泉水出现。由于上下盘的运动，断层面比较疏松，可以成为水的疏松通道。如果发现两块相对坚硬的岩层接缝处有地下水流流出，且还分布有碎屑岩石，则可初步判断此处为断层构造。

（5）植被变化。断层线两侧因岩性不同、土壤性质不同，可以有规律地生长着各异的植被；有时断层带为地下水富水带，生长着茂盛的喜湿植被。

以上是野外地质工作中常见的识别断层的一些主要标志。在野外识别时，由于自然界的复杂性，切忌以某一个标志为准进行分析，应全面考察，从整体入手，深入分析判断，才能得出正确的结论。

（五）断层构造工程意义

1. 断层与矿床、地下水

断层对矿床的形成、矿体的产状及空间分布有重要的指导意义。矿物离子、岩浆、热溶液等能通过断裂带入侵乃至填充断层缝隙，形成成矿带，这是在断层运动非常缓慢或静止的情况产生的。断层可以把矿床切断，故在野外开采矿产资源过程中，若遇到矿体突然中断，此时只要分清断层的产状、断距，就能分析出矿床的延伸方向，以便研究下阶段的开采方向和施工方案。

断层构造与地下水的运动和储存有很密切的关系。在山区找水工作中，分析调查地区是否有断层存在以及其产状、规模如何等十分必要。张性断层带往往是良好的地下水带状通道，而压实性断裂带鉴于压应力作用，反而会成为隔水墙，形成地下水的富集地带。

2. 断层工程地质分析

断层由于两侧岩层发生剧烈变动，岩层缝隙增多，风化严重，支离破碎，地下水发育完全，降低了岩石或岩层的强度和稳定性。因此，进行各类工程建设，必须考虑断层构造，主要考虑以下几个方面：

（1）建筑物或构筑物不要在断层带两侧跨越修筑，容易造成不均匀沉降。公路修建时垂直断层带或穿过断层带要比顺着断层带穿越有利。

（2）隧道工程切忌穿过断层带。断层带支离破碎，强度等级和稳定性非常差，加上地下水的润滑作用，修筑隧道工程极易发生坍塌。特别是在断层带规模很大的情况下，要尽量避开断层带影响区域，最大可能降低损失。

（3）在新构造运动作用下，可能存在活断层。因其断层带是运动的，它能降低建筑物或构筑物的结构稳定性或者地基的强度。

（4）张力性断层和压力性断层相比，前者的工程地质条件较差，但后者的破碎带影响范围要比前者大。同时，断层带力学强度降低，压缩潜力大，故修建在其上的建筑物或构筑物，地基容易断裂或倾斜。

(5)饱水带断层带稳定性较差，建筑工程项目要注意避免修建在其上。

(6)大型的工程项目(如水库、桥梁)可使断层活动复活，工程建设过程中应注意考虑。

三、节理构造

(一)节理分类

节理是地壳中的岩石或岩层沿着裂隙没有明显位移的断裂构造。沿着节理劈开的面称为节理面，它的产状和岩层的产状一样，可以用走向、倾向和倾角表示。节理的规模有大有小，长度可延伸几米、几十米，有的只有几厘米。节理常与断层或褶曲相伴而生，它们是在同一构造作用下形成的有规律组合。

1. 节理的成因分类

节理按成因分为非构造节理和构造节理。

1)非构造节理

非构造节理不是构造运动引起的。非构造节理指岩石在风化、崩塌、滑坡、岩溶塌陷、边坡卸荷、冰川活动以及人工爆破等外动力作用下所产生的节理。此类节理常分布于地表，分布凌乱，相互连通性强，没有明显的方向性，规模不大，但这些节理常形成地下水运移的通道，或在一定条件下形成储水层。

非构造节理还包括岩石在成岩过程中形成的节理，即原生节理。如侵入岩体中的节理即岩浆侵入围岩，随着岩浆的冷却面形成的有规律性的节理；玄武岩中的柱状节理，是岩浆喷发到地表冷却收缩而形成的；碎屑岩中的泥裂，是沉积物在形成过程中失水收缩而形成的。

2)构造节理

构造节理指在构造运动产生的构造应力作用下形成于岩石中的节理。它常常成组成群有规律地出现。在岩石中广泛分布，有明显的方向性和规律性，其影响深度大，可切穿不同的岩石。这种节理往往与其他构造如褶皱、断层等有一定的组合关系和成因联系。

2. 节理的几何分类

节理是一种相对小型的构造，而且总是与其他构造伴生。节理的产状与其他构造的产状之间往往存在一定的几何关系。实际上，节理的几何分类与力学成因有密切关系，即一定的几何关系可反映一定的力学成因。

(1)根据节理与褶皱轴的关系，可将节理分为三种(见图3-27)：①纵节理：节理走向与褶皱轴向平行；②横节理：节理走向与褶皱轴向直交；③斜节理：节理走向与褶皱轴向斜交。

(2)根据节理与所在岩层的产状要素的关系，可将节理分为四种(见图3-28)：①走向节理：节理的走向与岩层的走向大致平行；②倾向节理：节理的走向与岩层的走向大致垂直；③斜向节理：节理的走向与岩层的走向斜交；④顺层节理：节理面与岩层层面大致平行。

上述两种分类，在某种情况下，例如对于水平褶皱而言，走向节理相当于纵节理，倾向节理相当于横节理，斜向节理相当于斜节理。

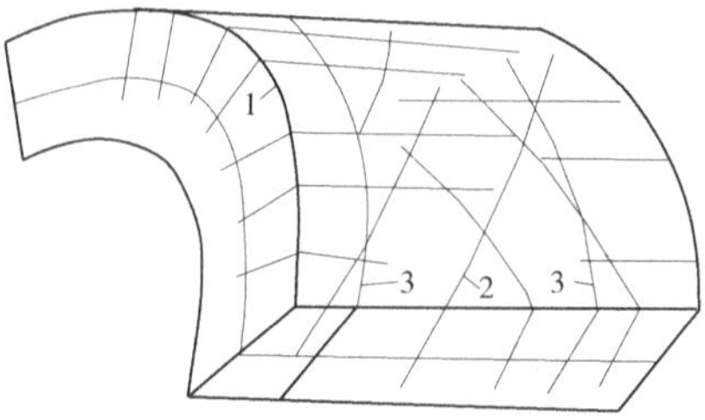

1—纵节理；2—斜节理；3—横节理

图 3-27　按照褶皱轴划分的各种节理

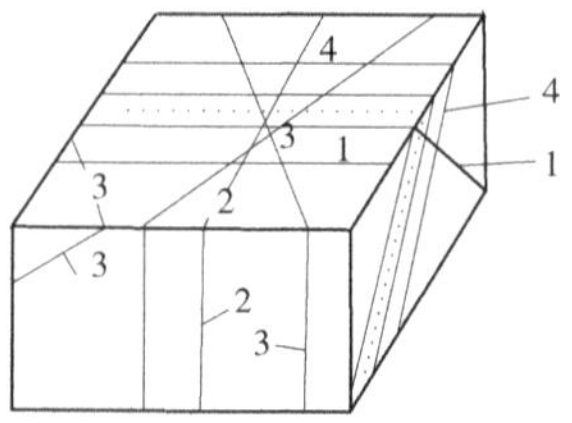

1—走向节理；2—倾向节理；3—斜向节理；4—顺层节理

图 3-28　按岩层产状关系划分的各种节理

（3）对于发育于水平岩层或近水平岩层中的节理，一般根据节理的走向进行划分，如北东向节理、北西向节理等。

3. 节理的力学成因分类

按照产生节理的力学性质，节理主要分为张节理和剪节理。

1）张节理

张节理是岩石在张应力作用下所产生的节理。上述褶曲构造中的纵节理和横节理都属于张节理。

张节理常具有如下的特征：

（1）产状不稳定，在岩石中延伸不深不远，单条节理短而曲折，节理常侧列产出。

（2）节理面粗糙不平，无擦痕，多开口，一般为矿脉所填充，脉宽变化大，脉壁不平直（见图 3-29）。

（3）在胶结不太坚实的砾岩或砂岩中的张节理，常绕过砂粒和砾石，节理随之呈弯曲形状，即使切穿砾石，破裂面也凹凸不平。

（4）节理间距较大，分布稀疏面不均匀，很少密集成带。

（5）有时具有规则的几何形态，呈雁行式（即斜列式）出现，有时沿着两组共轭呈 X 形的节理断开形成锯齿状张节理，称追踪张节理（见图 3-30）。

2）剪节理

剪节理又称剪切节理，是岩石在剪切应力（亦称扭应力）作用下所产生的节理，它一般产生于与压应力呈 45°角左右的平面上，即最大剪切面上。上述褶曲构造中的斜节理或斜向节理多属于剪节理。

剪节理具有下述特征：

（1）产状比较稳定，沿走向和倾向延伸较远，间距较小但比较稳定，密集成带，在剖面上向下延伸较深。

（2）节理面平直而光滑，常具有紧闭的裂口，两侧岩石可有少量位移，因此在面上常具有擦痕，镜面等。

（3）发育于砾岩和砂岩中的剪节理，常切开较大的碎屑颗粒或碎石或切开结核或岩（矿）脉等。

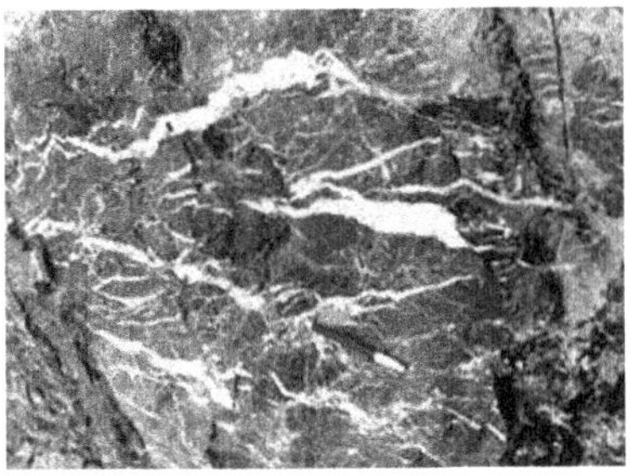

图 3-29　张节理(被矿脉充填充)

右侧为一组共轭剪切,左侧是追踪两组剪节理形成的锯齿状张节理

图 3-30　追踪张节理

(4)常平行排列,雁行排列,成群排列;或两组交叉,称 X 节理系,或称共轭节理系(见图 3-31),可将岩石切成菱形、棋盘格式或成柱状。如果只有一组节理发育,则成平行延伸的节理;两组节理有时一组发育较好,另一组发育较差。

图 3-31　共轭节理系

(二)节理组、节理系、节理分期的概念

同一期构造作用中形成的节理,一般是有规律的,成群出现,构成一定的组合形式,称节理组和节理系。

1. 节理组

在一次构造作用的统一应力场中同期形成,具有一定相关产状(产状也大致相同)的所有节理称节理组(见图 3-32)。例如,受同一地应力的作用形成的区域性分布且基本属同一产状的平行节理,在沉积岩里一组通常平行于倾向和另一组平行于走向的节理。

2. 节理系

统一应力场中,同期形成的两个或两个以上的节理组构成节理系,如 X 形共轭节理系(见图 3-33)等。节理系也包括对于统一应力场中同期形成的产状规律变化的节理群,如放射状节理系、同心状节理系等。

3. 节理分期

为了了解节理发育的一般规律,恢复地质构造的应力场,常常需要进行节理的分期。节理分期是将不同时期形成的节理按时期加以区分,组合成一定的系列。节理的分期是从时间、空间和形成力学机制上研究区域节理的分布、产出的规律和发育历史,为研究一个地区构造和恢复古应力场提供依据。

(三)节理构造工程地质评价

节理构造在野外比较普遍,除有利于开采和为地下水提供通道外,对岩石或岩体的整

图 3-32　节理组

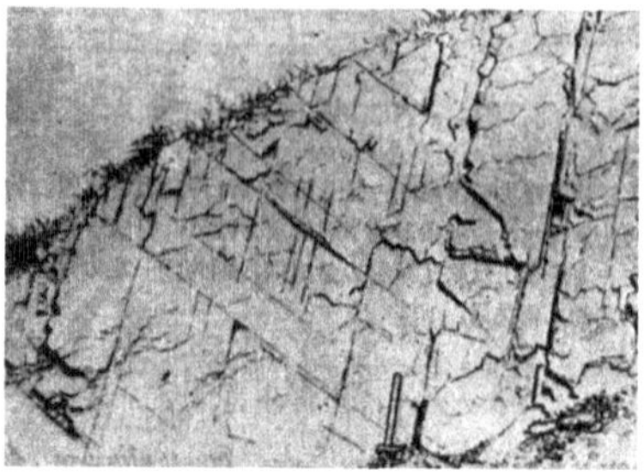

图 3-33　节理系

体强度和稳定性均有不利的影响。

节理使岩石或岩体的整体结构遭到破坏，在地表外动力作用下，加快风化速度，并增强了岩石或岩体的透水性，造成岩石或岩体的强度和稳定性降低；如果节理发育在道路、铁路、河流两侧，则极易发生崩塌（落石）。因此，在节理发育地区进行工程项目设计施工时，应深入调查分析研究，论证节理面两侧岩石或岩体对建筑工程项目的影响，分析影响范围并定界，采取相应工程措施，以保证建筑工程项目的稳定和正常使用。

第五节　地质图

一、地质图定义及分类

在野外地质工作中，除用文字将地质调查的内容及结果进行记录外，还得将地形地貌、组成的岩石及年代、构造特征等用特定的符号和颜色绘制成图，称为地质图。更确切地讲，地质图是用规定的符号、线条、色彩来反映一个地区地质构造条件（岩石类型、褶皱、断裂等）和地质年代，并按一定比例投影在地形底图上编制而成的图件。它是地质调查中的重要图件，也是地质勘察工作的主要成果之一。

由于地质图种类繁多，实际野外地质工作中，地质图不仅要为地质工作者提供清晰的地表平面地质情况，而且要在最大程度上将区域的深层岩石和构造条件情况表达出来。因此一般情况下，地质图包括平面地质图、剖面地质图和综合柱状图，这种地质图通常称为普通地质图。有时为了表达特定的内容，还需绘制专题地质图，如水文地质图、地貌及第四纪地质图、矿产地质图、环境地质图、工程地质图等。

（一）普通地质图

以一定比例尺的地形图为基础底图，用特定的符号、线条、颜色来反映一个地区的地形、地层岩性、地质构造、地壳运动及地质发展历史的基本图件，称为普通地质图，简称地质图。在一张普通地质图上，除地质平面图外，一般还有一个或两个地质剖面图和综合地层柱状图，普通地质图是编制其他专门性地质图的基本图件。

按工作的详细程度和工作阶段不同，地质图可分为大比例尺的（>1∶25 000）、中比例尺的（1∶5 000～1∶10 万）、小比例尺的（1∶20 万～1∶100 万）。在工程建设中，一般使用大比例尺的地质图。

1. 地质平面图

地质平面图是反映地表地质构造情况的图件，它是地质图的主图，主要通过野外地质调查直接绘制在地形图上编制出来。图面上主要包括：

(1)区域地理概况。区域所在的地理位置(经纬度、坐标线)、主要居民点(城镇、乡村)所在地、地形、地貌特征等。

(2)区域一般地质现象。地层、岩性、产状、断层等。

(3)区域特殊地质现象。崩塌、滑坡、泥石流、喀斯特、泉及主要蚀变现象。

除此之外，图面上还需标注图名、图例、比例尺、制图日期和制图人等地图要素。

2. 地质剖面图

地质剖面图是反映地表一定深度内地质构造情况的图件，它是在地表选择一条至数条有代表性的图切剖面，以表示岩性、褶皱、断层的空间展布形态及产状、地貌特征等。地质剖面图中同地表的交线，称为地质剖面线。地质剖面图在绘制时应注意其水平比例尺需与地质平面图的比例尺保持一致，其垂直比例尺可比地质平面图的比例尺适当大些。

3. 综合柱状图

综合柱状图主要表示平面图区内的地层层序、厚度、岩性变化及接触关系。为了准确表示出不同地质时期的地层厚度，柱状图的比例尺要比地质剖面的比例尺大些。

(二)水文地质图

水文地质图是以一定比例尺地形图为底图，反映一个地区总的水文地质条件或某一个水文地质条件及地下水的形成、分布规律的地质图件。

(三)地貌及第四纪地质图

地貌及第四纪地质图是以一定比例尺地形图为底图，主要反映一个地区的第四纪沉积层的成因类型、岩性及其形成时代、地貌单元的类型和形态特征的一种专题性地质图。在河流和河谷地区进行工程建设，绘制地貌及第四纪地质图是必要的。

(四)矿产地质图

矿产地质图是用来反映区域矿产资源类型、储量、空间分布状态的一种专题性地质图，通过矿产地质图可以分析出区域矿产资源的开发潜力。

(五)环境地质图

环境地质图主要用来反映区域环境的基本要素及相互作用，不仅要表示自然外动力和内动力的地质作用，还得表达人类活动导致的地质环境的变化，通过环境地质图可以分析出区域环境的变化方向和速度及演化路径。

(六)工程地质图

工程地质图是各种工程建筑物专用的地质图，如建筑工程地质图、水库坝址工程地质图、铁路工程地质图等。工程地质图一般以普通地质图为基础，只是增添了各种与工程有关的工程地质内容。如在地下洞室纵断面工程地质图上，要表示出围岩的类别、地下水量以及影响地下洞室稳定性的各种地质因素等。

二、地质构造在地质图上的表示

地质图表达的地质构造情况如地层岩性、岩层产状、褶皱、断层、地层接触关系及其他地质现象等，是通过特定的线条、符号、颜色以地形图为底图绘制而成的，不同的地质构造条件在地质图上的表示是不同的，现阐述如下。

（一）地层岩性

地层岩性在地质图上是通过地层分界线、地层年代代号、岩性符号和颜色，并配合图例说明来表示的。如第四纪松散沉积层形状不规则，但有一定的规律性，大多在河谷斜坡、盆地边缘、平原与山地交界处，大致沿山麓等高线延伸。

（二）岩层产状

岩层的产状主要包括水平岩层、直立岩层、倾斜岩层等。

1. 水平岩层

水平岩层的产状与地形等高平行或重合，呈封闭的曲线（见图 3-34）。

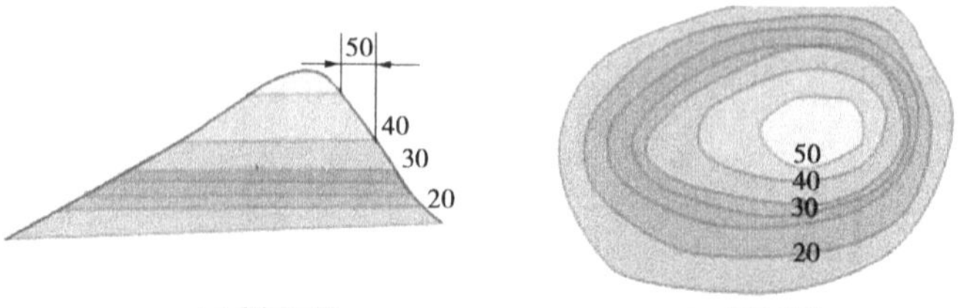

(a) 剖面图　　(b) 平面图

图 3-34　水平岩层在地质图上的表示

2. 直立岩层

直立岩层的地层界线不受地形的影响，呈直线沿岩层的走向延伸，并与地形等高线直交，如图 3-35 所示。

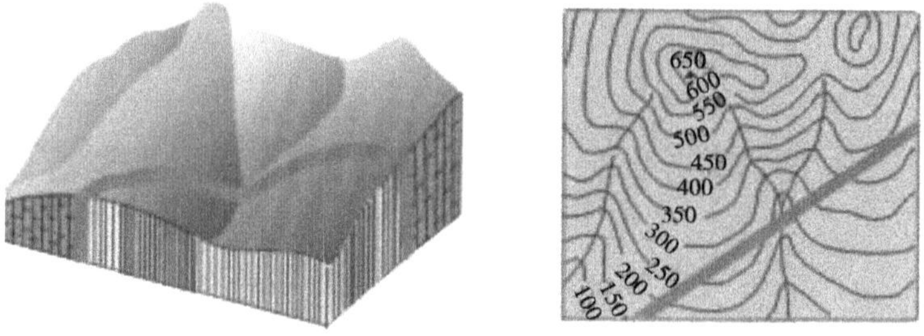

(a) 立体面　　(b) 平面图

图 3-35　直立岩层在地质图上的表示

3. 倾斜岩层

倾斜岩层的地层界线与等高线斜交，呈 V 字形弯曲，地层界线的弯曲程度与地形起伏和岩层倾向有关系，一般岩层倾角越小，弯曲程度就越大，V 字形就越紧闭；岩层倾角越大，弯曲程度就越小，V 字形就越开阔。在地质图上表示主要有以下三种情况：

（1）岩层倾向与地形坡向相反时，地层界线的弯曲方向（V 字形弯曲尖端）和地形等高线的弯曲方向相同，但地层界线的弯曲程度比地形等高线的弯曲度小（见图 3-36(a)）。

（2）岩层倾向与地形坡向相同，而且倾角小于地面坡角时，地层界线的弯曲方向与地形等高线的弯曲方向相同，但地层界线的弯曲度比地形等高线的弯曲度大，V 字形更紧闭

(见图 3-36(b))。

(3)岩层倾向与地形坡向相同,而且倾角大于坡角时,地层界线的弯曲方向与地形等高线的弯曲方向相反,地层界线的弯曲程度较小,V 字形较开阔(见图 3-36(c))。

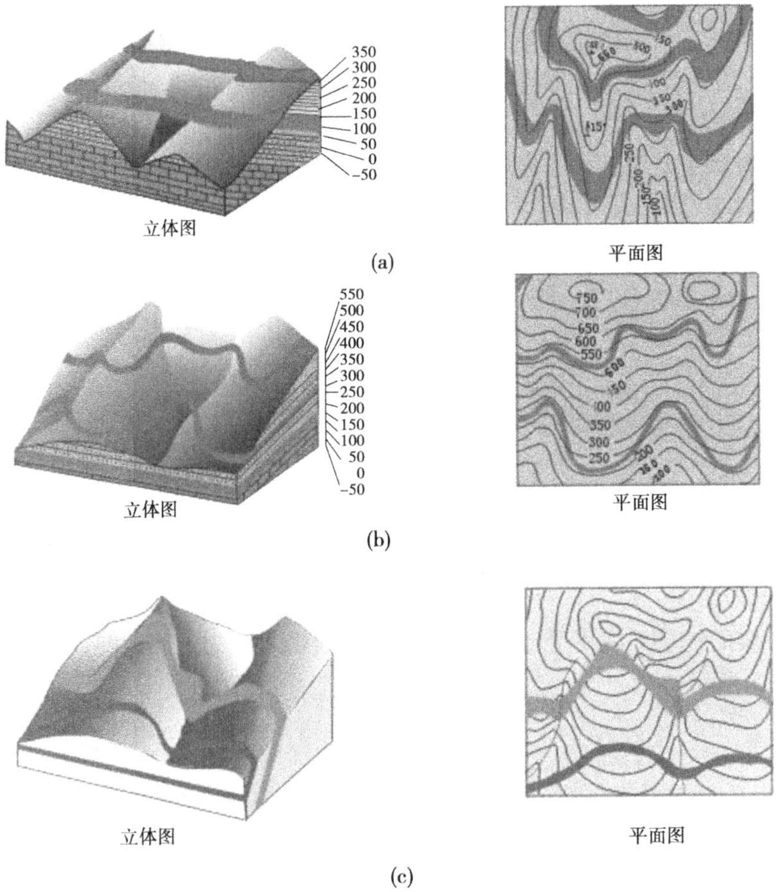

图 3-36　倾斜岩层在地质图上的表示

在野外地质工作中,我们需要把岩层的产状符号标注在地形图的相应位置上,主要有以下几种表示方法:

(1)水平岩层用符号表示,长线代表走向。

(2)倾斜岩层用 30 符号表示,长线代表走向,短线代表倾向,数字代表倾角。

(3)直立岩层用符号表示,长线代表走向,箭头指向较新岩层。

(4)倒转岩层用符号表示,长线代表走向,箭头指向倒转后的倾向。

4. 褶皱构造

褶皱在地质图上主要通过地层的分布规律、年代新老关系和岩层产状综合表示出来。为了突出褶皱轴部的位置及褶皱的形态类型,在地质构造图上,常在褶皱核部地层的中央,用下列符号加重表示:表示背斜,表示向斜。

5. 断层构造

断层在地质图上主要也是通过地层的分布规律和特征，用特定符号表示的。在断层出露位置，在彩色地质图上常用红线、在黑白地质图上常用粗黑线表示：

（1）表示正断层，长线代表断层出露位置和断层线延伸方向，带箭头的短线代表断层面的倾向，数字为断层面倾角，不带箭头的双短线所在的一侧为断层的下降盘。

（2）表示逆断层，长线代表断层出露位置和断层线延伸方向，带箭头的短线代表断层面的倾向，数字为断层面倾角，不带箭头的双短线所在的一侧为断层的下降盘。

（3）表示平移断层，箭头代表本盘相对滑动的方向，短线代表断层面倾向，度数表示断层面的倾角，长线代表断层出露位置和断层线延伸方向。

6. 岩层接触关系

1）层状岩层间的接触关系

整合接触在地质图上表现为两套地层的界线大体平行，较新的地层只与一个较老地层相邻接触，且地层年代连续。用实线“——”表示。

平行不整合接触（假整合接触）在地质图上表现为两套地层的界线大体平行，较新的地层也只与一个较老地层相邻接触，但地层年代不连续。用虚线“---”表示。

角度不整合接触（不整合接触）在地质图上表现为两套地层的界线不平行，呈角度交截，一种较新的地层同多个较老地层相邻接触，产状不同，地层年代不连续。用波浪线“~ ~ ~”表示。

2）岩浆岩侵入体与围岩的接触关系

岩浆岩侵入体是指岩浆侵入到岩石或岩层中的物质。根据岩浆与围岩的关系可以把侵入体分为整合侵入体和不整合侵入体两大类。围岩如果作为地质学名词来讲，是指相对于某种地壳物质周围的岩石，包括岩浆的围岩和矿体的围岩；如果用于地下岩土工程，是指受开挖影响而发生应力状态改变的周围岩体；如在隧道工程中，是指在隧道周围一定范围内，对洞身稳定性有重要影响的岩体。

岩浆岩侵入体与围岩的接触关系主要有侵入接触和沉积接触两类。

侵入接触：在地质图上表现为沉积岩的界线被岩浆岩界线截断。

沉积接触：在地质图上表现为岩浆岩的界线被沉积岩界线截断。

三、绘制地质图

（一）绘制地质剖面图

地质剖面图是反映地表一定深度内地质构造情况的图件，它是在地表选择一条至数条有代表性的图切剖面，以表示岩性、褶皱、断层的空间展布形态及产状、地貌特征等。在地质工作中，常常根据地质平面图绘制地质剖面图。一般的绘制步骤如下：

（1）根据地质平面图，分析区域的地形特征、地层分布、地质构造条件及产状变化情况。

（2）选择剖面线的位置、确定剖面线的方向。剖面线确定的原则是尽量垂直岩层走向、褶皱轴向和断层线，以便清晰地反映区域地质构造情况。工程地质工作中，常沿建筑物的轴线布置剖面，以把握工程地点一定深度下的地质构造情况。

(3)确定地形剖面线。将确定的剖面线画在地质图上，在图纸的适当位置画上剖面基线，长短与剖面线一致，两端画出垂直比例尺，注明高程与方向，并做出与基线平行的比例线段，找出地形等高线与剖面线的交点，将这些交点依次投影在剖面图的相应高度上，将各点用圆滑的曲线连接即为地形剖面线。剖面图的水平比例尺和垂直比例尺要与平面图一致，当平面图的比例尺太小或地形平缓时，垂直比例尺可适当放大，但需对剖面图中所用岩层的倾角进行换算，而且所反映的构造形态将有一定程度的失真。

(4)找出与各地层界线、断层线与剖面线的交点，将这些交点依次投影在地形剖面线上，根据岩层和断层的倾向、倾角，在各个岩层出露点画出岩层倾斜线。根据地质图上地质构造的特征，在剖面图上恢复各个构造，并填入与地质图相应的地质符号。

(5)标注图名、图例和比例尺等。

(二)绘制综合柱状图

综合柱状图是将平面图中出露的各种地层岩性、厚度、接触关系、沉积顺序、岩浆活动等地质条件，按一定比例、自上而下、由新到老的顺序反映在柱状表格上的地质图样，但图中不反映褶皱和断裂构造。对于厚度太小无法按比例或用特定符号表示出来，但是对于工程项目建设来说有重要意义的岩层，如软弱夹层、夹泥层、煤层等，可适当放大比例尺或用特定符号加重表示。同时，为工程利用的综合柱状图，除一般描述外，还应重点说明区域岩石或岩层的工程地质性质。

综合柱状图对了解区域的地层或岩层特征和地质发展历史有重要的参考价值，常常将其和地质平面图放在一起，相互对照，共同说明区域的地质条件。

四、阅读地质图的步骤

阅读地质图对于了解工程地区的地层或岩层的岩性分布和地质构造特征，分析其地质条件，工程的建设和设计有很重要的实际意义，阅读的步骤如下：

(1)看图和比例尺。主要把握图中所表示的内容、图幅位置、地点范围及其精度。各类地质图都有一定的精度，从比例尺大小就可以看出，比例尺越大，内容越详细，地质现象表达得就越清楚，同时也可根据比例尺计算该图区的面积。

(2)看图例。平面图、剖面图、柱状图的地层图例(符号、颜色、线条等)都是一致的。此外，还有构造图例(包括产状、褶皱、断裂)、地貌、地质作用的图例(滑坡、岩溶)等。熟悉图例的颜色及符号，了解图中的地层年代和新老关系，综合柱状图清晰地表示了地层的新老关系、分布程度、岩性特征及接触关系。

(3)看地形地貌。根据平面图中等高线，了解区域地形起伏，山川、河流水系的分布等，并结合分析第四纪地层的分布。

(4)分析地层分布和岩性。根据地层的分布、新老关系、产状及其与地形的关系，分析不同地质年代的分布规律、岩性特征及新老关系，把握区域地层的基本特点。

(5)分析地质构造。地质图上地质构造较多时，按照先分析各年代地层的接触关系，再分析褶皱，然后分析断层的顺序，主要分析褶皱的类型、规模、分布和性质，断层的类型、性质及断盘两侧岩层的特征。

(6)分析不良地质构造。分析区域滑坡、崩塌、岩溶的发育情况、影响范围及发展趋势等,这对工程建设项目来说是十分重要的。

(7)地史分析。根据区域出露的地层分析区域地质发展史。

(8)地质评价。根据图内表现的地质条件,可对建筑物场地的工程地质条件进行初步评价,并可提出进一步勘察工作的意见。

思考与练习题

1. 地质年代的确定方法有哪些?

2. 地层的接触关系有哪些? 分别是怎么形成的?

3. 如何表示岩层的产状? 在野外怎么测量和记录岩层的产状?

4. 什么是褶皱? 什么是褶曲? 褶曲的要素有哪些?

5. 在地质学上,褶曲的基本类型有哪些? 在野外怎么识别它们? 有什么地质构造意义?

6. 在野外如何识别褶皱?

7. 背斜成谷、向斜成山的形成原因是什么?

8. 断裂构造分为哪几类? 它们的区别是什么?

9. 断层的要素有哪些? 各要素是如何定义的?

10. 根据断层两盘的相对运动方向,断层可以分为哪几类?

11. 野外识别断层的主要标志有哪些?

12. 张节理、剪节理的特征是什么? 什么是节理组、节理系、节理分期?

13. 如何进行节理构造的工程地质评价?

14. 如何绘制地质图及阅读地质图?

第四章　水的地质作用

学习目标

1. 掌握河流的定义、分段等基本概念和河流的水文要素。
2. 了解河流的形成过程。
3. 掌握河流的地质作用及其对工程的影响。
4. 掌握地下水的理化性质、类型、特征及形成机制。
5. 了解地下水对工程的影响。

水是地表分布最广泛的物质之一，整个地球表面的3/4为水所覆盖。它以固态、液态、气态形式存在于地表、地下和空中，形成地球表面一个不规则的水圈。水是自然界最活跃的自然地理因子，参与各种自然地理过程。其中，地表流水是地壳岩石风化剥蚀、搬运和堆积等过程的重要外力。因此，水对地表的各项工程建设项目有重要的影响。另外，水也是最宝贵的资源，是人类社会生活和生产的重要物质基础。

第一节　河流的地质作用

一、河流概述

(一)河流定义

河流是地球表面的水流在重力作用下沿着地势低洼的凹槽(河槽)经常性或间断性的流动而形成的。经常有水流动的河流称为常年性河流，间歇有水流的河流称为间歇性河流。以海洋为最后归宿的河流称为外流河，如长江、黄河等；而一些注入内陆湖沼或因渗漏、蒸发而消失于荒漠中的河流称为内流河(内陆河)，如塔里木河。

河流的基本构成要素为水流和河槽，两者相互作用，相互依存。流水不断地雕塑着河槽的形状。在自然界没有河流是直的，都是弯曲起伏的；河槽则容纳流水并起着约束水流的作用，河流有的河段水流急湍，有的河段水流缓慢。

(二)河流断面

为了分析河流的起伏变化，常从空间的角度将河流的断面分为横断面和纵断面。

1. 河流横断面

河流的横断面(河流横剖面，见图4-1)是指在某点沿着垂直于河流主流方向切开的剖面，也即河床底线与水面线所包围的平面，又称为过水断面。在此断面上，可以清晰显示河流横向上水面起伏变化，由于断面流速分布不均匀，所以在急剧涨落水时水面线会发生凹凸变形；或受地转偏向力和弯曲河道河水离心力的影响，水面线也会倾斜，常用河流的横比降表示，也即某点横向方向上河面高差与水面面宽的比值。

2. 河流纵断面

河流的纵断面（河流的纵剖面，见图 4-2）是指沿着河流轴线方向将河流纵向切开的断面。它呈现河流的河底或水面高程从河源到河口的沿程变化，清晰显示出河流流向地形的起伏变化情况。其中，河底高程的沿程变化称为河槽纵断面，水面高程的沿程变化称为水面纵断面。在平水期两者常呈平行曲线关系。常用河流的比降 i（纵比降），即某河段的落差与该河段长度的比值来表达河流纵向高程的变化，用千分数来表达。河流的比降为

$$i = (h_n - h_0)/L \tag{4-1}$$

式中　h_n、h_0——河流首末两点高程；

L——河流长度。

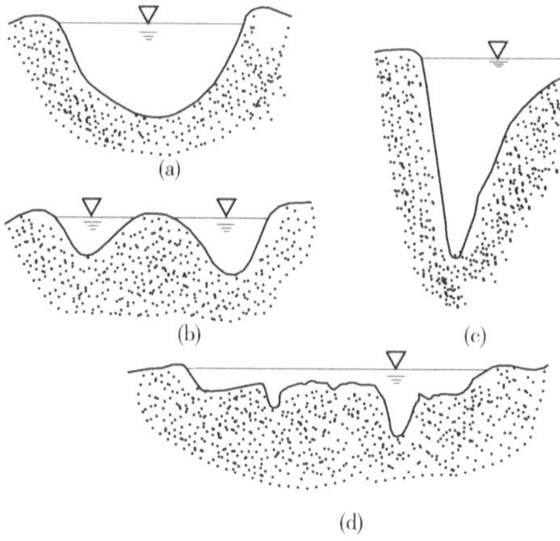

图 4-1　河流横断面

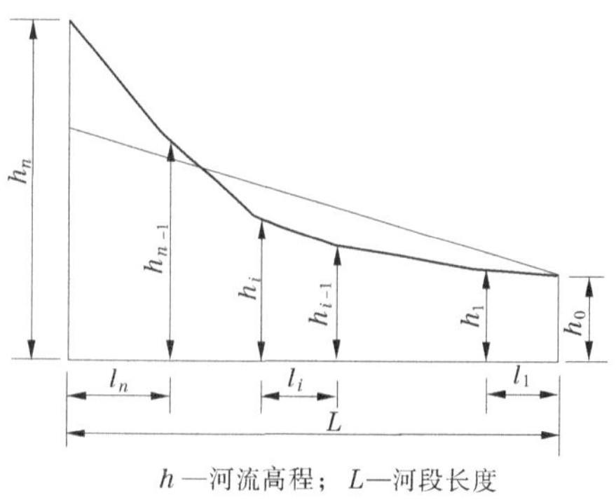

图 4-2　河流纵断面

（三）河流的分段

在野外，河流的长度不一，即使同一条河流，其不同河段的起伏变化、植被、岩性、地质构造等也是千差万别的，为此需要对河流进行分段。通常将河流分为河源、上游、中游、下游和河口五段。

（1）河源也即河流发源之地，即河流最初具有水流形态的地方。一般地势较高，多为溯源侵蚀。通常为冰川、湖沼、山涧或泉水等形式补给。补给源水量充沛，水质较高，水中矿物质的数量和含量较少。

（2）上游紧接河源，落差大，比降较大，流速大，流量小，侵蚀强烈，多瀑布急流和险滩，多为下切侵蚀，河谷狭窄，呈 V 字形，河槽多由基岩或砾石构成，水中矿物质数量和含量逐步增加。

（3）中游河段的比降和流速变小，流量增大，冲刷和淤积大致保持均衡，河谷较宽，多为 U 字形，侵蚀以旁蚀为主，河槽多由粗砂构成，水中矿物质数量和含量逐步增加。

（4）下游河段比降和流速更小，流量更大，淤积作用显著，多浅滩或沙洲，河谷更为宽阔，多为半椭圆形，河槽多由细砂和淤泥构成。

（5）河口是河流的终端，即河流入海、入湖沼或汇入更高级河流处。河口处常有泥沙

堆积，有时分汊现象显著，在入海或入湖处往往形成三角洲。

在河流的河段划分中，河源和河口较易确定，如河源的确定常依据“河源唯远”和“水量最丰”的原则，容易达成共识。但河流上、中、下游的划分，由于不同研究者分别着重考虑地貌特征、水文特征、历史习惯或经济利用价值等而有不同的划分方法。

二、河流水文要素

河流的水文要素主要是表达河流特征的一些因素，如水位、流速、流量、河流泥沙和河水化学、水温与冰情。通过对河流水文要素的研究，能使人们深入了解河流的特征以及河流对工程地质的影响。

（一）水位

1. 水位的定义

水位是相对于特定地区而言的，指河流某一断面相对于基准面的水面高程。基准面又称基面，是高程的起算零点，可分为绝对基面和相对基面两种。绝对基面又称为标准基面，它以某一海滨地点平均海平面作为高程起算零点。例如，我国统一规定采用青岛平均海平面为绝对基面（黄海基面或青岛基面）。

相对基面也称测站基面，是以观测点最枯水位以下 0.5 ~1 m 处作为零点的基面。相对基面可减少记录和计算工作量，便于观测的日常记录。但它与其他水文站的水文资料不具有可比性，故进行全河水文资料整编和水文预报时，必须换算为全河统一的基面。

2. 水位的影响因素

水位的影响因素有很多，河道的冲淤状况、风、结冰、水生植物生长、河段潮汐情况等均可引起水位的变化。流水侵蚀或堆积作用造成河床下降或上升；拦河坝改变了河流的天然水位；水草或冰情使水流不畅，水位升高；入海河流的河口段和感潮段由于潮汐和风的影响而引起水位变化。水位的高低直接取决于河流中水量的多少，水量增加，河水位上涨；水量减少，河水位下降。

水位变化是多种因素共同作用的结果。这些因素具有各自不同的变化周期，如流水侵蚀作用具有多年变化周期，径流补给形式的变化具有季节性周期，潮汐影响具有日变化周期，等等。因而，河流的水位情势是非常复杂的。

3. 水位的变化规律

由于影响水位高低的许多因素有周期性的变化规律，因此水位的升降也具有周期性变化，一般随气候的季节变化和年际变化而变化。例如，由雨水补给的河流，其水位随降雨量的变化而变化。由冰雪融水补给的河流，其水位随气温的变化而变化，气温高，冰雪融水量多，则河流水位高；气温低，冰雪融水量少，则河流水位下降。

在实际工作中，除了解某一时期内水位变化的一般规律外，还必须知道水位变化中的某些特征值，例如平均水位、平均高水位、平均低水位、中水位、常水位等。平均水位是单位时间内水位的平均值。平均高水位与平均低水位则是各年最高水位与最低水位各自的平均值。中水位是一年中观测水位值的中值。常水位指一年中水位最常出现的值。

将实际观测的水位资料按时间顺序点绘成的曲线称为水位过程线。其绘制方法是用纵坐标表示不同时间的水位高度，用横坐标表示时间，将水位变化按时间顺序排列起来所点绘的曲线,便为水位过程线。它能直观地反映水位随时间变化的规律。借助水位过程线可以分析流域内自然地理各要素(特别是气候)对河流水文过程的影响。

将实际观测的水位资料按照大于等于某一数值的水位与其在研究时段中出现的累积天数(历时)所点绘而成的曲线称为水位历时曲线。其绘制方法是:先将一年内的日平均水位按从大到小次序排列,并对水位变化幅度分为若干相等组距(如以 0.5 m 为一组),然后将每一组距水位出现的日数依次累加为累积天数(历时),再以水位为纵坐标,以累积天数为横坐标点绘的曲线,则得日平均水位历时曲线。

水位历时曲线可以看出一年内超过某一水位高度出现的总天数,这对航运、灌溉、防汛都有重要的意义。

(二)流速

1. 流速定义

流速是指河流中水质点在单位时间内移动的距离,单位是 m/s,即 $v = L/t$。由于河床的地势倾斜和粗糙程度以及断面水力条件的不同,天然河道中流速的分布是不一致的。

2. 河流横断面的流速分布

河流横断面上各点的流速,可用流速仪测出。一般地说,河流纵断面流速分布为:上游河段流速最大,中游河段流速较小,下游河段流速最小。河流横断面(过水断面)的流速从水底向水面,从两岸向最大水深方向递增。绝对最大流速出现在水面向下水深的 1/10 ~3/10 处,平均流速出现于水深的 6/10(3/5)处;在水面,由于空气的摩擦阻力,流速较小;在河底,流速趋于零。弯曲河道的最大流速则接近凹岸处。流速分布往往还受到冰冻、风、河底地形、水深等因素影响。如果河面封冻,则最大流速下移,往往出现在横断面中部(见图 4-3)。

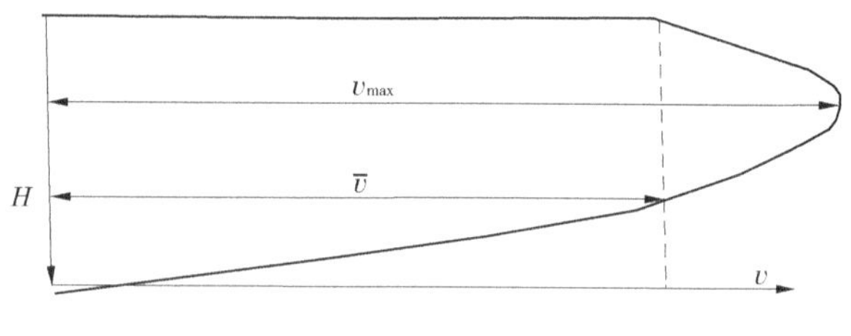

图 4-3　流速在河流横断面的分布

(三)流量

1. 流量定义

河流流量是指单位时间内流过某一过水断面的水量,单位是 m^3/s。流量在数值上等于过水断面面积与断面平均流速的乘积,即

$$Q = Fv \tag{4-2}$$

式中　Q——河流流量

F——过水断面面积;

v——平均流速。

2. 流量变化

流量是河流的最重要特征。它的变化将引起流水侵蚀、堆积过程和水流的其他特征值发生变化。河流中水量的多少直接决定了水位的高低，随着流量的变化，水位也发生变化，水位变化实际上是流量变化的外在表现。在河槽断面基本稳定的情况下，水位高低与流量大小有较好的对应关系。为了便于进行水文分析，常把测得的流量资料绘成曲线图。常用的有流量过程线和水位—流量关系曲线。

流量过程线是流量随时间变化过程的曲线。绘制方法是：以流量为纵坐标，以时间为横坐标，按时间顺序点绘而成的曲线，便是流量过程线。

水位—流量关系曲线是指水位随流量变化的曲线。其绘制方法是：以水位为纵坐标，以流量为横坐标，将相应的水位和流量点绘在坐标纸上，连接各个点而成的曲线，便是水位—流量关系曲线。

（四）河流泥沙

1. 河流泥沙定义

河流泥沙是指组成河床和随水流运动的矿物、岩石固体颗粒。随水流运动的泥沙也称固体径流，它在水流中的运动是河水流速和泥沙自重综合作用的结果。

河流泥沙对河流的水情及河流的变迁有着重大的影响，为了进行定量对比，常用输沙率、输沙量、含沙量等来衡量河水中挟带泥沙的数量。单位时间内通过一定的过水断面的泥沙总量，称为输沙率，单位是 t/s 或 kg/s。一定时段内通过一定过水断面的泥沙总量称为输沙量，单位是 t 或万 t。含沙量是指每单位体积河水中所含泥沙的质量，单位是 kg/m^3。

2. 河流泥沙影响因素

河流含沙量的大小同河流补给条件、流域岩石性质、地形切割程度、土壤性状、植被覆盖情况及人类活动等因素密切相关。一般来说，在降水变率大、地表植被少、土质疏松的沟壑区，河流的含沙量较大。如我国黄土高原区的一些河流就以含沙量大而闻名于世。

河流泥沙的多少是流域侵蚀程度的主要标志。河流泥沙除了和水流一起参与河床的演变过程，河流泥沙运动还直接影响河流的泄洪能力、航运条件和水库等水利工程的使用寿命。因此，河流泥沙的观测与研究就显得尤为重要。

（五）河水化学

河水化学主要包括河水的化学组成、性质、时空分布变化，以及它们同环境的相互关系。天然河水的化学成分主要有HCO_3^-、SO_4^{2-}、CO_3^{2-}、Cl^-、Na^+、Mg^{2+}、K^+等。但在不同河流中，这些离子的比例并不相同。河水中除上述离子外，还有生物有机质、溶解气体和一些微量元素等。河水化学的特征主要表现在以下几个方面。

1. 天然河水的矿化度普遍较低

所谓矿化度，是指 1 L 河水中所含离子、分子和各种化合物的总量，单位为 g/L。矿化度是反映河水化学特征的重要指标。一般河水矿化度小于 1 g/L，平均只有 0.15 ~ 0.35 g/L。在各种补给水源中，地下水的矿化度比较高，而且变化大；冰雪融水的矿化度最低；由雨水直接形成的地表径流矿化度也很小。

2. 河水化学组成的时间变化明显

河水补给来源随季节变化明显，因而河水化学组成也随季节变化。以雨水或冰雪融水补给为主的河流，在汛期，河流水量增大，矿化度明显降低。在枯水期，河流水量减少，以地下水补给为主，故此时河水矿化度增大。夏季水生植物繁茂，可使 NO_3^-、NO_2^-、NH_4^+ 的含量达全年最大值。

3. 河水化学组成的空间分布有差异性

大的江河域范围广，流程长，流经的区域条件复杂，并有不同区域的支流汇入，因此各河段水化学特征的不均一性就明显。

不同区域河水化学存在差异，它主要对地下工程项目存在腐蚀的风险。因此，滨河类、桥梁工程项目在施工时，应注意河水化学的影响。

（六）水温与冰情

1. 河水温度与冰情

河水温度与冰情是河水热状况的综合标志。当水温达到 0 ℃以下的过冷却状态时，就会出现冰情。

2. 河水温度的影响因素

河水温度和冰情的变化，主要受太阳辐射、气温等地带性因素的控制，因而水温和冰情的分布基本上体现了地带性规律。例如，我国在秦岭—淮河一线以南的河水，冬季不结冰，以北的河水冬季则结冰。

河水温度还受补给来源的影响，高山冰雪融水补给的河流水温低，雨水补给的河流水温较高，地下水补给的河流水温变化幅度小。一般河水温度的地区分布与气温大体一致，或略高 1 ~ 2 ℃。

河水温度还随流程远近而发生变化。流程愈近，水温与补给水源的温度愈接近；流程愈远，水温受流域气温的影响愈显著。河水与大气及河谷地表的热交换将使水温发生变化。一般来说，由于发源地海拔高，河口海拔低，水温从上游向下游增高。长江发源于青藏高原上唐古拉山北坡各拉丹冬冰川，源区和上游水温都很低，但它经过四川盆地和中下游平原之后，到河口地段水温升高。河流水温在很大程度上还受到河流流向的影响。亚欧大陆和北美大陆向北流入北冰洋的大小河流，愈向下游水温愈低。如新疆地区的额尔齐斯河。

3. 河流水温的年变化

河流水温的年变化主要受季节影响，春季河水由于热量收入大于支出而温度升高，最高温度多出现在盛夏；秋冬季，河水由于热量收入小于支出而温度降低，最低温多出现在冬季气温最低的时候。不过河水水温的年变幅远小于气温的变幅。不同的地理位置，水温的年变幅不同，季节变化明显的中纬度地区，水温的年变幅大于高纬度地区和低纬度地区。

4. 河流冰情的发展

河流冰情的发展可分为结冰、封冻、解冻三个阶段。由于陆面的温度变化快，故结冰和融冰都是先从岸边开始，然后逐渐向河中央扩展。河中冰块随水流向下游流动，称为流冰或行凌。

在河流解冻时，如果河流由低纬度流向高纬度，上游解冻早，下游解冻晚，向下游移动的冰块就可能由于下游河道多弯或狭窄而壅积起来，形成冰坝。冰坝上游，水位抬高，这种现象称为“凌汛”（也称为冰排），凌汛较大时会带来灾害。如兰州以下的黄河河段，北向银川平原，冬末春初，兰州附近早已解冻，而宁夏境内河段仍被坚冰封闭，上游而来的冰块在此壅积最终形成冰坝造成凌汛（见图4-4）。

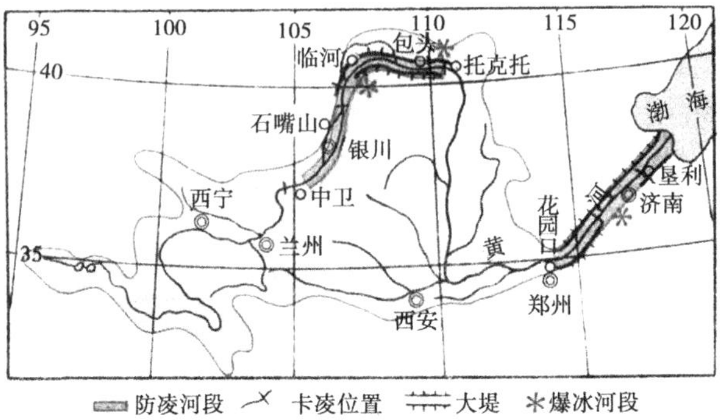

图4-4　黄河的凌汛

三、河流的形成

（一）河川径流形成过程

河川径流形成是一个连续的过程，对于降雨径流的形成过程来说，是降雨经植物截留、填洼和下渗等损失后，剩余的雨水（净雨水）在流域上经地表和地下截留后，再经过河槽汇聚，形成出口断面的流量过程（见图4-5）。因此，降雨径流形成过程大致可分为如下三个阶段。

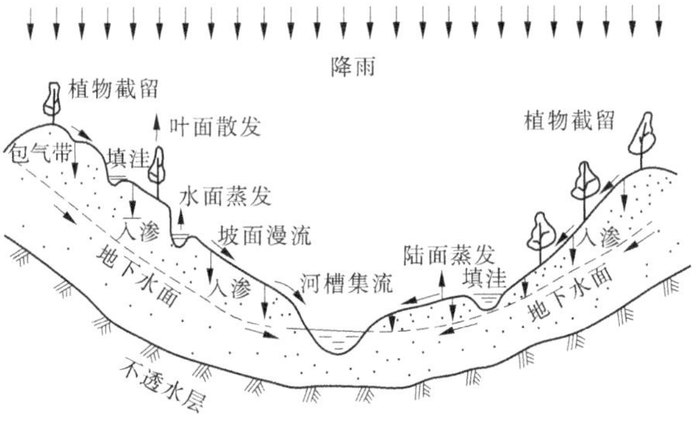

图4-5　河川径流形成示意图

1. 蓄渗过程

降水落到流域后，除一小部分（一般不超过5%）是降落在河槽水面上的降水直接形成径流外，大部分降水并不立即产生径流，而是消耗于植物截留、下渗、填洼与蒸散发。下渗是指降水从地面渗入土壤中的现象，当降雨强度不大而且远远小于下渗能力时，雨水将全部渗入土壤中。当降雨强度大于下渗能力时，超出下渗能力的雨水（超渗雨）形成地面积水，蓄积于地面上大大小小的坑洼，这一过程称为填洼。对于径流形成来说，这是降水量损失过程。当降水量满足这些损失量之后，才能产生地表径流。在降水开始之后、地表径流产生之前,这个降水损失过程称为流域蓄渗阶段。

在一次降水过程中,流域上各处的蓄渗量和蓄渗过程的发展是不均匀的。因此,地面产生径流的时间有先有后,先满足蓄渗量的地方就先产生径流。对于径流形成而言,蓄渗阶段是一个耗损过程,但从增加雨水对地下水的补给和减少水土流失来说,这个阶段具有重要意义。

2. 坡地漫流阶段

当降水满足损失过程之后,地表便开始出现沿天然坡向流动的细小水流,即坡地漫流。坡地漫流逐渐扩大范围,并分别流向不同的河槽里,叫漫流阶段(见图4-6)。漫流过程中,一方面接受降水的补给,增大地面径流;另一方面在运行中不断地消耗于下渗和蒸发,使地面径流减少。而此时,降水在土壤、岩石中的下渗已趋于稳定,将这个稳定值称为稳渗率。所以,漫流阶段的产流强度,取决于降水强度和土壤稳渗率之差。各种土壤的下渗强度不同,故产流情况也不一样。在同样降水强度下,砂质土地区产流强度较小,而壤质土地区产流强度较大。

图4-6 坡地漫流形成的凹槽

坡地漫流是地表径流向河槽汇集的中间环节,根据流态可分为片流、沟流和壤中流三种形式。

(1)片流。积水铺满地表,水在地表呈薄片状流动,并没有明显的沟槽。流速和水深都很小。但流速和流量都从坡顶向坡底增加,冲刷力也相应地向坡底增强。

(2)沟流。是坡地径流的主要形式。水并不铺满地表,而是在坡面上形成无数细小的时分时合的沟溪,由沟注入河网。它的水深较大,流速较快。但流速和流量都从坡顶向坡底增加,冲刷力也相应地向坡底增强。

(3)壤中流。是地表土壤中水的流动,因地表较疏松,吸水较快,水就在地表土壤中缓慢流动,其速度不大,开始时间也较晚,降水停止后仍可持续一段时间。这种流动接近于渗流。地表土壤物质往往由这种坡地漫流带入河槽。

坡地漫流的三种形式中,以细小沟流为主,但不遵循固定的路线。同时,漫流过程中,沿途不断接受来水,又有下渗和蒸发,以及地形的影响,故坡地漫流是不稳定流。流域上的净雨量有85% ~95%是通过坡地漫流而进入河网,故它在流域汇流中占有重要地位。

3. 河网汇流过程

坡地漫流的雨水进入河道中，沿着河网向下游干流出口断面汇集的过程称为河网汇流阶段。此阶段自坡地漫流注入河网开始，直到将坡地汇入的最后雨水输送到出口断面。因此，此过程在降水停止后还将持续很长时间，整个阶段表现为出口断面的流量过程，是径流形成过程的最终环节。

在径流形成过程中，流域和河道对降水在时空上进行了再分配。将径流形成过程概括为上述三个子过程，只是把水体在运行特征及发生场所上加以区分，以便于对其进行深入研究。

研究分析河川径流的形成过程对于山区工程项目（山地居民点选址、山区公路选线、桥梁隧道等）有重大影响，山地居民点选址和公路选线应避开坡面上的冲沟、细水沟地带，若必须选址在上述区域，则应加强工程措施处理，修筑过水涵洞，以便将坡面汇集的水流及时排走。

（二）河流的地质作用

河流是地表重要的外动力，它塑造着流经地区的地形地貌，也对流经地区的已建、新建和未建工程项目产生作用，其地质作用主要有以下几种。

1. 侵蚀作用

流水破坏地表，并将地表组成物质移位的作用称为流水的侵蚀作用。侵蚀的基本形式有下切、旁蚀和溯源侵蚀三种。下切侵蚀是指线状流水对河（谷）底的侵蚀加深作用，此种作用使河流加深。旁蚀又称侧蚀，是指流水对河流（谷地）两岸（两侧谷坡）的侵蚀，它使岸坡后退，河（谷）展宽，此种作用使河流弯曲。溯源侵蚀也称向源侵蚀，是流水下切侵蚀作用引起的流水向谷底源头方向延伸的侵蚀作用，此种作用需要较长的时间，使河流源头上移，进而使河流加长。

2. 搬运作用

流水将侵蚀后的物质向下游搬移的过程称为搬运作用。流水的搬运方式主要有推移、跃移、悬移和溶移四种（见图 4-7）。推移是指流水使泥沙或砾石沿河沟（床）底面滚动或滑动的搬运方式。跃移是指河床底部的泥沙呈跳跃式向前搬运。悬移是指细小的物质在水中呈悬浮状态的搬运方式。溶移是指河床基岩和搬运物质中的可溶性物质溶解于水呈溶液状态而被搬运的方式。

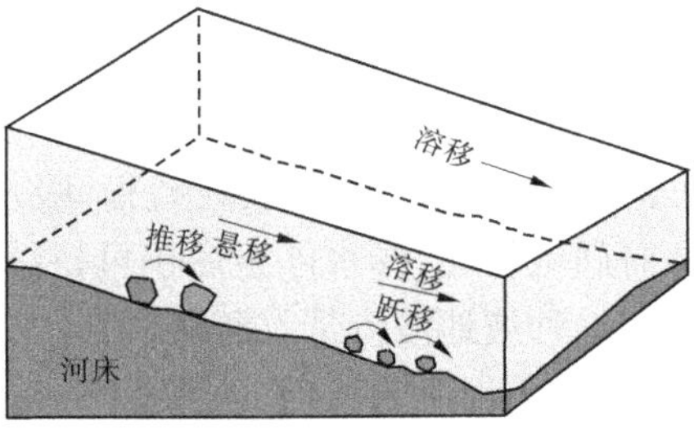

图 4-7　河流的搬运作用

这四种搬运方式也是对搬运物质颗粒大小的一种划分。实际上，在许多情况下泥沙的各种运动形式可以同时存在。在河床底部,泥沙多以推移搬运为主,泥沙在水沙流交界处可做跃移运动,在更靠近水面的区域则做悬移运动。

3. 堆积作用

当流水搬运能力减弱时,被搬运的物质就发生沉积,这种作用称为流水的堆积作用。堆积物的数量取决于含沙量与搬运能力的对比关系。当坡度减小,流速减慢,水量减少或泥沙含量增加等流水条件改变而引起搬运能力减弱时,都会使水流中的部分泥沙堆积下来。一般来说,大的物质首先沉积,其次是较细的物质,最后是更细的物质,这和搬运作用的方式是对应的,这就是流水的分选作用。

四、河流的地质工程分析

河流在侵蚀、搬运、堆积等作用下呈现出弯曲状态,当其流经弯曲河段时,水流运动的作用使凹岸不断向后退(侵蚀作用),凸岸使河底的碎屑物质堆积成河漫滩,随着时间的推移,这种作用不断加强,在河段弯曲到一定程度时,河流截弯取直,便形成了废弃河道和牛轭湖。因此,在河流的凹岸是不能进行工程建设活动的,如果是道路桥梁不得已情况下,需穿过河流的凹岸,则必须进行河流的水文要素分析,采取适当的措施进行处理。凸岸是松散的堆积物形成的,进行工程建设活动需要加强地基处理。在河流的上游及河流下切侵蚀严重(进行水文调查得出)的河段,在一定时期会形成河流阶地,阶地上是可以进行建筑活动的,但必须加强地基和基础稳定性和整体性。

在一般情况下,桥梁选址尽量不要选择弯曲河段;公路的选线尽可能不要选择在凹岸(河流对路基有强烈的冲刷,造成路基不稳);建筑工程尽量不要选择在凹岸(反弓河段)及旁蚀作用(一般在顺直河段)强烈的河段。如果由于土地资源的限制,必须进行建筑工程活动,需要加强对河流中心淤积物质的清理,同时加强河流两岸工程措施处理力度。

第二节　地下水的地质作用

一、概论

(一)地下水定义

地下水是存在于地表以下岩层空隙中各种赋存形式的水,主要来源于大气降水、地表水,同时还可以补给河流、湖泊、沼泽等地表水。地下水与人类生活生产有着密切的关系:一方面它是人类社会农业灌溉、工业用水、生活用水的重要水源;另一方面,不合理的利用及过量开采,使地表出现大面积的沉降大漏斗,特别是地下水量利用集中的城市地区,出现大面积的沉降(天津、河北的沧州等城市)。因此,研究地下水的形成、类型、运动等对工程建设项目有重要的指导意义。

(二)地下水赋存空间

地下水在地表的赋存形式多种多样,主要受岩石或岩层特性以及构造运动的影响。

1. 含水层、隔水层

含水层是指能够存储地下水并在自然状态或人为条件下能够流出相当数量水量的岩

层或岩体，如砂层、砂砾层、砾层等。有的含水层呈带状分布，也可称为含水带。含水层能够储存地下水的多少，在一定程度上取决于隔水层的位置、形状和地质构造条件等。

隔水层是指地下水在自然状态或人为条件下基本不能流出相当数量水量的岩层或岩体，如火成岩、变质岩、页岩、黏土层等均是良好的隔水层。

在自然界，没有绝对的隔水层和含水层，两者的划分是相对的。隔水层仅仅是对地下水的运动起阻隔作用，两者在一定的条件下是可以相互转化的，转化的前提条件取决于地质条件。如饱含结合水的黏土层，在一般条件下是隔水层，但由于地质构造原因，在特定的区域，存在较大的水头作用，致使一部分结合水发生运动，黏土层就由隔水层转化为含水层。

2. 地下水含水介质的空隙

地下水在地表以下的土壤或岩层中，主要以空隙的形式赋存，空隙包括孔隙、裂隙、溶隙等三种。空隙的数量多少、缝隙大小、均匀程度以及相互贯通情况，决定着地下水的含量、分布及运动特性。

(1)孔隙是指松散堆积物颗粒或岩石固体之间的空隙，通常用孔隙度来衡量，即孔隙的体积与岩石体积之比。它的大小取决于岩石自身的大小、排列方式、颗粒粗细、颗粒之间的胶结状况等。

(2)裂隙是指受外界的影响导致岩石破裂而出现的空隙，通常用裂隙度来衡量，即裂隙体积与岩石体积之比。由于外界的影响，裂隙的分布具有明显的不均匀性，同一种岩石，受外界影响的程度不一样，裂隙度存在较大的差别，岩石有的部位裂隙度达百分之几十，有的仅有百分之几。

(3)溶隙是指可溶性岩石的空隙，通常用溶隙度(岩溶率)来衡量，即溶隙体积与岩石体积之比。溶隙的形状千变万化，大小不一，空间分布差别较大，有的可达几百米，甚至形成暗河达数千米，有的仅几毫米。

3. 地下水含水介质的水理性质

空隙为地下水提供了储存空间，但地下水能否自由流出这些空间，主要取决于岩石性质。通常情况下，将与地下水储存、运移有关的岩石性质称为岩石水理性质(也即含水介质的水理性质)，主要有容水性、持水性、给水性、透水性等。

(1)容水性。是指岩石在正常压力作用下能容纳一定水量的性能，用容水度来衡量，即岩石中所能容纳水量的体积与岩石体积之比(也可认为是单位体积的岩石所能容纳的最大水量)。它是表征岩石容水性的指标，主要取决于岩石空隙的多少以及空隙被其他物质充填的程度。

(2)持水性。是指在其岩石空隙中，在重力作用下，已经排出部分水量，岩石依靠分子力和毛管力仍然能保持一定水量的性质。用持水度来衡量，即岩石在重力排水后，其空隙中所保持的水量体积与岩石体积之比，其大小取决于岩石表面对水分子的吸附能力。在松散的沉积物中，细粒岩石，空隙越小，则持水度较大，反之较小。

(3)给水性。是指饱水岩石在重力作用下能够流出一定水量的性能，用给水度来衡量，即自由流出水的体积与储水岩石体积之比，其大小取决于颗粒的粗细即缝隙的大小。因此，颗粒较粗的岩石具有较大的给水度，颗粒较细的岩石给水度较小。

通过以上分析可知，岩石的给水性和持水性呈负相关关系，给水性强的岩石持水性弱，给水性弱的岩石则持水性强。同时，也得出岩石的容水度等于持水度和给水度之和。

(4)透水性。是指岩石允许水透过的性能。岩石中各种空隙直径大小、空隙数量多少和贯通情况决定着岩石的透水性能。

根据岩石透水性能大小，通常情况下，可将岩石分为三类：一是透水岩石，如砾岩、粗粒砂岩及裂隙或溶隙发育良好的岩石；二是半透水岩石，如疏松砂岩、细沙、黄土及裂隙和溶隙不甚发育的岩石；三是不透水岩石，如板岩、页岩、黏土和各类块状结晶岩等。

4. 蓄水构造

蓄水构造是从水文地质学的观点研究地质构造而得出的概念，指含水层和隔水层相互结合而形成的能够积蓄地下水的地质构造。蓄水构造必须包括三个基本条件：一要有蓄水的空间（岩石的透水性决定），二要有隔水边界（也即存在隔水层），三要有透水边界（补给和排泄水源）。

蓄水构造对于研究地下水含量、水质等有重要的指导意义。在坚硬岩层分布区，需要对蓄水构造进行深入研究，主要类型有：断裂型（以断裂破碎带为蓄水空间，相对不透水的两侧岩石为隔水边界，断层面上下部为补给和排泄区）、单斜、背斜、向斜、侵入接触型、岩溶型等蓄水构造。

通过对地下水赋存空间的分析，可为进行工程项目选址、施工等提供依据，采取适宜的工程措施，以保证工程项目的结构稳定性。

二、地下水物理化学性质

地下水埋藏在地下，它与周围的地质环境存在密切的关系。同时，地下水也参与水分循环，不可避免与不同的介质接触。在接触过程中，地下水溶解了不同介质的某些成分，如各种离子、分子、悬浮物、气体、微生物等，导致不同区域的地下水物理化学性质存在差异。

（一）地下水的物理性质

地下水的物理性质主要包括密度、温度、颜色、透明度、口味和气味、导电性和放射性等。

1. 密度

密度取决于地下水中所溶解的盐类含量，水中溶解的盐分越多，其密度就越大，有时可达 1.2 ~ 1.3 g/cm^3，地下淡水的密度通常与化学纯水的密度相同，为 1 g/cm^3。

2. 温度

地下水的温度主要受气温条件和埋藏深度的影响。接近地表的地下水受气温条件影响较大（影响深度在 3 ~ 5 m），但从地表向下到一定深度，其温度不随外界温度而变化，此深度为常温层，超过常温层，温度随着埋藏深度的增加水温逐步增高（地热的影响）。地下水的温度随着气温季节性及昼夜变化而发生变化，这种变化往往带有周期性。地下水埋藏深度在 50 m 以内时，温度随气温而变化；埋深大于 50 m 时，地下水温度随着埋藏深度增加而增加，地下水温度和埋藏深度存在以下关系：

$$T_H = \frac{H - h}{g} - T_B \tag{4-3}$$

式中　T_H——埋藏深度为 H 时的地下水温度；

H——地下水埋藏深度；

h——地区常温层深度，不同地区存在差别，一般为 50 m 左右；

g——地热增温级（在常温层以下，温度每升高 1 ℃时所增加的深度，随地质条件而变化，一般情况下为 30～33 m）；

T_B——地区平均气温。

潜水及埋藏不深的承压水，温度一般为 10～20 ℃。水温超过 20 ℃ 时，称为温水，其中 20～37 ℃叫低温水，而当水温大于 42 ℃ 时，则叫高温水。我国著名的西安临潼华清池温泉，水温在 43 ℃左右，而西藏羊八井的水温则高达 150～160 ℃。

3. 颜色

地下水的颜色是由水中的化学成分决定的。正常情况下，地下水是没有颜色的，但当水中含有不同的离子、分子或固体悬浮物，则呈现出不同的颜色。当地下水中含氧化铁时为暗红色，含氧化亚铁时为浅蓝绿色，含硫化氢气体时为翠绿色等，如表 4-1 所示。

表 4-1　水中的物质及颜色

水中含有物质	硬水	低价铁	高价铁	硫化氢	硫细菌	锰	黏土	含悬浮物质	腐殖酸
水的颜色	浅蓝	灰蓝	黄褐	翠绿	红色	暗红	无荧光的淡黄色	取决于悬浮物颜色	暗黄、灰黄

4. 透明度

纯净的地下水是透明的，当地下水中的大颗粒物质的含量达到一定程度时，透明度就会变差，呈现浑浊状态。

5. 口味和气味

纯净的地下水是没有味道的，口味取决于地下水中化学物质的含量，口味有淡有咸，有苦有甜。当水中溶解有多量的二氧化碳或含碳酸钙时，水清凉可口；含硫酸钠时为涩味；含氯化镁时为苦味。表 4-2 列出了不同矿物质含量时的口味感觉。

表 4-2　地下水中的矿物质最高含量及水的味道感觉　（单位：mg/L）

物质类型	味道	味觉程度		
		略有感觉	明显有味	令人难受
硫酸亚铁（$FeSO_4$）	墨水味	1.6	4.8	—
硝酸钠（$NaNO_3$）	苦味	70	205	346
碳氢酸钠（$NaHCO_3$）	涩味	415	450	—
硫酸钙（$CaSO_4$）	涩微苦	70	140	—
硫酸镁（$MgSO_4$）	苦味	250	625	750
硫酸钠（Na_2SO_4）	涩味	150	450	—
氯化钠（$NaCl$）	咸味	165	495	660
氯化镁（$MaCl_2$）	苦味	135	400	535

地下水的气味是水中含有气体或有机质时呈现出来的，地下水含有氯化氢时为臭鸡

蛋味，含腐殖质多为霉草味；地下水的气味还和水温有关系，水温低时，气味不明显；水温升高时，气味逐步加重。

6. 导电性

纯净的地下水是不导电的，导电性与盐类总量和性质有关，导电性能的大小主要取决于水中电解质的种类、数量、浓度和温度，水温越高、浓度越大，导电性能就越好。

7. 放射性

放射性是地下水中含有放射性元素引起的，放射性强弱取决于所含放射性元素的种类及数量多少。正常情况下，地下水都具有一定的放射性，只是极其微弱，没有大的危害，但当地下水经过矿产资源矿床或含有大量放射性元素的岩层时，它就具有很强的放射性。

需要指出的是，地下水的物理性质其实就是表征地下水是否被污染的一些标志。

（二）地下水的化学性质

地下水的化学性质是指地下水的化学成分。地下水的化学成分包括离子、分子、化合物以及气体成分等。地下水中含有多种化学元素，据测定多达60种以上。各种元素在地下水中的含量多少不一，这与各种元素在水中溶解度及其在地壳中的含量有关。如O、Na、K、Mg等元素在地壳中分布很广泛，因此在地下水中也很常见，而且含量很高；矿物金属元素虽然含量很大，但因为不溶于水，因此在地下水中含量不是很高，如Fe、Cu、Al等；氯在地壳中含量较少，但因为极易溶于水，因此水中含量就较多。

地下水中的化学元素通常以离子、分子、化合物、胶体以及气体等状态存在，主要的离子有Na^+、K^+、Mg^{2+}、Ca^{2+}、OH^-、HCO_3^-、SO_4^{2-}等，主要的气体分子有O_2、N_2、CO_2、CH_4、H_2S等，化合物有Fe_2O_3、Al_2O_3等。接近地表的地下水还可能存在细菌和有机质成分。

由于地下水中还有不同的化学成分，因而地下水呈现出不同的化学性质，主要有以下几种。

1. 矿化度

矿化度是指地下水中含有的各种离子、分子及其他物质的总量，以g/L表示。矿化度的高低标志着水中含盐量的多少及盐类的成分。矿化度值M常用把水蒸干后留下的干涸残余物质来衡量。根据此值的高低，将地下水分为淡水（$M<1$ g/L）、弱矿化水（微咸水，$M=1\sim3$ g/L）、中等矿化水（咸水，$M=3\sim10$ g/L）、强矿化水（盐水，$M=10\sim50$ g/L）、卤水（$M>50$ g/L）。

通常低矿化度的地下水中以碳酸盐及重碳酸盐为主；中等矿化度水多以硫酸盐或重碳酸盐—硫酸盐或硫酸盐—盐酸盐为主；高矿化度水则多以盐酸盐为主，见表4-3。

表4-3　地下水按矿化度划分

类别	淡水	弱矿化水（微咸）	中等矿化水（咸水）	强矿化水（盐水）	卤水
矿化度（g/L）	<1	1~3	3~10	10~50	>50
化学成分	HCO_3^-		SO_4^{2-}	Cl^-	
俗称	碳酸盐水		硫酸盐水	氯化物水	

2. 硬度

硬度是指地下水中钙、镁离子浓度的总量，硬度分为暂时硬度和永久硬度。暂时硬度是指将水加热至沸腾后，碳酸盐沉淀而从水中析出的那部分钙、镁离子含量；永久浓度是指水加热沸腾后，仍留在水中的钙、镁离子含量，主要是钙、镁离子的硫酸盐和氯化物。因此，硬度等于暂时硬度与永久硬度之和。

根据钙、镁离子浓度总量，将地下水分为以下五类，见表4-4。

表4-4　地下水按硬度划分

类型	极软水	软水	微硬水	硬水	极硬水
硬度值 $C(\times 10^{-6})$	<1.5	1.5~3.0	3.0~6.0	6.0~9.0	>9.0

水中钙、镁离子含量过高，烧开水时会生成沉淀形成锅垢，大大降低锅炉的传热性能，不但耗费燃料，而且加重对锅炉的腐蚀，同时会造成水管的阻塞。

3. 酸碱性

地下水的酸碱性主要取决于水中氢离子与氢氧根离子浓度的相对含量。主要用来判定水中碳酸的存在形式。当氢离子浓度大于氢氧根离子浓度时显酸性，当氢离子浓度小于氢氧根离子浓度时显碱性，两种离子浓度相等时地下水显中性。两种离子浓度差值愈大，酸性或碱性愈强。根据 pH 值，将地下水分为强酸性水、软酸性水、中性水、弱碱性水、强碱性水，见表4-5。

表4-5　地下水按酸碱性划分

类型	强酸性水	软酸性水	中性水	弱碱性水	强碱性水
pH 值	<5	5~7	7	7~9	>9

确定地下水的酸碱性对工业、城市供水、灌溉供水及建筑工程项目有实际意义。不同用水部门，对地下水的酸碱性有不同要求。工业锅炉用水、饮用水要求地下水为中性（pH 值为6.5~8.5），酸性土壤则不宜用酸性水灌溉。地下水中酸性较大时，对混凝土表面的碳酸钙产生溶蚀，造成结构稳定性降低。

4. 侵蚀性

地下水的侵蚀性是指地下水中含有某种化学成分而对金属、岩石、混凝土等的腐蚀作用和溶蚀作用，主要是通过化学反应生成新的物质，使金属、岩石、混凝土等遭受破坏。如地下水中的某些化学成分与混凝土结构中的某些化学物质产生化学反应，在混凝土内生成新的物质，造成混凝土体积膨胀、开裂，结构遭到破坏，强度降低，影响工程整体稳定性。

地下水的侵蚀性主要有以下几种：

（1）碳酸类侵蚀。当地下水中含有大量游离的 CO_2 时，会对混凝土中的 $Ca(OH)_2$ 产生溶蚀：

$$Ca(OH)_2 + CO_2 = CaCO_3\downarrow + H_2O;CaCO_3 + CO_2 + H_2O \rightleftharpoons Ca^{2+} + 2HCO_3^{2-}$$

在这种作用下，特别是在石灰岩地区，地下容易形成溶洞。这些洞穴往往奇特多姿，风光秀丽，成为游览圣地，但更多的暗藏洞穴却成为建筑物、水利工程、桥梁工程及矿业工程的隐患。因此，在工程建设中涉及地下水时，必须注意和预防它的侵蚀性。

（2）硫酸类侵蚀。地下水中含有较大量的 SO_4^{2-}，它能与混凝土中的 Ca^{2+} 发生化学反应，生成 $CaSO_4$ 盐，遇水再结晶生成 $CaSO_4 \cdot 2H_2O$ 晶体，在结晶过程中，体积膨胀，使混凝土结构遭到破坏。

（3）氧化、水化侵蚀。地下水中氧气含量过多，将使混凝土结构中的钢筋等金属结构材料腐蚀，从而降低结构的稳定性。

（4）镁盐侵蚀。地下水中含有较多的氯化镁时，与混凝土接触时发生化学反应，造成混凝土中的钙流失，降低结构的强度和稳定性。

三、地下水分类

地下水与地表水在形成、空间分布、水的理化性质上相比较，均显得复杂多样。因此，为了充分揭示地下水的内在差异性，掌握地下水的特性，需根据不同的分类目的、分类原则与分类标准，对地下水进行分类，国内目前比较通用的是按照储藏条件分类，分为上层滞水、潜水、承压水三类（见图 4-8）。

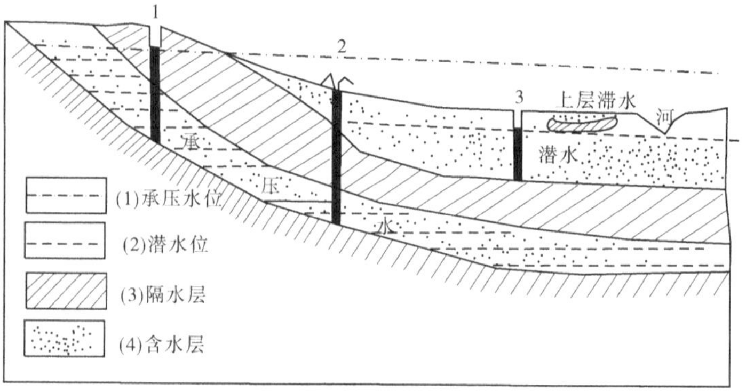

1—承压水井；2—自留水井；3—潜水井

图 4-8　地下水埋藏示意图

（一）上层滞水

1. 上层滞水定义及分布

上层滞水是指包气带中局部隔水层之上具有重力自由表面的重力水（见图 4-9）。分布于砂层中的黏土夹层之上和石灰岩中溶洞底部有黏性土充填的部位。通常分布在风化的松散堆积物或坚硬的岩层中，尤其以松散的堆积物中分布最多，而且必须出现局部隔水层才能存在；在坚硬岩层的风化裂隙中也存在上层滞水，属于季节性水分，多耗于蒸发和水平方向上的流失。

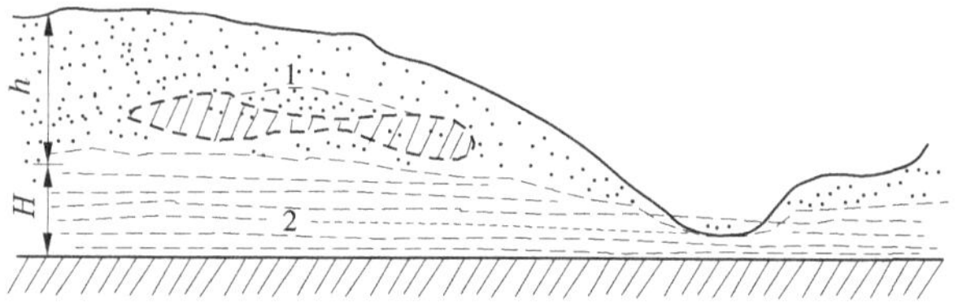

1—上层滞水；　2—潜水；h —潜水埋藏深度；H—含水层厚度

图 4-9　上层滞水和潜水示意图

2. 上层滞水特征

(1)上层滞水分布范围不广,水量不大。补给来源主要是大气降水和地表水,主要排泄方式是蒸发、下渗、流失,补给区和分布区一致。

(2)上层滞水与降水、气温等气象因素关系密切。降水多的季节,水量显著增加;降水少的季节,水量显著下降,呈现明显的季节性变化。

(3)上层滞水受地形影响较大,随着地形的起伏而发生变化。坡度较大的地区,难以形成上层滞水;地势低洼地区,容易形成上层滞水。

(4)上层滞水接近地表,矿化度一般较低,但容易受到污染,只能作为暂时性的供水水源。

(5)从工程的角度来讲,上层滞水容易引起土质边坡滑塌、路基冻涨翻浆(北方冬季结冰地区)等工程灾害。

(二)潜水

1. 潜水定义

潜水是指地表以下第一个隔水层之上具有自由表面的含水层中的重力水(见图4-9),这个自由表面即为潜水面,它的高程即为潜水位。地表至潜水面的垂直距离为潜水的埋藏深度,潜水面到隔水层之间充满着重力水的岩层称为含水层。从潜水面到隔水层地板的距离为含水层厚度,不同地区的含水层厚度是不同的。潜水在重力作用下从高水位向低水位处流动,即形成潜水流,如果存在大面积不透水地板向下凹,潜水面坡度为零,潜水几乎静止不动,即为潜水湖。潜水面上任意两点的水位差与此两点的渗透距离之比即为潜水流水力坡度。

2. 潜水特征

(1)潜水通过包气带与地表相通,通过大气降水、地表水直接下渗的形式补给,补给区和分布区基本一致,排泄主要通过垂直排泄(蒸发)和水平排泄(流失)。

(2)潜水面上任一点的压强等于大气压强,不受静水压力,可以从水位高处流向水位低处,流速取决于含水层的渗透性能和潜水面的水力坡度。

(3)潜水面受气候、水文的影响,动态变化很大。在雨季,潜水补给充足,潜水面上升,含水层厚度随之加大,埋藏深度变小,水质冲淡,矿化度降低;在旱季,潜水补给受限,潜水面下降,含水层厚度随之减小,埋藏深度变大,水中含盐量浓度增大,矿化度提高。潜水面一般与地形起伏一致,但比地形的起伏平缓得多(见图4-10)。在山区,一般埋藏较深,含水层厚度差异大;在平原地区,埋藏较浅,含水层厚度差异小。此外,潜水面一般埋藏较浅,含水层上部没有连续隔水层覆盖,容易受到污染。

(4)分布普遍且埋藏较浅易于开采,因此常成为重要的饮用水和生产用水水源。

3. 潜水面表示方法——潜水等水位线

潜水的补给和排泄可直接引起潜水的动态变化,如潜水面的位置、潜水的埋藏深度以及含水层的厚度等均会发生变化。为了了解潜水面的变化特点及规律,通常借助于潜水等水位线来分析(见图4-11)。

潜水等水位线是以一定比例尺的地形图为基础,按照某种水位间隔,将特定时间潜水面上水位高程相等的点连接成的水位线。

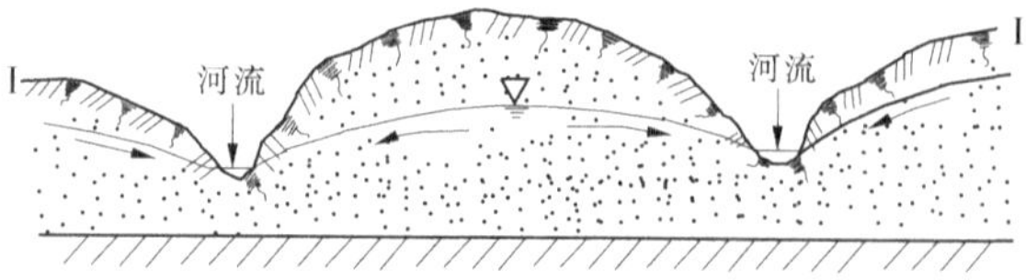

I、I′—区域地点标注

图 4-10　潜水面随地形起伏而变化

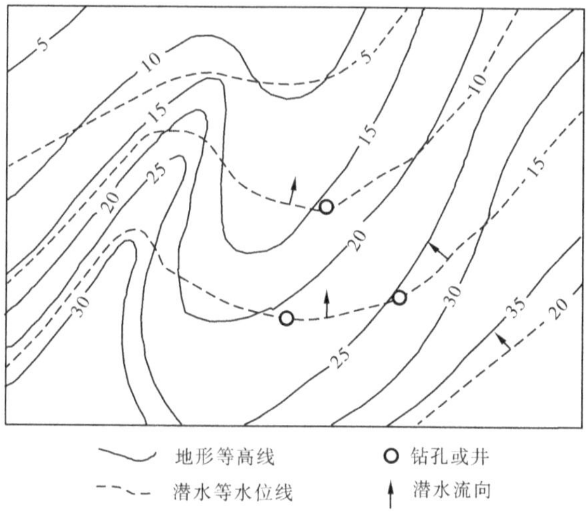

图 4-11　潜水等水位线

潜水等水位线具有重要的工程参考价值,可以解决如下问题:

(1)可确定潜水的流向。垂直于潜水等水位线从高水位指向低水位的方向,就是潜水的流向,如图中箭头的指向即为潜水的流向。

(2)确定潜水面水力坡度。沿潜水流动方向取任意两点的水位高差,除以两点的水平投影距离即可算出潜水面的水力坡度。

(3)确定潜水面的埋藏深度。某点的地形高程与该点潜水位的差。

(4)根据潜水等水位线,还可推断含水层岩性与厚度的变化。确定地表水与潜水的互补关系,特别是可为分析和研究布设引水、排水工程的位置提供依据。

(三)承压水

1. 承压水定义

承压水是指位于两个稳定隔水层之间的含水层中的地下水(见图 4-8)。如果含水层没有被水充满,类似潜水具有自由水面,则称为无压层间水。当隔水层顶板因自然或人为的因素被穿透时,此时看见的水位为初见水位。此后,水位在静压力作用下会发生上升现象,但当水位沿着穿透的孔道上升到一定高度不再上升时的稳定水位叫承压水位。此时,稳定水位距隔水层顶板底面的垂直距离即为该点的水头。当承压水位高于地表,该水头称为正水头,此时地下水将会喷出地表,这时的承压水称为全自流水。当承压水位低于地表，该水头称为负水头，承压水只能在孔道中上升至一定高度，不能流出地表，这时的承压水称为半自流水。

2. 承压水特征

(1)承压水承受静水压力，这是承压水的基本特征。

(2)承压水上部存在隔水层，大气降水和地表水不能直接补给，只能在承压水出露的地点才能接受补给。因此，补给区和分布区是不一致的。承压水的排泄可以由补给区流向地势低洼地区，也可由地势较低处流向排泄区，以泉水的形式出露地表，或者以补给的形式排泄给当地的潜水和地表水流。但在单斜构造的自流斜地中，补给区和排泄区往往结合在一起。

(3)承压水动态变化比较稳定，水量变化不大，受气候及其他水文因素等外界影响较小。因此，承压水的水位、温度、矿化度均比较稳定，不容易受到污染，水质好。但是一旦大规模开采承压水，它的补给就比较缓慢，恢复时间很长。

(4)水质类型多样，变化大。承压水的水质从淡水到矿化度极高的卤水都有存在，具备地下水的各种水质类型。特别是封闭状态下的承压含水层，与外界基本不发生任何联系，其矿化度可达数百克每升之多。

3. 承压水的形成

承压水形成主要取决于地质构造，只要存在适宜的地质构造条件，岩石空隙中的孔隙水、裂隙水、岩溶水均可形成承压水。在野外，适宜形成承压水的地质构造有两种：向斜构造和单斜构造。

地质学上，向斜构造的蓄水构造常称为向斜盆地构造(承压盆地或自流盆地)，规模一般有几平方千米，一般包括补给区、承压区(分布区)、排泄区等三个组成部分。补给区一般位于地势较高的盆地边缘，直接接受大气降水、地表水的补给；承压区位于盆地中部，分布面积较大，区内含水层的水承受静水压力，具有压力水头；排泄区一般位于盆地地势较低的地区，以泉水的形式出露地表，补给潜水或地表水。

单斜构造一般是由单斜岩层形成的。埋藏有承压水的单斜构造称为自流斜地或承压斜地，自流斜地也可分为补给区、承压区和排泄区，但补给区和排泄区往往结合在一起。它的重要特征是含水层一端存在阻水条件，造成阻水条件的原因有以下两种：

一种是断层构造或阻水岩体存在而形成自流斜地，含水层的上部出露地表，为补给区，下部为断层所切。若断层带透水，则断层带即为排泄区，以泉水形式排泄(见图4-12(a))；若断层带隔水，则补给区即为排泄区(见图4-12(b))。

另一种是含水层岩性变化形成的自流斜地。含水层的上部出露地表，下部在某一深度处尖灭即岩性发生变化，由透水层逐步转化为不透水层，形成静水压力(承压条件)。此时，含水层的补给区与排泄区一致(见4-12(c))。

4. 承压水等水压线图

等水压线是指同一含水层中承压水位相等各点的连线，也即承压水面的等高线。将等水压线绘制在同一地形图上，可以发现承压水面与地形不甚吻合，甚至高于地表。在地质工作中，有时钻孔钻到承压水位却不出水，需钻透隔水顶板才有水出露。因此，在等水压线图上要标出含水层顶板的等高线。

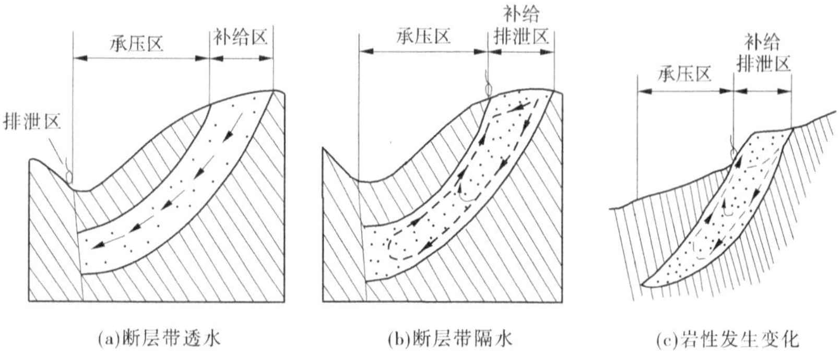

图 4-12　单斜构造承压水示意图

通过等水压线图可以确定承压水的流向、确定承压水位、含水层的厚度、承压水头以及承压水位的埋深，以此来确定地下水的开采条件以及取水工程的空间分布位置。

承压水有时会给工程施工带来一定困难，可能引起基坑突涌、破坏坑底的稳定性，因此在利用承压水时应引起足够的重视。

四、地下水工程地质分析

地下水是存在于地表以下的水流，而工程项目最终要落实在地表上，从这个角度来讲，地下水会以其水位、流动性等多方面对工程建设、施工产生不可忽视的影响。

（一）地下水位的影响

地下水位的变化会导致地基和建筑物基础产生不良的后果，严重时导致建筑物产生整体结构变形（见图 4-13）。如果地下水位的变化只是在基础底面以上一定范围内变化，对建筑物的影响不大，因此建筑物的基础应尽量埋在最高地下水位以上。如果地下水位在基础底面以下压缩层范围内变化，就需要引起足够的重视，最好使建筑物基础底面埋置在最低地下水位以下 200 mm，不应使建筑物基础处在地下水位升降变化范围内。

图 4-13　地下水位变化引起建筑物变形

1. 地下水位上升的影响

地下水位上升能浸湿和软化岩土，引起地基承载力下降和强度降低，使岩土压缩性增大，建筑物产生沉降，导致严重变形；特别是对结构不稳定的岩土（如湿陷性土、膨胀性岩土、盐渍土等)影响巨大,能导致建筑物的严重变形或破坏;对于设有地下室的建筑或地下建筑工程,对其防潮不利;在地震砂土液化地区会引起液化严重,加剧建筑物震陷,岩土(体)发生变形、滑塌等地质现象;同时,在寒冷地区会加剧地下水对建筑物的冻胀影响。

2. 地下水位下降的影响

如果地基土质不均匀,地下水位下降不是在整个建筑物下面均匀缓慢地进行的,会引起建筑物不均匀沉降、地面塌陷等现象。对于建筑物来说,若地下水在压缩层范围内下降,则增加土的自重应力,引起基础的附加沉降;膨胀性岩土及黏土失水后收缩,能引起建筑物变形而导致破坏。

工程基础施工过程中,特别是临海、临河、临湖类工程项目,往往会遇到地下水位过高的问题,这就需要人工降低地下水位。如果采取的降水措施不当,随着时间的延续,外荷不变,空隙水不断外排,能引起地基固结沉降,而导致建筑物主承重墙倾斜、断裂、倒塌等结构改变。若是框架结构,会导致局部框架断裂倒塌。可见,人工降低地下水位的不当施工引起的后果是巨大的。因此,在施工过程中,要综合考虑底层结构、施工设备、邻近建筑物等各方面因素,避免不利影响。

城市地区大面积抽取地下水,容易引起大规模地面沉降。如河北沧州、上海、天津等地,过度抽取地下水已引起地面大面积沉降。

(二)地下水腐蚀影响

地下水的腐蚀主要是对混凝土、可溶性石材、管道及金属等建筑材料的腐蚀。地下工程、水利工程、公路边坡、桥梁和建筑基础等与地下水长时间接触,地下水中的某些化学成分与金属、岩石、混凝土发生化学反应,导致结构强度降低、体积膨胀、混凝土开裂等。

地下水的腐蚀主要有分解类腐蚀、结晶类腐蚀、结晶分解复合类腐蚀三种类型。

1. 分解类腐蚀

分解类腐蚀主要是地下水中含有二氧化碳和碳酸氢根离子,首先与混凝土中的氢氧化钙发生反应,生成难溶于水的碳酸氢钙。过量的二氧化碳会与碳酸氢钙发生反应,生成重碳酸钙,使混凝土遭到腐蚀。

2. 结晶类腐蚀

结晶类腐蚀主要是由于地下水中含有硫酸根离子,它与混凝土中的氢氧化钙反应生成硫酸钙晶体(二水石膏结晶体),造成混凝土体积膨胀。硫酸钙晶体还可以与铝酸钙发生化学反应,生成水化硫铝酸钙,俗称水泥杆菌,此种物质中含有大量结晶水,导致混凝土体积膨胀严重,为原来体积的221.86%,产生很大内应力,使结构破坏。

3. 结晶分解复合类腐蚀

结晶分解复合类腐蚀是指地下水中含有的各种离子与混凝土或其他建筑材料发生化学反应,生成易溶于水的物质或导致建筑材料体积膨胀,从而对建筑结构产生不利影响,影响结构稳定性。

(三)地下水动水压力和流砂及机械潜蚀

动水压力又称为渗透力,是指地下水在运动过程中,作用在土体颗粒表面的力。流砂是指砂土颗粒在渗透力的作用下发生的流动现象。如果渗透力与土体颗粒的重量相等,岩土颗粒处于平衡状态,岩土颗粒将处于悬浮静止状态,此时是流砂形成的临界状态,此时的水力坡度即为临界水力坡度。如果渗透力增大,就能打破平衡状态,形成流砂这种不良的地质现象。一般情况下,流砂的形成原因有:一是水力坡度较大,流速大,冲动固体颗粒使之悬浮形成;二是固体颗粒周围附着亲水胶体颗粒,饱水时胶体颗粒膨胀,在渗透水作用下悬浮移动。

流砂根据危害程度分为轻微流砂、中度流砂、重度流砂等三种类型。流砂往往是在地下水位以下进行开挖基坑、修筑地下空间、打井等工程活动引起的。它的危害是从工程项目地基开始的。如果没有处理好流砂,它能引起地表塌陷或地基遭受破坏,严重的话,能造成建筑物基础随砂层一起流动,直接影响建筑物的稳定性。因此,必须进行有效防治。根据流砂形成的原因,目前防治流砂的主要途径有:一是减小或平衡动水压力,二是设法使动水压力向下,三是截断地下水流。

机械潜蚀是指地下水的动水压力坡度小于临界水力坡度时,岩体颗粒中的细小颗粒也会被水流带走而留下空洞的现象。它能引起地表塌陷,从而影响工程项目的稳定性。防治的主要途径有:一是堵截地表水下渗,二是切断地下水在岩体层中的流动,三是降低地下水的流速和水力坡度等。

(四)基坑涌水现象

工程在设计过程中,如果基坑底部到达承压水隔水层顶部,开挖基坑可能引起隔水层顶部压力减小或者致使隔水层变薄,导致外界压力小于含水层内部静水压力,从而引起地下水冲破基坑底板,出现基坑涌水现象。它对工程的地基稳定性影响很大,如果处理不当,将对新建的工程产生安全威胁,造成较大的财产损失和人员伤亡。

(五)地下水的浮托作用

当建筑物基础修建于地下水水位以下时,地下水会对基础地面产生静水压,即产生浮托力。它会对工程地下部分的防潮、稳定性产生不利的影响。同时,地下水在对工程产生浮托力作用的同时,也会对周围的岩体或岩层产生浮托力,所以在实际工程设计施工时应予以考虑。

(六)路面开裂和翻浆

路面开裂和翻浆主要是针对道路来说的。北方地区由于冬季结冰,地表以下一定深度的岩土将会结冰。常将地面以下的冻结土与非冻结土的分界线称为冰冻线。道路工程项目的路基将受岩土冻结深度(取决于当地的气候条件)的影响,如果地下水位较高,路基土质不良,含水过多,此部分水分将会通过毛细管力的作用侵入路基。进入冬季,这部分水分将会结冰,撑裂路基出现裂缝;春天此部分冰又融化,第二年又结冰,使裂缝增大,这个过程称为冰劈作用,这种作用一直持续使路基的裂缝贯通至路面,造成路面开裂。春天缝隙的冰开始融化,与道路结构的土质一起混合成稀泥状,在行驶车辆的作用下,沿着裂缝喷出路面,即为道路翻浆。

思考与练习题

1. 何谓河流？河流是如何形成的？
2. 简述河流的分段及各段的特征。

3. 河流的水文要素有哪些？河流是如何形成的？

4. 河流的地质作用包括哪些？

5. 按照埋藏条件，地下水可以分为哪几类？各类地下水的特征分别是什么？

6. 承压水是如何形成的？

7. 什么是承压水位、承压水头、含水层埋深？如某地地形标高 106 m，承压水位 90 m，含水层顶板标高 80 m，求承压水位埋深、承压水头、含水层埋深。

8. 地下水的工程地质影响包括哪几个方面？

9. 地下水的腐蚀包括哪几类？

第五章　不良地质现象及防治

学习目标

1. 了解常见不良地质现象的产生原因及条件。
2. 了解常见不良地质现象的防治方法和措施。

不良地质现象是指地质作用或人类工程活动引发对工程建设不利或具有不良影响的地质现象，可对人类生存和发展造成危害。常见的不良地质现象有滑坡、崩塌、泥石流、岩溶、地震等。

第一节　滑　坡

一、概述

（一）滑坡的定义

陡坡上的岩石或岩层，在重力的作用下及其他因素（河流冲刷、地下水活动、雨水浸泡、地震及人工切坡）影响下，沿着斜坡内部一定的滑动面（或滑动带）整体向下缓慢移动而形成的一种地貌现象，称为滑坡（见图 5-1），是常见的地质灾害之一。

图 5-1　重庆武隆山体滑坡事故

滑坡发生的机制是某一滑移面上剪应力超过了该面的抗剪强度。滑坡是山区工程项目的主要灾害之一，它能摧毁房屋、道路以及农业机械设施工程和水利水电设施工程。特别是对于山区道路，一旦发生滑坡，常导致交通中断，影响区域交通运输。同时，大规模的滑坡可以堵塞河道、摧毁桥梁、淹没村庄和城镇等，造成比较大的经济损失及人畜伤亡。

（二）滑坡的要素

滑坡有较多的表现形态，通过这些形态可以清楚地了解滑坡的特征（见图 5-2），这些形态也是野外识别滑坡的重要标志。

（1）滑坡体——从斜坡上滑动的那部分岩石或岩层。滑坡体在平面上显示舌状，滑坡体上的树木随着滑坡一起滑动，导致其斜歪，称为醉树。

（2）滑坡面——滑坡体沿稳定不动的岩体下滑的面。

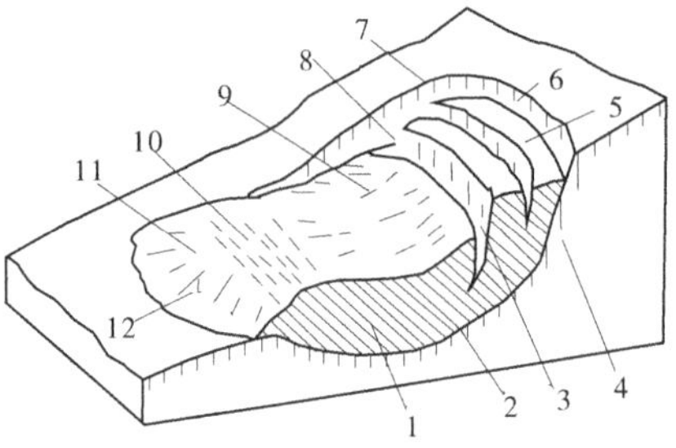

1—滑坡体;2—滑坡面;3—拉张裂缝;4—滑坡床;5—滑坡台阶;6—滑坡壁;7—滑坡周界;8—滑坡洼地;9—羽毛状裂缝;10—鼓胀裂缝;11—滑坡鼓丘;12—滑坡裂隙

图 5-2　滑坡要素示意图

(3)滑坡床——使滑动面下滑的稳定不动岩土体。

(4)滑坡周界——滑坡体与周围稳定不动的岩土体的分界线。

(5)滑坡壁——滑坡体后缘与母体脱开后,其后面和侧面常形成陡峭的崖壁,平面上多呈圈椅状,即为滑坡壁。滑坡壁上常有擦痕。

(6)滑坡台阶(滑坡台地)——由于滑坡体岩性及上、下各段运动速度的差异,滑坡体断开或沿不同滑坡面多次滑动,在滑坡上构成多级台阶。每一台阶由滑坡平台及陡壁组成。

(7)滑坡舌——滑坡体前缘的岩体部分,它形如舌状伸入沟堑或河道中。

(8)滑坡鼓丘——滑坡体前缘受到阻隔,被水平挤压鼓起成丘状的部分。

(9)滑坡裂隙——滑动速度的差异、滑动体岩性的岩性以及其他影响因素,能使滑坡体内出现裂隙即为滑坡裂隙。

(三)滑坡的分类

不同地质环境背景下形成的滑坡,具有不同的形式和特征。为了对滑坡作用的各种地质环境和引起滑坡的各种因素进行概括,以便正确反映滑坡作用的某些规律,用于指导滑坡的勘察、评价、预测和防治工作,衡量和鉴别给定地区产生滑坡的可能性,预测斜坡的稳定性以及制定相应的防滑措施,最大程度地降低滑坡的危害,需要对滑坡进行科学分类。

滑坡的分类方法较多,各个分类方法所侧重的分类原则不同,主要有根据滑动面与层面的关系、滑坡的动力学特征、滑坡形态特征(平面形态的几何形状,剖面形态的高、陡、曲、直状况)、滑坡规模(大小、深浅)、岩土类型、斜坡结构等的分类。地质学里比较常见的有以下几种分类方法。

1. 按滑动面与岩土或岩层关系划分

这种分类方法是应用较早的一种分类,分为顺层滑坡、均质滑坡(无层滑坡)和切层滑坡三类。

(1)顺层滑坡。一般是沿着岩层或岩体层面发生滑动而产生的,特别是有软弱岩层存在时,易成为滑坡面。那些沿着断层面、大裂隙面的滑动,以及山坡上的残坡堆积物顺其与下部基岩的不整合面下滑的均属于顺层滑坡的范畴。顺层滑坡是自然界分布较广的滑坡，而且规模较大。

(2)均质滑坡。是发生在均质的没有明显层理的岩体或土体(黏土岩、黏性土、黄土等)中的滑坡。滑动面不受岩体或土体的控制，而是取决于斜坡的应力状态和岩土的抗剪强度的相互关系。滑面呈圆柱形或其他二次曲线形。

(3)切层滑坡。滑坡面切过岩层面，沿断裂面、节理面等软弱的结构面而发生的滑坡称为切层滑坡。滑坡面常呈圆柱形，或为对数螺旋曲线。

2. 按滑坡动力学性质划分

滑坡按其动力学性质划分为以下四种：

(1)推动式滑坡。主要是斜坡上部裂缝发育完全或堆积重物和在坡上进行工程活动等，引起上部失稳而推动下部滑动而产生的。

(2)平移式滑坡。滑动面一般较平缓，始滑部位分布于滑动面的许多点，这些点同时滑移，然后逐渐发展连接起来。

(3)牵引式滑坡。首先是在斜坡下部发生滑动，导致上部失去支撑而向下滑动，引起由下而上的滑动，这主要是斜坡底部受河流冲刷或人工开挖而造成的。公路边坡工程施工时，应注意此种滑坡产生的可能性。

(4)混合式滑坡。是始滑部位上、下结合，共同作用。混合式滑坡比较常见。

3. 按滑坡体厚度划分

按滑坡体厚度划分为以下四种：

(1)浅层滑坡。滑坡体厚度小于6 m。

(2)中层滑坡。滑坡体厚度为6 ~ 20 m。

(3)厚层滑坡。滑坡体厚度为20 ~ 50 m。

(4)巨厚层滑坡。滑坡体厚度大于50 m。

二、滑坡的影响因素

(一)岩层岩性与构造

岩层(岩石)是产生滑坡的物质基础。由于物质性质不同，其抗剪切、抗风化、抗水冲刷和破坏的能力也各不相同，抗滑动的稳定性也自然各异。一般来说，由岩性坚硬完整的岩层(岩石)构成的斜坡不易发生滑坡。但是如果遇到软弱的岩层(岩石)或者相对松散的岩层(岩石)，如松散沉积物、软弱地层岩层(如砂岩、页岩、泥岩、千枚岩、片岩、黏土、板岩、煤系地层、凝灰岩和黄土)和软硬相间的岩层，由于结构松散，具有多种软弱结构面，较易形成贯通滑动面，且抗剪强度和抗风化能力较低，亲水性与可塑性强，遇水以后易软化等特点，由它们所构成的斜坡易发生滑坡。

组成斜坡的岩层(岩石)只有被各种构造面切割分离成不连续状态时，才有可能具备向下滑动的条件。构造面又是水流的通道，这对岩体向下滑动起到润滑作用，故各种节理、裂隙、层面、断层发育的斜坡，特别是当平行和垂直斜坡的陡倾角构造面及顺坡缓倾的构造面发育时，最易发生滑坡。

（二）地形地貌

地形坡度高和坡基被挖空而产生临空面对滑坡的形成有很大影响。一般来说，坡度越大，越容易发生滑坡，且与岩性有关（如松散堆积物的滑动坡度一般在20°以上，基岩滑动坡度为30°～40°）；坡基被挖空可降低滑坡发生的临界坡度。另外，凸形山坡或上陡下缓的山坡，当岩层倾向大于边坡倾向时，易产生顺层滑坡。所以，开挖的边坡愈高、愈陡，稳定性愈差。一般江、河、湖（水库）、海、沟的斜坡，前缘开阔的山坡、铁路、公路和工程建筑物的边坡等都是易发生滑坡的地貌部位。坡度大于10°，小于45°，下陡中缓上陡、上部成环状的坡形是产生滑坡的有利地形。

（三）气候和水文地质

（1）气候因素主要是指降雨融雪以及由此而形成的地表水体。滑坡的产生多与降雨、融雪和地表水有关。雨水和融雪水渗入土层或岩石裂隙后，增加松散堆积物的润滑性，易引起滑坡；河流等地表水体对坡体坡脚的不断冲刷也是引起滑坡的重要因素。

（2）水文地质条件主要是指地下水因素。地下水因素在滑坡形成中起着主要作用，尤其对滑动面（带）的软化作用和降低强度的作用最突出，主要表现在软化岩土层，降低土体的强度和岩土（体）颗粒之间的黏结力与吸附力，降低滑坡体与滑动面之间的摩擦力而使土体滑动，诱发滑坡。同时，地下水的浸润和潜蚀加大了岩土（体）的重量，加速滑坡的形成。

（四）人为因素

人为因素主要是指人类工程活动不当所引起的滑坡，包括人工开挖坡脚（渠道）、采掘矿石、修路、人工爆破及在坡顶堆积废渣土、增加斜坡的负荷等活动诱发滑坡。同时，也存在工程设计不合理和施工方法不当造成短期甚至十几年后发生滑坡的恶果。

开挖坡脚：修建铁路、公路，依山建房、建厂等工程，常常因使坡体下部失去支撑而发生下滑。例如，我国西南、西北等山区的一些铁路、公路等工程，因修建时大力爆破、强行开挖，事后陆陆续续地发生了滑坡，给道路施工、运营带来不利的影响。

蓄水、排水：水渠的漫溢和渗漏、工业生产用水和废水的排放、农业灌溉等，均易使水流渗入坡体，加大孔隙水压力，软化岩、土体，增大坡体容重，支撑不了过大的重量，失去平衡而沿软弱面下滑，从而促使或诱发滑坡。水库的水位上下急剧变动，加大了坡体的动水压力，也可使斜坡和岸坡诱发滑坡。

此外，厂矿废渣的不合理堆弃，也能触发滑坡；劈山开矿的爆破作用，可使斜坡的岩、土体受振动而破碎产生滑坡；在山坡上乱砍滥伐，使坡体失去保护，有利于雨水等水体的入渗从而诱发滑坡等。更为严重的是，如果上述的人类活动与不利的自然作用互相结合，则就更容易导致滑坡的发生。

随着经济的发展，人类越来越多的工程建设活动破坏了自然坡体，因而近年来滑坡的发生越来越频繁，并有愈演愈烈的趋势。

当上述条件同时具备时，滑坡几乎是难以避免的，因此在山区进行工程项目设计、施工时，应进行深入的项目地质工程论证，并引起足够的重视。

三、滑坡的野外识别

在野外进行实际工程建设，开展滑坡的判别以及对于发生滑坡的可能性进行提前分析并预判其稳定的程度，是保证工程建设安全的重要条件。滑坡在发生之前，常常伴随某些现象，因此可从以下几个方面识别。

（一）地形地貌特征

滑坡往往使斜坡不顺直，其上常出现圈椅状、马蹄状地貌或槽谷地貌，或上部有陡壁及弧形拉长的裂缝，中部出现异常的台坎、鼻状凸丘、多级平台，下部有鼓丘，且呈舌状向外突出，斜坡坡脚侵占河床；内部房屋倾斜、地面及墙体开裂，多积水洼地，植物茂盛，出现醉汉林及马刀树等；两侧常常形成沟谷，出现双沟同源现象。

（二）地层岩性和结构特征

滑坡范围内的地层由于搓动而断裂，呈现出扰乱松动的现象，层位错开，出现地层缺失或岩层层序重叠，岩层产状发生明显变化，构造不连续等现象；斜坡上常有岩、土脱落现象或小型坍塌；含有软弱夹层的顺向坡。当坡角大于岩层倾角，而岩层倾角又大于 10°时，容易发生滑坡；岩层倾角为 20°～30°时，滑坡者较多；倾角大于 30°时一般会发生滑坡。

（三）水文地质特征

滑坡地段的含水层发生变化，斜坡坡脚常有成排的泉水溢出，以及泉、井水水量和水质突变等异常现象。

（四）滑坡要素及迹象特征

滑坡后缘断壁上有顺坡擦痕，前缘土体常被挤出或呈舌状凸起；滑坡两侧常以沟谷或裂面为界；斜坡高处陡坡下部常出现洼地或沼泽。

上述各种判别现象均是由滑坡引起的，它们不是孤立存在的，相互之间存在密切的内在联系。在野外识别过程中，必须综合考虑，相互验证，才能准确判断，为工程项目设计施工建设提供可靠的依据。

四、滑坡的防治

为了保证斜坡具有足够的稳定性，最大程度地避免滑坡的危害性，需要采取合理科学的工程措施。

（一）贯彻“以防为主”“防治结合”的原则

“以防为主”是滑坡防治的首要原则。首先，要调查清楚滑坡的演变规律，分析诱发滑坡的主导因素，对可能发生滑坡的斜坡进行预防性治理；其次，在进行工程项目选址和布局时，应尽量避免滑坡体规模较大、严重不稳定和治理极为复杂的斜坡地段；在预防的基础上，要加强前期勘察和研究，查明影响因素，采取综合整治方案，妥善治理已经发生的滑坡，使其不再发生，即“一次性根治，不留后患”。

（二）建设滑坡防御工程体系，改善斜坡稳定性

1. 防止斜坡形态发生改变的措施

为了使斜坡不受地表水流冲刷，防止海、湖、水库波浪的冲蚀和磨蚀，可修筑导流堤

(顺坝或丁坝)、水下防波堤,也可在斜坡坡脚砌石护坡,或采用预制混凝土沉排等。

2. 防止斜坡风化的措施

由于斜坡的岩土受外动力影响较大,为了防止软弱岩石风化,可在人工边坡形成后,用灰浆或沥青护面,或者在坡面上砌筑一层浆砌片石,并在坡脚设置排水设施,排除坡体内的积水。对于膨胀性较强的黏土斜坡,可在斜坡上种植草皮,使坡面经常保持一定的湿度,防治土坡开裂,减少地表水下渗,避免土体性质恶化、强度降低而发生滑坡。

3. 疏导地表水和地下水流

通过在滑坡范围以外 5 m 修建一条或数条排水沟(沟深和沟底宽不宜小 0.6 m),将地表水及时排走(排水沟纵坡度尽量做大),使之没有停留和下渗的机会。必须注意,排水沟一定不能漏水,并要经常检修,否则将产生适得其反的后果。

对于地下水流的排除,应根据斜坡岩体结构特征和水文地质条件进行选择。通常是在坡体外围或坡体内修筑盲沟,或构筑支撑盲沟群,以截断或排除地下水流。

整治滑坡首先是做好排水工程,然后才是针对滑坡滑动的主要因素,结合工程项目的重要程度、施工条件及其他要求,采取防治结合、以防为主的综合治理措施。

4. 防止坡脚冲刷、加固斜坡坡脚

这种措施主要包括修建挡土墙、锚固、灌浆等。

挡土墙用于缺少必要的空地以伸展斜坡或者滑动面平缓而滑动推力较小的情况;挡土墙基础设置在滑动面以下的稳固岩土层中,并预留沉降缝、伸缩缝和排水孔。

锚固主要用于岩质斜坡的抗滑治理。常用金属锚杆、钢缆或预应力金属锚杆,以增大软弱面(带)上的法向压力,相应增大其上的抗滑力,提高坡体的稳定性。

灌浆对于裂隙岩体来说,可采用硅酸盐水泥或有机化合材料进行固结灌浆,以提高坡体和结构面的强度,增大抗滑力。

5. 绕避滑坡危险区

对于中、小型滑坡的地段,一般情况下不必绕避,但是应注意调整路线平面位置以求得工程量小、施工经济合理的路线方案。

由于大型滑坡的防治工程量大,技术上也很复杂,因此在测设时应尽可能采用绕避方案。如绕避困难,应根据滑坡规模的大小设计人工造物绕越方案。若建成后路基不稳定,是治理还是绕避需要通过细致分析其经济和安全来决定。

一般情况下路线通过滑坡的上缘或下缘比通过中部好。通过滑坡下缘的路基宜为填土形式,以增加抗滑力;通过上缘的路基宜为挖方形式,以减轻滑体重力。对于窄长而陡峭的滑坡也可采用桥梁通过。

(三)进行滑坡灾害评估,并进行滑坡灾害分区,因地制宜地采取防治措施

对于容易发生滑坡的地区,运用先进的科学技术手段进行分析,对滑坡的发育程度进行预判,结合当地实际情况采取合理的工程防治措施。如利用 3S 工具进行空间拓扑分析和缓冲区分析,划定滑坡的影响范围,从而降低滑坡的不利影响。

第二节 崩 塌

一、崩塌定义

斜坡上的岩石或岩层在重力作用下，突然脱离坡体快速地向坡下崩落的现象称为崩塌（也称危岩体）。根据规模的大小可以分为落石和山崩。落石是指陡峻斜坡上个别、少量岩块、碎石脱离坡体向下坠落的现象；山崩是指规模巨大的山区崩塌。

崩塌的特征是发生在斜坡的突出部位，土体或岩体以垂直运动为主，不与斜坡面接触，飞跃而下，瞬时爆发。大规模的崩塌可能引起地震，加剧它的危害。

二、崩塌形成条件

（一）地形地貌条件

崩塌一般发生在比较高陡的斜坡地带，它的发生要有适宜的坡度、高度和形态，以及利于岩土体崩落的临空面。崩塌发生时的坡面坡度称为临界坡度，大小与坡面的物质组成有关。松散岩屑坡的临界坡度为30°～35°，黏土坡的临界坡度为40°。崩塌的发生与坡地的相对高度有关，一般来说，当坡地相对高度超过50 m时，才可能发生大型崩塌。因此，崩塌常发生在高山峡谷、河流下切强烈的地段，或浪浊的海蚀崖和湖蚀崖等处。

（二）岩性条件

岩性条件主要是指斜坡上岩层或岩石的物质构造或地质构造。坚硬、脆性岩石（岩浆岩、变质岩、白云岩、大理岩、致密黄土、石英砂岩等），如果形成在比较陡高的斜坡上，加上裂隙、层理或节理发育完全的话，极容易发生崩塌。页岩、泥灰岩等互层岩石或松散土层往往以坠落和落石为主。软弱岩石易遭受风化剥蚀，形成的斜坡坡度较缓的情况下，发生崩塌的机会小得多，但是容易诱发滑坡，若软弱结构面的倾向与坡向相同，则极易发生大规模的崩塌。

（三）地质构造条件

地质构造条件首先主要是指各种构造面，如节理、裂隙、层面、断层等，对坡体的切割、分离，为崩塌的形成提供脱离（山体）的边界条件。坡体中的裂隙越发育、越易产生崩塌，与坡体延伸方向近乎平行的陡倾角构造面，最有利于崩塌的形成。

其次，引发崩塌的地质构造还包括断裂和褶皱构造。

在几组断裂交汇的峡谷区，特别是断裂面发育完全的情况下，往往是大型崩塌的潜在发生地。断层密集分布区岩层较破碎，断层带附近往往有地下水出露，它的润滑性容易使坡度较陡的斜坡常发生崩塌或落石。

引起崩塌的褶皱构造往往属于区域性的大型地质构造。不同部位的弯曲程度不同，风化程度也存在差别，导致岩层破坏的程度也存在差别，因此引起崩塌的情况也不一样。褶皱转折端受到张应力的作用，核部受到挤压应力的作用，随着时间的演进，容易形成垂直于各层面的裂缝，加上地表水的侵蚀，极易使褶皱的两翼岩层（最外部）突然滑落，形成崩塌。

(四)水的条件

水对崩塌的影响主要表现为:岩层或岩石裂隙被水充满,在其软化作用下,会降低崩塌体与稳定岩体之间的抗拉强度,诱发崩塌;地表水的不断冲刷,会侵蚀斜坡(坡度较大)坡脚,导致岩体失去支撑而崩塌。

(五)气候因素

气候因素主要是对岩石或岩体的风化强度产生影响,加速岩石或岩体的风化进程,引起崩塌。特别是昼夜温差较大的山区,如果再有水的补给,则崩塌现象尤为常见。另外,气候因素引起的暴雨、融冰化雪可减弱碎屑岩体的黏滞力,所以也往往是崩塌的触发因素。

(六)其他条件

诱发崩塌的其他条件主要是指人类活动和机械振动的影响。

人类活动主要包括开采矿产资源(出现采空区)、道路开挖边坡(失去支撑诱发崩塌)、水库蓄水和排水边沟的渗漏(水的浸润和软化作用)、人工爆破(对边坡的强烈振动)等。

振动主要包括如火车、机车行进中的振动,工厂锻轧机械振动等,均可诱发崩塌。

三、崩塌的防治

崩塌的发生常常突然而猛烈,处理较困难且复杂,所以对于崩塌的防治要积极贯彻“预防为主、防治结合”的原则。根据崩塌的影响因素,主要采取以下工程措施。

(一)修建排水、疏导设施

水的参与加大了发生崩塌的可能性,因此对可能发生崩塌的地段,必须做好排水工作,即在可能发生崩塌的地段上方修建截水沟,防止地表水流入崩塌区内。崩塌地段地表岩石的节理、裂隙可用黏土或水泥砂浆填封,并结合实际情况修建疏导水沟渠,防止地表水下渗。

(二)清除危岩,修建加固、支护和拦挡工程

对于落石和小型崩塌,可采用以下两种措施。

1. 清除危岩

清除危岩即将有崩塌趋势的岩层或岩石,采用人工的方法,将其清除掉。

2. 加固、支护和拦挡工程

(1)遮挡。通常采用修建明洞、棚洞等工程来遮挡斜坡上部的崩塌物。在铁路工程中较为常用。

(2)拦截。对于仅在雨后才有坠石、剥落和小型崩塌的地段,可在坡脚或半坡上设置拦截构筑物。如设置落石平台和落石槽以存留崩塌物质,修建挡石墙以拦坠石;利用废钢轨、钢钎及纲丝等编制钢轨或钢钎棚栏来拦截,也常用于铁路工程。

(3)支护。在岩石突出或不稳定的大孤石下面修建支柱、用废钢轨支撑(见图5-3)。

(4)护墙、护坡。在易风化剥落的边坡地段,修建护墙、打桩等工程措施,对缓坡进行水泥护坡等。

图 5-3 支护工程措施

(三)采用明洞或棚洞等防护工程

对于大型崩塌,可采用明洞或棚洞等防护工程。

明洞或棚洞一般是在道路边坡为了防治出现落石而修建的,一般修建在隧道的洞口或者路堑地段。例如,中国许多铁路特别是山区的铁路干线,如成(都)昆(明)、贵(阳)昆(明)铁路修建了不少各种类型的明洞或棚洞。

明洞的结构类型,根据地形、地质、回填土状况而定,通常由顶部结构和边墙组成。若顶部结构为梁板,则称为棚洞。明洞衬砌材料一般用混凝土或钢筋混凝土,边墙亦可采用浆砌片石。明洞洞顶应回填一定厚度的土石,一般在 1 m 以上,作为其上方落石的缓冲层。明洞衬砌则承受上方回填土石的质量,以及有可能发生的其他荷载。

若各种方法均不能解决问题,只能采取绕避方案,或将线路内移作隧道,或将线路改移到斜坡对面。

第三节 泥石流

一、泥石流

(一)泥石流定义

泥石流是指山区大量固体松散碎屑(岩土、岩体、泥沙、石块等)经水的稀释作用从地势较高的斜坡流下或滑动的一种特殊洪流(土、水、气混合流)。泥石流具有突然性、速度快、流量大和破坏力强等特点,其发生过程一般只有几小时,短的只有几分钟。它大多伴随着山区洪水而发生,与一般洪水的区别是洪流中含有足够数量的泥沙石等固体碎屑物,其体积含量最少为 15%,最高可达 80% 左右。因此,它是介于山洪与滑坡运动之间的一种突发性的自然灾害。

(二)泥石流的分类

根据泥石流中固体物质组成的含量、状态、流域形态,有三种分类方法。

1. 根据泥石流中固体物质组成成分及含量划分

根据泥石流中固体物质组成成分及含量划分为以下三种:

(1)水石流。固体物质由水和大小不等的砂粒、石块组成;固体含量较少,一般小于 10%。

(2)泥流。固体物质以黏性土为主,含少量砂粒、石块,黏度大、呈稠泥状;固体含量达80%左右。

(3)泥石流。固体物质由大量黏性土和粒径不等的砂粒、石块组成。

2. 根据泥石流中固体物质状态划分

根据泥石流中固体物质状态划分为以下两种：

(1)稀性泥石流。水分含量多于固体松散物质，其中固体颗粒物质占10% ~40%，含沙量为800 ~1 200 kg/m^3，黏性土含量少，泥浆体混沌，流速快于固体颗粒物质，有很大分散性，呈紊流状态，不易阻塞河道或谷地和造成阵流现象。其堆积物在堆积区呈扇状散流，停积后似"石海"。

(2)黏性泥石流。固体物质含量高达40% ~80%，含沙量大于1 600 kg/m^3。黏滞性强的泥石流，暴发突然，持续时间亦短，破坏力大。水不是搬运介质，稠度大，石块呈悬浮状态，流动时做整体层状流动，阵流显著。前端高度可达几米至数十米，能阻塞河道，形成堰塞湖。

3. 根据流域形态划分

根据流域形态划分为以下三种：

(1)标准型泥石流。为典型的泥石流，流域呈扇形，面积较大，能明显地划分出形成区、流通区和堆积区。此种泥石流下切作用强烈，滑坡和崩塌发育，地表径流集中，规模和破坏力较大。

(2)山坡型泥石流。流域呈斗状，面积小，一般小于1 000 m^2，无明显流通区，形成区与堆积区直接相连，堆积作用明显且迅速，汇水面积小，水源不充沛，泥石流规模不大。

(3)河谷型泥石流。流域呈狭长条形，其形成区不明显，固体颗粒物质主要来源于河谷中游，沟谷中有时常年有水，故水源较丰富，流通区与堆积区往往分区不明显。

二、泥石流形成条件

泥石流的发生与发展直接受制于地质、地貌、气候、水文等条件。

(一)充足的松散固体颗粒物质——物质条件

松散固体颗粒物质的丰富情况取决于泥石流发生地区的地质构造条件。因而，泥石流多发育在地质构造复杂、断裂褶皱发育、地震烈度较高、冰川活动和风化剥蚀等内外动力作用强烈的地区。这些地质作用造成地表岩石破碎，崩塌、滑坡等不良地质现象发育，为泥石流的形成提供了充足的松散固体颗粒物质来源。另外，岩层结构松散、软弱、易于风化、节理发育或软硬相间成层的地区，因易受破坏，也能为泥石流提供丰富的碎屑物。一些人类工程活动，如滥伐森林、开山采矿、采石弃渣等均会为泥石流提供大量的物质。

(二)充沛的水源——触发条件

水源是触发泥石流的必备条件。水既是泥石流的组成成分，又是其搬运介质(动力来源)。暴雨、冰雪融水等对松散泥沙浸润，使之达到流塑状态而加大滑动力，诱发泥石流。泥石流的水源主要有降雨、冰雪融水、山区水库等。我国泥石流的水源主要是暴雨、长时间的连续降雨。一般来说，在山区前期久旱之后又逢暴雨，则易形成泥石流。

(三)足够陡峻的地形条件——能量条件

泥石流发生的区域地形条件是否具备，是泥石流能否形成的重要因素之一。它是松散固体颗粒物质(具有势能)能否运动的先决条件。同时,区内要有陡峻的谷坡和沟床纵坡。一般常发生泥石流的沟谷纵比降为 15% ~40%,最大可达 50%。因此,泥石流的形成区在地形上应具备山高沟深、地形陡峻、沟床纵坡降大的特点,流域形状便于水流汇集。

在地貌上,典型的泥石流地貌一般可分为形成区、流通区和堆积区三部分(见图 5-4)。

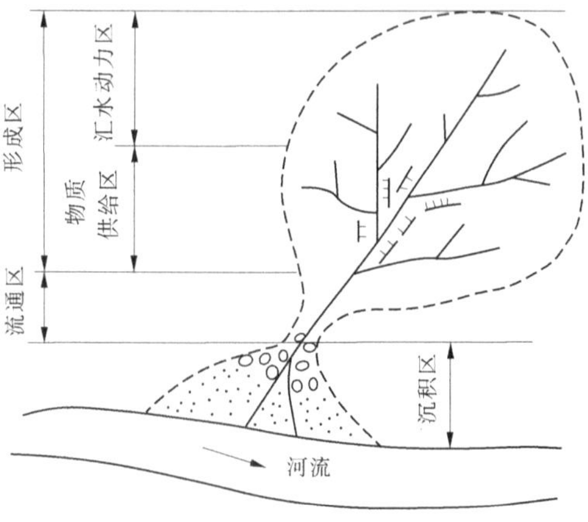

图 5-4　典型的泥石流地貌分区

上游形成区的地形多为三面环山、一面出口的瓢状或漏斗状,侵蚀作用为主,沟谷被快速侵蚀而变深展宽,地形比较开阔,周围山高坡陡、山体破碎、植被生长不良。这样的地形有利于水和碎屑物质的集中。

中游流通区的地形多为狭窄陡深的峡谷,谷床纵坡降大且顺直,使泥石流能迅猛直泻。

下游堆积区的地形为开阔平坦的山前平原或河谷阶地,使堆积物有堆积场所。一般来说,黏性泥石流以淤积为主,形成由粗大砾石组成的堆积扇,表面垄岗起伏,堆积物大小混杂,没有分选性;稀性泥石流以冲刷为主,水和泥浆流失,形成表面较为平坦的泥石流堆积扇,堆积物中巨大石块较少,丘岗状堆积物也少见,堆积物具有一定的分选性。

(四)其他条件

人类不合理的生产活动,如滥伐森林(加剧坡面冲刷,坡面土质更为疏松)、陡坡开垦、修路切坡、开矿弃渣等都会使山坡和表层岩层或岩石不稳定,促使泥石流发生。

例如,甘肃省白龙江中游现在是我国泥石流多发区。而在 1 000 多年前,那里竹树茂密、山清水秀,后因伐木烧炭,烧山开荒,森林被破环,导致泥石流泛滥。四川省冕宁县泸沽铁矿汉罗沟,因不合理堆放弃土、矿渣,1972 年一场大雨引发了矿山泥石流,冲出松散固体物质约 10 万 m^3,淤埋成昆铁路 300 m 和喜(德)西(昌)公路 250 m,中断行车,给交通运输带来严重损失。又如甘川公路西水附近,1973 年冬在沿公路的沟内开采石料,1974 年 7 月 18 日发生泥石流,使 15 座桥涵淤塞。

综上所述,发生泥石流的必备条件为:充足松散固体物质,充沛的水源,适宜的地形条件。

三、泥石流的发生规律

泥石流的发生具有明显的季节性和周期性的规律。分析泥石流的规律性,对工程项目的设计施工有重要的指导意义。

(一)季节性

我国山区泥石流的触发条件主要受连续降雨、暴雨,尤其是特大暴雨或集中降雨的激发。泥石流的发生时间与集中降雨时间相一致,故在雨季容易发生泥石流,具有明显的季节性。四川、云南等西南山区的降雨(印度洋暖湿气流的影响)多集中在6~9月,此地区的泥石流多发生在6~9月;而西北山区降雨多集中在6月、7月、8月三个月,尤其是7月、8月两个月降雨集中,暴雨强度大,故西北山区的泥石流多发生在7、8两个月,如2010年8月7日,甘肃舟曲发生的特大泥石流,就发生在当地的雨季。

(二)周期性

泥石流的发生受降雨的影响,而降雨总是周期性地出现。因此,泥石流的发生和发展也具有一定的周期性,且其活动周期与降雨的活动周期大体一致。泥石流一般发生在暴雨的高峰期或者连续降雨之后。

因此,在山区开展工程项目设计施工,了解当地降雨的季节性和周期性,可为进行地质灾害评估提供依据,以便提前采取适当的工程措施防止泥石流的发生。

四、泥石流的防治

泥石流具有爆发突然、速度快、流量大等特点且兼有崩塌、滑坡等破坏的双重作用。它属于复合性地质灾害,危害程度远远比单一的滑坡、崩塌更为广泛和严重。所以要提前采取工程措施进行预防,主要的工程措施有以下几种。

(一)以防为主,植树造林

在易发生泥石流的地区进行绿化,植树造林或种草,平整山坡、修筑梯田、扩大森林覆盖面积,稳定山坡,控制水土流失,防止泥石流发生区的扩展。农村居民点选址和建筑物建造地点避免选择山谷出口处,不要在山谷或山沟中堆放废土、废渣、垃圾等废弃物。

(二)修建拦挡和疏导工程

1. 拦挡——跨越、穿过工程

跨越工程是指修建桥梁、涵洞,从发生泥石流的区域上方经过,泥石流从其下方排泄;穿过工程是指修建隧道、明洞或渡槽,从泥石流下方经过,泥石流从其上方排泄。这两种工程是铁路、公路、水利等工程建设常用的防治措施。

2. 拦挡——阻挡、防护、滞留工程

阻挡工程主要是指修建控制暴雨、洪水、松散固体颗粒物质等移动的工程,减轻其对下游的冲击,主要的工程有拦渣坝、储淤场、支挡工程、拦淤坝、截水(洪)坝、石笼坝、格栅坝等工程;防护工程主要是在易发生泥石流的铁路、公路、桥梁、水利等工程一侧修建防护构筑物,减轻泥石流对下游构筑物的冲刷、冲击、侧蚀和淤埋,主要包括护坡、挡土墙、顺坝和丁坝等工程。

滞留工程是在泥石流沟修筑各种低矮拦挡坝(又称谷坊坝),泥石流可以漫过坝顶。坝的作用是拦蓄泥砂石块等固体物质,减小泥石流的规模;固定泥石流沟床,防止沟床下切和谷坊坍塌;平缓放坡,减少泥石流的流速。

3. 疏导工程

疏导工程主要是指在泥石流堆积区修建洪沟,以利其畅通无阻,主要包括导流堤、急流槽、束流堤等工程。

在实际工程建设过程中,要拦排结合,以拦为主,只拦不排极易造成拦淤坝溃决,造成更大损失。只排不拦,则把大量泥沙输入江河,造成河床淤高,江河堵塞。

（三）综合防治

对泥石流的治理是一个系统工程，应将多种工程措施结合起来，避免采取单一工程措施进行防治。

第四节 喀斯特

一、喀斯特

喀斯特也称岩溶，是指水对可溶性岩石（碳酸盐岩、石膏、岩盐等）进行以化学溶蚀作用为主，流水的冲蚀、潜蚀和崩塌等机械侵蚀作用为辅的地质作用。

喀斯特（Karst）是南斯拉夫西北部石灰岩高原的名称。19 世纪中叶，德国和奥地利的学者以及南斯拉夫学者司威治（J. Cvijic）在研究这种地貌类型时，将其命名为喀斯特。我国在没有引入喀斯特一词之前，一直采用“岩溶”一词。中国地质学会第一届喀斯特学术会议（1966 年 2 月，桂林），建议在我国使用“岩溶”一词，并把它作为 Karst 的汉语同义词。其实，我国很早就记录了这一类型的地貌，《徐霞客游记》就十分详细地阐述了喀斯特地貌在我国的分布、类型、形成原因等。

我国的喀斯特地貌占全国总面积的 13%，空间分布北方要少于南方，主要分布在南方云贵高原一带，例如贵州、广西、重庆、四川、云南等省区，此区域是世界上最大、最集中连片的喀斯特地区。我国的北方也有喀斯特地貌分布，主要集中在河北西北部、北京西南部和山西东南部，东北、山东、新疆等地也有分布，比较著名的有北京的石花洞、河南栾川的鸡冠洞等。喀斯特的发育和分布具有明显的地带性，即热带比亚热带好，亚热带又比温带好，而温带又比寒带好。

喀斯特地区的岩层溶于水，导致这些地区存在大量的地下空洞和地下河。因此，在这些地区进行工程建设活动要注意防止渗漏、涌水、排水以及地基塌陷和地面沉降的问题。

二、喀斯特形成条件

喀斯特发育的过程其实就是水与可溶性岩石发生一系列化学反应的过程。因此，水和可溶性岩石就成为喀斯特发育的基本条件。根据苏联学者的研究成果，喀斯特发育的基本条件包括岩石的可溶性、岩石的透水性、水的溶蚀力以及水的流动性。

（一）岩石的可溶性

岩石的可溶性主要取决于岩石的成分和结构。一般来讲，可溶性岩石基本上分为三类，即碳酸盐类岩石（石灰岩、白云岩、硅质灰岩、泥质灰岩）、硫酸盐类岩石（硬石膏、石膏、芒硝等）、卤盐类岩石（石盐、钾盐等）。根据相对溶解度的大小，三类岩石的溶解关系为，卤盐类岩石 > 硫酸盐类岩石 > 碳酸盐类岩石。其中，碳酸盐类岩石分布最广，岩体大。尽管它们的溶蚀速度慢，但经过长期溶蚀，也会形成千姿百态的地貌。实践证明，碳酸盐要有足够的厚度，几十米、几百米甚至几千米，同时面积要广大，这样喀斯特作用才能发挥出来。

(二)岩石的透水性

岩石的透水性影响着水流向下运动,直接决定着喀斯特的发育程度。除此之外,还取决于岩体的裂隙度、孔隙度及空隙的连通情况。裂隙度对喀斯特作用影响很大,它的大小取决于岩石的构造、纯度和厚度。原始的岩石裂隙度很小,透水性很弱,但经过地质构造变动,裂隙度增大,透水性变强。孔隙度对喀斯特作用的进程很缓慢,只能形成细小的溶孔。如果孔隙之间连通情况良好,为水流提供了良好的通道,也利于喀斯特的发育。所以,一般在断层破碎带、背斜轴部或近轴部的地段,喀斯特比较发育。

(三)水的溶蚀力

纯水的溶解力是很弱的,因此水的溶蚀力主要取决于水中侵蚀性 CO_2 的含量。当水中含有充足的 CO_2 时,形成碳酸,分解电离出 H^+ 将 $CaCO_3$ 溶解,同时产生 HCO_3^- 和 Ca^{2+},呈悬浮状态随水流失,不能溶解的残余物质留下,从而导致碳酸岩遭受侵蚀。

(四)水的流动性

水的流动性使已经溶解有 $CaCO_3$ 的饱和溶液变成不饱和溶液,使水流重新获得溶蚀力,继续侵蚀碳酸岩。同时,水的流动性还包含了机械侵蚀的作用,尤其当水量大、流速大时更为显著,加速了喀斯特地貌的发育。

除上述基本条件外,区域气候条件、地质构造、植被、地形等因素对岩溶发育也有不同的影响。

三、喀斯特地貌

喀斯特地貌根据空间位置关系分为地表喀斯特地貌和地下喀斯特地貌。

(一)地表喀斯特地貌

地表喀斯特地貌主要是由地表流水作用形成的,也有地下水作用形成的(地下水作用的岩层出露地表形成)。

1. 石芽和溶沟

石芽和溶沟往往是一对伴生的地貌类型,是地表水在喀斯特地区下渗过程中,对可溶性岩石进行溶蚀和侵蚀,而呈现出的石质沟槽(凹槽)和突起。沟槽即为溶沟,沟间的突起即为石芽。溶沟长度不等,底部多黏土及碎石,在地表水的不断溶蚀和侵蚀下,溶沟不断加深,石芽增长,形成巨大的类似树林的石芽即为石林(高度多在 10 m 左右)。

2. 漏斗

漏斗是喀斯特地区地面上的一种口大底小的圆锥形或碟状洼地(见图5-5),平面轮廓为圆形或椭圆形,四边多为缓坡,上宽下窄,剖面为漏斗状,宽深比为0.5,直径数十米,深十几至数十米。漏斗下部常有管道通往地下,且下部多比上部狭小,地表水沿此管道下流,底部也常常发育为落水洞,冲蚀和溶蚀是主要原因。在洼地底部常堆积黏土和碎石堵塞,则可积水成池。按成因可分为溶蚀

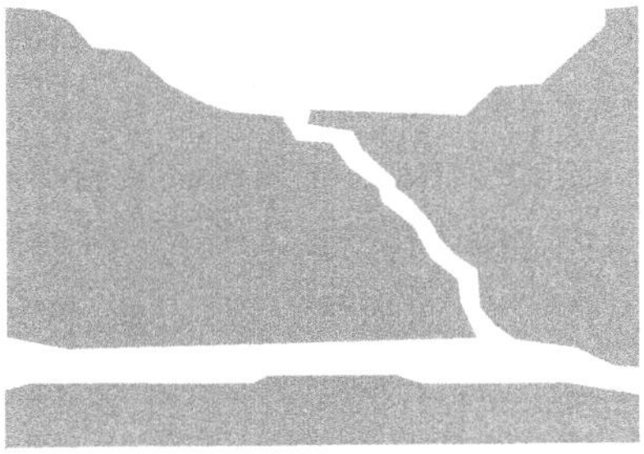

图5-5 喀斯特漏斗

漏斗、沉陷漏斗和塌陷漏斗三种。

(1)溶蚀漏斗。是喀斯特地面低洼处汇集的地表水沿节理裂隙在垂直向下渗漏的过程中不断溶蚀形成的(见图 5-6(a))。

(2)沉陷漏斗。是在有较厚的松散沉积物或砂岩覆盖的喀斯特地区,如有通往地下的裂隙,地表水流在下渗过程中带走一部分细粒的砂和黏土物质,使地面下沉形成的(见图 5-6(b))。

(3)塌陷漏斗。多是喀斯特溶洞顶部受到地表水的渗透、溶蚀或强烈地震发生塌陷而形成的(见图 5-6(c)、(d))。

3. 落水洞

落水洞是指喀斯特地区地表水流进入地下的通道。它形如管道,直径一般小于 10 m,深度达近百米,宽深比例相差悬殊,形态各异,有垂直、倾斜和曲折等形状。落水洞的形成是可溶性岩石除受塌陷和溶蚀作用外,还受机械侵蚀作用的不断冲击、磨蚀等综合作用所致。落水洞一般分布在漏斗的底部或者河谷的底部。

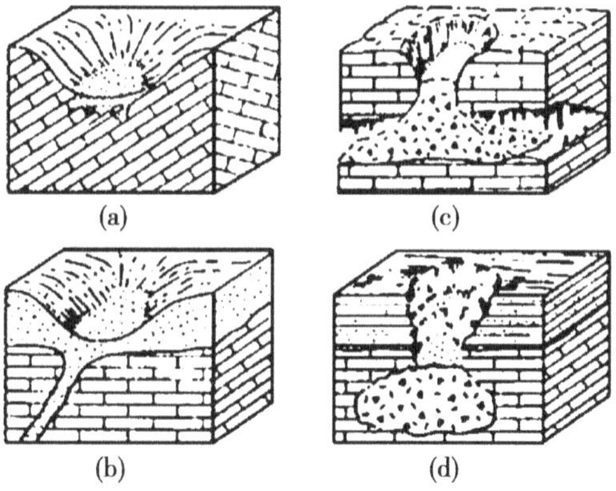

图 5-6　喀斯特漏斗类型

4. 竖井

竖井是指喀斯特地区连接地表水流和地下水流的井状空洞(见图 5-7)。它是通过溶蚀作用和由塌陷漏斗发育而来的,平面轮廓上呈方形、长条状和不规则圆形,其剖面特征深宽比远远大于 2。此外,竖井井壁顺直陡峭,深度可达百米。

5. 天窗

天窗是指喀斯特地区的地下河顶部塌陷(见图 5-8)。塌陷物质被地下水流溶蚀并带走,顶部存在一孔道与地表连接的一种地貌类型。由于其塌陷范围不大,能达到窗户的效果,即通过天窗可看见地下河或洞穴大厅,如果洞穴的大厅足够大,天窗最终可形成天坑。

6. 天坑

天坑是喀斯特地区地表由地下水在流动过程中造成的大面积塌陷而形成的(图 5-9)。它具有巨大的容积,陡峭而圈闭的岩壁,深陷的井状或桶状轮廓。它往往发育在厚度特别大、地下水位特别深的可溶性岩层中,平均宽度和深度均大于 100 m,底部与地下河相连;此外,天坑的坑上和坑下植被茂盛,林木葱郁。

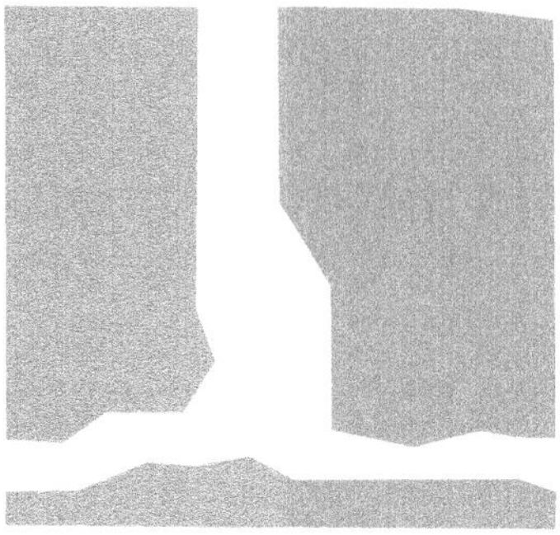

图 5-7　竖井

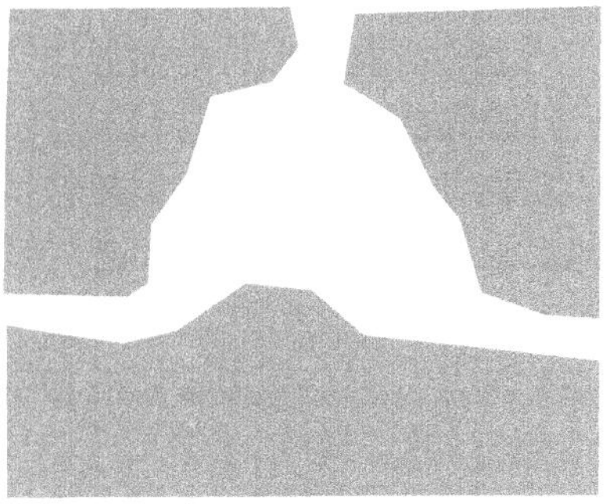

图 5-8　天窗

7. 溶蚀洼地、溶蚀盆地和喀斯特平原

溶蚀洼地是指喀斯特作用形成的小型封闭洼地。它是漏斗逐步扩大,彼此相互连结发育而成的,其底部通常有落水洞和漏斗将地表水排入地下。四周是由低山丘陵所包围的封闭洼地。其形状与漏斗相似,但规模大得多,其底部比较平坦,直径在 100 m 以上,最大可达 1 ~2 km。

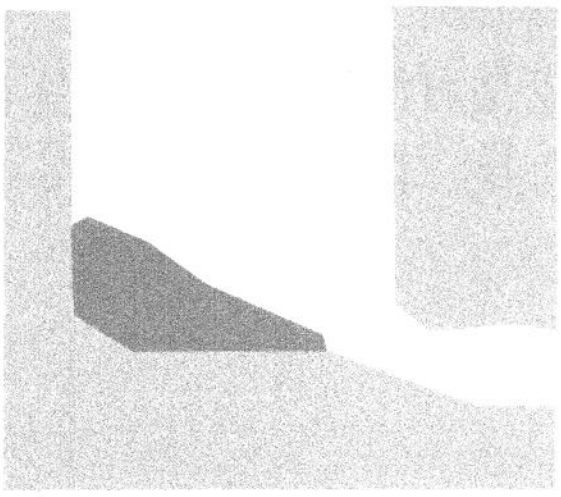

图 5-9　天坑

溶蚀盆地是指大型的喀斯特洼地,又称坡立谷,俗称"坝""坝子"。它底部平坦,宽几百米至几千米,长几千至几十千米,偶有孤峰残丘,存在地表水流和地下排水系统。溶蚀盆地是在一定构造条件下经长期溶蚀、侵蚀而成。

喀斯特平原是指面积广阔的平地,达数百平方千米,其地表常被红色黏土覆盖,地面近似水平,由溶蚀盆地发展而来。

溶蚀盆地和喀斯特平原的出现表明喀斯特发育到了晚期阶段,成为当地主要的农耕区和村镇所在地。

8. 峰丛、峰林和孤峰

峰丛指一种连座峰林,其基部相连、顶部分散为独个山峰;基座高度大于顶部山峰高度,多位于石灰岩山地中部,地势较高。

峰林是指石灰岩山峰分散或成群分布在平地上,其基部分离或微有连接,基座相对高度小于其顶部山峰的相对高度;山峰四周陡峭,相对高度为 100 ~200 m,坡度 >45°,因其远望如林,平地突起,故名峰林。峰林是峰丛进一步溶蚀和侵蚀而形成的,多分布在山地的边缘。国外通常把峰林称为圆锥状喀斯特、塔状喀斯特、麻窝状喀斯特。

孤峰是指竖立在喀斯特平原上的孤立石灰岩山峰,相对高度几十至百余米。它是喀斯特地貌发育到晚期的标志,一般多零星分布在喀斯特平原上。

地表喀斯特地貌在空间的分布常常存在一定的规律。峰丛常常与漏斗、竖井、溶蚀洼地分布在一起,峰林常与溶蚀盆地组合在一起,孤峰则分布在溶蚀平原上。

(二)地下喀斯特地貌

地下喀斯特地貌主要是由地下水的作用形成的,包括地下河和溶洞两种基本类型。

1. 地下河

地面以下具有自由水面的河流称为地下河，也称为暗河或伏流（地表水体流入地下，经过一段距离之后，又流出地表，即有进口也有出口）。它的规模不一，有的长达几十千米，短的仅有几百米，它在喀斯特地区发育很普遍，同时也作为石灰岩地区地下水汇集和排泄的通道。

地下河在地下空间分布也有高低之别，主要受制于地方侵蚀基面和岩层中的不透水层面高低，以及新构造运动上升幅度和溶蚀深度等情况。最初的地下河规模较小，随着水对可溶性岩石的不断溶蚀，引起规模扩大，在此过程中大小不等的地下河不断的合并，最终发育成具有自由水面的地下河。同时，由于不透水层的阻挡，或者第四纪地壳上升幅度大于溶蚀深度，地下河则高于当地侵蚀基准面，形成悬挂式地下河。

2. 溶洞

溶洞又称为洞穴，它是喀斯特地区的岩层受地下水长期溶蚀的结果。溶洞的规模大小不同，形态各异，主要有管状、袋状、大厅状等。溶洞的基本形态分为两种类型：一种是垂直型（倾斜型）溶洞，多是石灰岩层沿着垂直或倾斜裂隙发育的，多分布在山体中上部；另一种是水平型溶洞，多发育在山体底部的潜水面附近（见图 5-10）。

溶洞内的堆积地貌主要分为三类：一是碳酸钙类堆积，如钟乳石。它是地下水沿着洞顶运动时，水分的蒸发和 CO_2 散出导致水中的 $CaCO_3$ 沉淀下来，刚开始是附着在洞顶，随着时间的推移，逐步向下生长，最终形成钟乳石；石笋是上部的水滴落在洞底后，水分蒸发和 CO_2 散出导致 $CaCO_3$ 沉淀于洞底，最终向上生长而成；当钟乳石和石笋连接在一起时，便形成石柱；石幔是洞中富含 $CaCO_3$ 的水体，在洞壁上或者地势较高的区域上流动时，由于水分蒸发和 CO_2 散出，最终生成片状或层状的 $CaCO_3$沉积；正是由于 $CaCO_3$ 沉积千姿百态、琳琅满目，一些著名的溶洞，如桂林的七星岩和芦笛岩、河南栾川的鸡冠洞、张家界的黄龙洞等，已成为享负盛名的旅游胜地。二是生物遗体堆积，主要是鸟粪和生物化石。三是洞内的机械沉积，主要是崩塌堆积物。

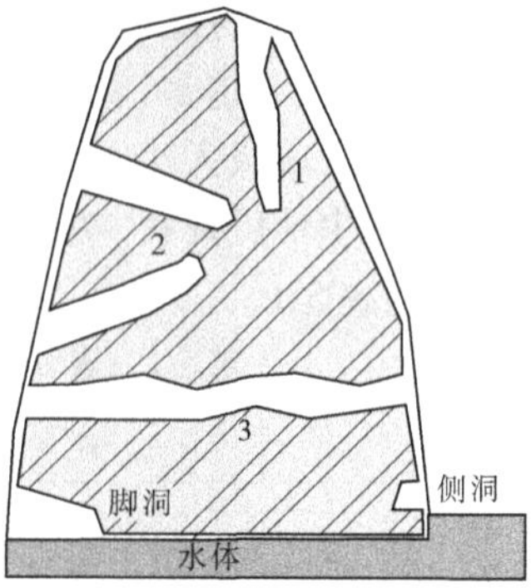

1—垂直型溶洞；2—倾斜型溶洞；3—水平型溶洞

图 5-10　溶洞形态类型

第五节　地　震

一、关于地震的一些基本概念

（一）地震

大地的震动即为地震。它是地球内能积累与释放的一种剧烈形式，是地球上经常发生的自然现象之一。全世界每年发生地震达 500×10^4 次之多，但人们能感觉到的仅为 5

万次左右，占 1% 左右。

（二）震源

地表以下发生地震的地方叫震源。震源在地面上的垂直投影叫震中，震中是地面震动最强的地方，震中到震源的距离叫震源深度。

按震源深度可以将地震分为：

浅源地震——深度小于 70 km，数量最多，破坏力也最强。

中源地震——深度为 70 ~ 100 km。

深源地震——深度超过 300 km，目前已知最深地震为 720 km（为 1934 年 6 月 29 日发生于印度尼西亚苏拉威西岛东边的 6.9 级地震）。

从观测点（如地震台）到震中的距离叫震中距。按照震中距可以将地震分为：

地方震——震中距小于 100 km。

近震——震中距为 100 ~ 1 000 km。

远震——震中距超过 1 000 km。一般距震中越远，地震危害越小。

地震的强度和破坏程度用震级与地震烈度表示。

（三）震级

震级是指地震绝对强度的等级，它是衡量地震本身大小的尺度，与震源释放出来的能量多少有关，释放能量越多，震级越高。由于一次地震的能量释放是一定的，所以一次地震只有一个震级。震级大小可用地震仪测出。一般将震级在 7 级以上的地震称为大地震。通过整理历史地震资料，美国地震学家里克特（C. F. Richter）于 1935 年提出了里氏震级分类表，见表 5-1。

表 5-1　震级 M 和震源发出的总能量 E 之间的关系

震级	能量(J)	震级	能量(J)
1	2.0×10^{6}	6	6.3×10^{13}
2	6.3×10^{7}	7	2.0×10^{15}
3	2.0×10^{9}	8	6.3×10^{16}
4	6.3×10^{10}	9	3.55×10^{17}
5	2.0×10^{12}	10	3.4×10^{18}

一个 1 级地震的能量相当于 2.0×10^{6} J。震级每增加 1 级，能量增大 30 倍左右。例如，6 级地震的能量约为 6.3×10^{13} J，它约与 1 个 2 万 t 级原子弹所具有的能量相当；而 7 级地震则相当于 30 个 2 万 t 级原子弹的能量。迄今为止，世界上记录到的最大地震是 1960 年 5 月 22 日在智利发生的 9.5 级地震。

（四）地震烈度

烈度是指地震发生时对地面及建筑物的破坏程度。它用来衡量地震所引起的地面振动强烈程度，一般分为 12 度，对地面和建筑物破坏程度越大的地震，其烈度数值就最大。一般将烈度在 6 度以上的地震称为破坏性地震。烈度的大小与震级高低、震源深浅、离震中的距离和该地区的物质条件及建筑物结构等多种因素有关。在同样条件下，某一地点的震级越高，其烈度就越大；同一次地震，震中的烈度最大，离震中越远，烈度就越小；同一级地震，震源越浅，烈度越大。因此，对于同一次地震，震级只有一个，而烈度却可以随地区不同而异。在工程设计上，多采用烈度等级这个量来衡量，而不采用震级。

地震烈度是根据地震时人的感觉、家具等器物的震动、房屋及构筑物的破坏以及地面的破坏现象等宏观标志进行判定的。通过对各类标志的对比分析来划分烈度，并按由小到大的数码顺序排列，就构成了烈度表，见表5-2。

表5-2　中国地震烈度

烈度	人的感觉	一般房屋		其他现象	参考物理指标	
		大多数房屋震害程度	平均震害指数		加速度（水平向）（cm/s^2）	速度（cm/s）
Ⅰ	无感	—	—	—	—	—
Ⅱ	室内个别静止中的人有感觉	—	—	—	—	—
Ⅲ	室内多数静止中的人有感觉	门、窗轻微作响	—	悬挂物微动	—	—
Ⅳ	室内多数人有感觉，室外少数人有感觉，少数人梦中惊醒	门、窗作响	—	悬挂物明显摆动，器皿作响	—	—
Ⅴ	室内普遍有感觉，室外多数人有感觉，多数人梦中惊醒	门窗、屋顶、屋架颤动作响，灰土掉落，抹灰出现微细裂缝	—	不稳定器物翻倒	31（22～44）	3（2～4）
Ⅵ	惊慌失措，仓皇逃出	个别瓦砖掉落，墙体微细裂缝	1～0.1	河岸和松软土上出现裂缝，饱和砂层出现喷砂冒水，地面上有的砖烟囱轻度裂缝、掉头	63（45～89）	6（5～9）
Ⅶ	大多数人仓皇逃出	轻度破坏——局部破坏、开裂，但不妨碍使用	0.11～0.3	河岸出现塌方，饱和砂层常见喷砂、冒水，松软土上裂缝较多，大多数砖烟囱中等破坏	125（90～177）	13（10～18）
Ⅷ	摇晃颠簸，行走困难	中等破坏——结构受损，需要修理	0.31～0.5	干硬土上亦有裂缝，大多数砖烟囱严重破坏	250（178～353）	25（19～35）

续表 5-2

烈度	人的感觉	一般房屋		其他现象	参考物理指标	
		大多数房屋震害程度	平均震害指数		加速度（水平向）（cm/s^2）	速度（cm/s）
Ⅸ	坐立不稳，行动的人可能摔跤	严重破坏——墙体龟裂，局部倒塌，复修困难	0.51～0.7	干硬土上有许多地方出现裂缝，基岩上可能出现裂缝，滑坡、塌方常见，砖烟囱出现倒塌	500（354～707）	50（36～71）
Ⅹ	骑自行车的人会摔倒，处不稳定状态的人会摔出几尺远，有抛起感	倒塌——大部分倒塌，不堪修复	0.71～0.9	山崩和地震断裂出现，基岩上的拱桥破坏，大多数砖烟囱从根部破坏或倒毁	1 000（708～1 414）	100（72～141）
Ⅺ	—	毁灭	0.91～1	地震断裂延续很长，山崩常见，基岩上拱桥毁坏	—	—
Ⅻ	—	—	—	地面剧烈变化，山河改观	—	—

注：1. Ⅰ～Ⅴ度以地貌上人的感觉为主；Ⅵ～Ⅹ度以房屋震害为主，人的感觉仅供参考；Ⅺ度、Ⅻ度以地表现象为主；Ⅺ～Ⅻ度的评定需要专门研究。

2. 一般房屋包括用木构架和土、石、砖墙构造的旧式房屋和单层或数层的、未经抗震设计的新式砖房。对于质量特别差或特别好的房屋，可根据具体情况对表中各烈度的震害程度和震害指数予以提高或降低。

3. 震害指数以房屋“完好”为0，“毁灭”为1，中间按表中所列震害程度分级。平均震害指数是指所有房屋的震害指数的总平均值，可以用普查或抽查方法确定。

4. 使用本表时可根据地区的具体情况作出临时的补充规定。

5. 在农村可以自然村为单位，在城镇可以分区进行烈度的评定，但面积以 1 km^2 左右为宜。

6. 烟囱指工业或取暖用的锅炉房烟囱。

7. 表中数量词的说明：个别指10%以下，少数指10%～50%，多数指50%～70%，大多数指70%～90%，普遍指90%以上。

为了给工程设计、施工建设提供依据，常将地震烈度分为基本烈度和地震设计烈度。

基本烈度是以100年内某地区可能遭遇的最大烈度，它是一个地区的平均烈度。据此，在全国范围内进行评定，得到全国地震基本烈度区划图，作为抗震设防的依据。

地震设计烈度是在宏观基本烈度的基础上，考虑到某地区的地质构造特点、地形、水文、土壤条件等的不一致性，根据建筑物的重要性、抗震性、经济性而进行的小区域地震烈度的增减（见表5-3），来确定更为切合实际的小区域烈度标准。

表 5-3　地质构造类别与地震烈度局部增加量

类别	地震烈度局部增加量(度)
花岗岩	0
石灰岩和砂岩	0~1
半坚硬土	1
粗状碎屑土(碎石、卵石、砾石)	1~2
砂质土	1~2
黏质土	1~2
疏松的堆积土	2~3

由于建筑物场地的地质地貌条件不同,往往需要进一步划分,对基本烈度进行修正,这种烈度称为场地烈度。

实际工作中,原则上一般建筑用基本烈度,重要建筑适当提高(见表 5-4)。设计部分很少用场地烈度。根据我国经验,Ⅶ~Ⅸ烈度区要设防。

表 5-4　建筑物等级与抗震设防烈度

建筑物等级	抗震设防烈度
甲类:特殊要求的后果极为严重的工程(放射性、毒气、大爆炸)	特殊抗震、专门研究
乙类:国家重点抗震城市的生命线工程(交通、通信)	基本烈度提高一度
丙类:一般工业民用建筑物	基本烈度
丁类:次要的临时性建筑物	降低一度或不设防

(五)地震波

地震波是一种弹性波。地震时从震源释放出的能量以弹性波的形式向外传播。弹性波是指岩石或岩层受到震动,其中各个质点产生规则的振动,然后重新回到原来静止的位置。

地震波可以在空间向各个方向传播,即为体波;但地球是有边界的,在边界附近,体波衍生出一种沿着地面传播的波为面波,也称为 L 波。体波一般分为纵波和横波,1849 年已为英国科学家斯托克斯(G. H. STOKES)证实。纵波是一种质点振动方向与传播方向一致的波,通常也称为 P 波;横波是指质点传播方向与传播方向垂直,通常也称为 S 波。纵波一般周期短,振幅小,传播速度快;横波一般周期长,振幅大,传播速度较慢。一般发生地震时,纵波总是先到达观测点,随后才是横波和面波。

(六)海震、海啸

发生在大洋底部的地震称为海震。同样级别的地震,海震要比陆震的破坏性小,因为陆震横波和纵波都能传到地面,而海震只能把纵波传播上来(由于海水不能传播横波)。但是,有时候海震可以掀动上覆的海水形成巨大的海浪,称为海啸。这种海浪波长达数百米，振动周期也很长，为 15 min 到 1 h。在广阔的大洋中，这种波浪不明显，波浪高度也较小，但一接近海岸，由于海底变浅，波浪受阻变高，能量集中冲上海岸，可产生极大的破坏力。2011 年 3 月 11 日，日本东北部海域发生里氏 9 级地震并引发海啸，造成重大人员伤亡和财产损失。地震震中位于宫城县以东太平洋海域，震源深度为海下 10 km。地震引发的海啸影响到太平洋沿岸的大部分地区。地震造成日本福岛第一核电站 1 ~4 号机组发生核泄漏事故。2004 年 12 月 26 日印度尼西亚苏门答腊岛附近海域发生 9 级强烈地震，引发的海啸波及印度洋沿岸的南亚、东南亚及东非数国，死亡人数接近 30 万，成为近 200 年来死亡人数最多的海啸灾难。据全世界 2 400 年的记录，较大海啸约每 10 年发生一次，多数是由环太平洋海沟浅源地震所引起的。

中国有辽阔的海域，所以也常有海震发生。如渤海 1548 ~1983 年共发生 4.7 级以上地震 39 次。东海和台湾海峡自古至今海震频繁。1604 年 12 月 29 日夜间在泉州海外发生 8 级大地震，泉州和莆田一带破坏惨重，“城内外庐舍倾圮”。南海区域也常发生地震，1915 ~1983 年地震仪所记录到的 4.7 级以上地震共 70 余次。由于中国沿海大陆架宽阔，所以很少发生海啸。历史上只有一次海啸的记录，1867 年 12 月 18 日在台湾省基隆北海中，发生 6 级地震，随着台风和大风暴引起海啸，造成“基隆金包里沿海山倾地裂，海水暴涨，溺数百人”。

二、地震的成因

引起地震的原因很多，总的来说主要包括自然和人为两方面因素，自然引起的地震（自然地震）占很大部分。根据成因，自然地震包括构造地震、火山地震和冲击地震等；由人类活动引起的地震称为诱发地震，如修建水库引起的地震。

（一）自然地震

1. 构造地震

构造运动引起的地震为构造地震。这是最主要的地震类型，全球绝大多数地震是构造地震，约占地震总数的 90%。其中，大多数又属于浅源地震，影响范围广，对地面及建筑物的破坏非常强烈，常引起生命财产的重大损失。

2. 火山地震

火山活动引起的地震为火山地震。这种地震可能是直接由火山爆发引起的地震；也可能是因火山运动引起构造变动，从而发生地震；或者是因构造变动引起火山喷发，从而导致地震。因此，火山地震与构造地震常有密切关系。火山地震为数不多，约占总数的 7%。震源深度不大，一般不超过 10 km。

3. 冲击地震

山崩、滑坡等原因引起的地震，或因喀斯特地区岩层受地下水长期溶蚀形成许多地下溶洞，洞顶塌落引起的地震称为冲击地震，后者又称为塌陷地震。此类地震为数很少，约占地震总数的 3%，震源很浅，影响范围小，震级也不大。

（二）诱发地震——水库地震

修建了水库导致原来没有或很少发生地震的地区经常发生地震称为水库地震。这说明这种地震与水的作用有关，当然也与一定的构造和地层条件有关，而水的作用只是一种诱发因素。如广东河源新丰江水库，自 1959 年蓄水后，在库区周围地震频度逐渐增加，于 1962 年 3 月 19 日发生了一次 6.4 级地震，震中烈度达到 8 度，是已知的最大水库地震之一。截至 1972 年，该区共记录了近 26 万次地震。又如，著名的埃及阿斯旺水库，坝高 110 m，库容达 165 亿 m^3，1960 年正式开工，1964 年截流蓄水，1968 年正式投入运行。此地区在建库前历史上无地震，从 1980 年起出现小震、微震。1981 年 11 月在坝址西南 60 km 库区发生了 5.6 级地震。1982 年在同一地点又发生了 5 级和 4.6 级地震。

此外，因深井注水、地下抽水等也可触发地震，应该予以重视，特别是水库地震更应该引起人们及专家学者的重点关注。一般认为，在一定的地质构造条件下（如有活动断层、密集或交叉的断裂存在，或在升降差异与运动的过渡部位等）和水库蓄水可诱发地震。

此外，除上述自然原因引起的地震和人为因素诱发的地震外，其他某些自然因素，如在太阳黑子活动期，阴历的朔、望期等期间，也容易诱发地震。

三、地震的分布

地震震中集中分布的地带称为地震带，地震带的分布明显具有不均衡性。

（一）世界地震带

1. 环太平洋地震带

它是世界上最大的地震带，全世界约 80% 的浅源地震、90% 的中源地震和几乎全部深源地震都发生在这一带。所释放的地震能量约占全世界地震释放总能量的 80%，但其面积仅占世界地震总面积的一半。

此地震带在太平洋西部，大抵从阿留申群岛，向西沿堪察加半岛、千岛群岛，至日本诸岛、琉球群岛，至我国台湾岛，过菲律宾群岛、伊里安岛，南至新西兰为止。在太平洋东部，大致从阿拉斯加西岸，向南经加里福尼亚、墨西哥（在中美有一分支，称为加勒比或安的烈斯环）、秘鲁，沿智利至南美的极南端。这一带也是著名的火山带，它与中、新生带褶皱带和新构造强烈活动带是一致的。

2. 喜马拉雅—地中海地震带

喜马拉雅—地中海地震带又称为阿尔卑斯—喜马拉雅—印尼地震带，这是一条横跨欧亚大陆，并包括非洲北部，大致呈东西方向的地震带，总长约 15 000 km、宽度各地不一，在大陆部分常有较大的宽度，并有分支现象。这是一支仅次于环太平洋地震带的全球第二大地震带，震中分布零散，地震带宽大且有分支。环太平洋地震带外几乎其余的较大浅源、中源、深源地震都发生在这一带，释放能量占全世界地震释放总能量的 15%。

此地震带西起葡萄牙、西班牙和北非海岸，东去经意大利、希腊、土耳其、伊朗至帕米尔北边，进入我国西北和西南地区，南边沿喜马拉雅山山麓和印度北部，又经苏门答腊、爪哇至伊里安，与环太平洋带相接。这一带也有许多火山分布。

3. 大洋海岭地震带

它以线状的形式分布于各大洋的中部。此地震带远离大陆且多为强震，20 世纪 60 年代之前并未被引起重视，没有将其作为一个地震带来研究。随着海底扩张学说和板块构造学说的提出，才逐步注意到该地震带。它的震源深度小于 30 km，震级除极个别情况外基本上不超过 5 级。主要包括以下三个地震带：

(1)大西洋中脊(海岭)地震带:自斯匹次卑尔根岛经冰岛向南沿亚速尔群岛、圣保罗岛等至南桑德韦奇群岛、色维尔岛,沿大西洋中脊分布,向东与印度洋南部分叉的海岭地震带相连。

(2)印度洋海岭地震带:由亚丁湾开始,沿阿拉伯—印度海岭,南延至中印度洋海岭;向北在地中海与地中海—南亚地震带相连;向南到南印度洋分为两支,东支向东南经澳大利亚南部,在新西兰与环太平洋带相接;西支向西南绕过非洲南部与大西洋中脊地震带相接。

(3)东太平洋中隆地震带:从中美加拉帕戈斯群岛起向南至复活节岛一带,分为东西两支,东支向东南在智利南部与环太平洋地震带相接;西支向西南在新西兰以南与环太平洋地震带和印度洋海岭地震带相连。

以上三带皆以浅源地震为主。

4. 大陆断裂谷地震带

大陆断裂谷地震带主要是指分布在一些地区的区域性断裂带或地堑构造带上。主要有东非大断裂带、红地堑、亚丁湾及死海、贝加尔湖以及太平洋夏威夷群岛等。此带主要为浅源地震。

(二)中国地震带

我国处于环太平洋地震带和喜马拉雅—地中海地震带之间,是个多地震的国家,受太平洋板块、印度洋板块挤压,地震断裂带十分发育。中国地震主要分布在四个区域:西南地区、西北地区、华北地区、东南沿海地区。

1. 西南地区

西南地区的地震带主要分布在横断山脉一线,西藏、云南、四川西部等。

2. 西北地区

西北地区的地震带主要在甘肃河西走廊带、天水—兰州带、塔里木南缘带、天山南北麓宁夏银川带。

3. 华北地区

华北地区的地震带主要在太行山两侧、汾渭河谷、阴山—燕山一带、山东中部和渤海湾。

4. 东南沿海地区

东南沿海地区的地震带主要包括沿海的广东、福建、台湾省西部带和东部带及其海域等地。

四、减轻地震灾害的途径

(一)地震预报

地震预报(地震预测)是对未来破坏性地震发生的时间、地点和震级及地震影响的预测,它的前提是认识地震孕育和发生的各种物理、化学过程,分析出地震的规律。然而截至目前,人们对地震的成因以及发生的规律知之甚少。主要原因是地震是一种很复杂的地质现象,它是大规模的地下深层变化过程,影响因素过于复杂,这也是地震预测研究工作进展缓慢的原因。目前,地震预测主要包括三个方向:一是地震地质方向——研究地震发生时的地质构造特点,分析地震孕育和发生的过程;二是地震统计方向——结合数理统计方法,得出地震发生的规律,尤其是发生时间序列规律;三是地震前兆方向——根据地震发生前的地表自然地理现象异常来预测地震。地震前兆多是经验与教训的总结,没有科学事实给予证明。在实际预测工作中,应采取综合的观点,才有可能探索出一些地震的一般规律。地震预报以重点预测出地震发生的时间、地点、强度为主要内容,最大程度地避免或降低人员伤亡和财产损失。

地震预报分为长期预报(10 年或者更长的地震预报)、中期预报(数年内或数月的地震预报)、短期预报(几天或半个月的地震预报)、临震预报(1 天或者几小时的地震预报)。

(二)工程抗震

工程抗震是指根据地震活动规律以及破坏程度为依据,制定安全、可靠、经济的新建工程抗震设防措施,满足新建工程抵御未来地震的破坏,即达到“小震不坏,中震可修,大震不倒”的目的。在实际工程项目中,一般采用基本烈度为标准,特殊的建筑适当提高烈度的方法,开展工程抗震设计。

思考与练习题

1. 常见的不良地质现象有哪些? 分析它们发生的条件。
2. 何谓滑坡? 滑坡的要素有哪些? 影响滑坡的因素有哪些? 如何防治?
3. 何谓崩塌? 影响崩塌的因素有哪些? 如何防治?
4. 何谓泥石流? 发生泥石流的条件是什么? 引起泥石流形成的原因有哪些? 如何防治?
5. 喀斯特发育的基本条件有哪些?
6. 地表喀斯特地貌有哪些? 如何形成的?
7. 如何区分石芽、石林、峰丛、峰林、孤峰?
8. 引发的地震原因有哪些?
9. 简述震级和烈度的区别和联系。

下篇　工程地质应用

第六章　岩体结构稳定性

学习目标

1. 了解岩体结构特性。

2. 了解边坡岩体变形破坏的基本类型以及影响边坡岩体稳定的因素，掌握边坡岩体稳定性分析方法。

3. 了解影响坝基岩体压缩变形的地质因素，掌握坝基岩体承载力及抗滑稳定性分析方法。

4. 了解影响地下洞室位置选择的因素以及地下洞室变形破坏的类型，掌握洞室围岩稳定的工程措施。

随着经济社会发展水平的不断提高和科学技术水平的日新月异，修建在岩基上的工程项目越来越多，规模越来越大，对岩基提出了更为严格的要求。岩体地基稳定与否不仅取决于岩体本身的强度，还与岩体的完整性、地下水的作用等多种因素有关。工程岩体是指一定范围内与工程建筑有关的自然地质体，包括地下工程岩体、工业与民用建筑基础、边坡岩体等。一个工程岩体的规模大小，由岩体特点以及所研究的工程地质问题的范围确定。

岩体由结构面和结构体组成（见图 6-1）。岩体在形成过程中，经受了构造运动、风化作用以及卸荷作用等内外力地质作用的破坏和改造，因此岩体经常被节理、断层、层面以及片理面（结构面）所切割，使其成为具有一定结构的菱裂隙体（结构体）。

图 6-1　野外岩体形态

第一节　岩体结构特性

一、岩体结构概念

岩体结构指岩体中不同成因、形态、规模、性质的结构面和结构体在空间的排列分布和组合状态，它既表达岩体中结构面的发育程度及组合，又反映结构体的大小、几何形状及排列方式。结构面和结构体共同构成岩体结构单元，又被称为结构要素。组合是指不同类型的岩体结构单元在岩体内的搭配，如坚硬结构面由块状结构体“组合”构成碎裂结构，软弱结构面与块状结构体“组合”构成块裂结构，而软弱结构面与板状结构体“组合”构成板裂结构。排列是指岩体结构单元分布是有序的还是无序的，是贯通的还是断续的，都是排列的表现形式。岩体结构单地、组合、排列这三个因素限定了岩体结构的差别。据此，可形成多种多样的岩体结构类型。

二、结构面

结构面是指岩体中的不连续面，即各种破裂面（见图6-2）、夹层、充填矿脉等，通常没有或只有较低的抗拉强度。

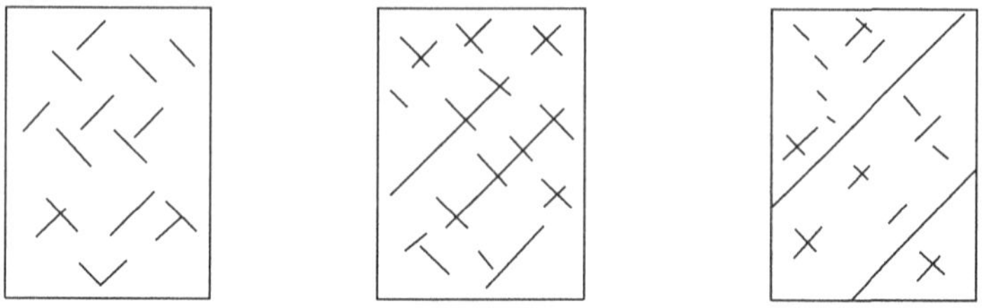

(a)非连通的　　(b)半连通的　　(c)连通的

图6-2　岩体内的不连续面

(一)结构面类型及特征

根据结构面的形成原因，可将其划分为原生结构面、构造结构面和次生结构面三种类型（见表6-1）。

1. 原生结构面

原生结构面是指成岩过程中形成的结构面。原生结构面又分为火成结构面、沉积结构面和变质结构面三种类型。

(1)火成结构面。是指岩浆侵入、喷出和冷凝过程中形成的结构面，包括岩浆岩体与围岩的接触面、冷凝原生节理、流纹面、凝灰岩夹层及侵入挤压破碎结构面等。冷凝原生节理具有张性破裂面特征，一般粗糙不平。岩浆岩体与围岩接触面往往胶结不良，或形成小型破碎带。

(2)沉积结构面。是指沉积岩在沉积成岩过程中所形成的结构面，包括反映沉积间歇性的层面和层理；显示沉积有间断的不整合面和假整合面；由于岩性变化形成的原生软弱夹层，如坚硬石灰岩中的夹泥灰岩、炭质页岩，在坚硬砂、砾岩中的夹页岩、泥岩等，后期因风化和地下水作用以及构造变动等极易形成泥化夹层。

表 6-1　岩体结构面的类型及其特征

成因类型		地质类型	主要特征			工程地质评价
			产状	分布	性质	
原生结构面	沉积结构面	(1)层理、层面； (2)软弱夹层； (3)不整合面、假整合面、沉积间断面	一般与岩层产状一致，为层间结构面	海相岩层中此类结构面分布稳定；陆相岩层中呈交错状，易尖灭	层面、软弱夹层等结构面较平整；不整合面及沉积间断面多由碎屑泥质物构成，且不平整	国内外较大的坝基滑动及滑坡很多是由此类结构所造成的，如奥斯汀、圣佛兰西斯、马尔巴赛坝的破坏，瓦依昂坝附近的巨大滑坡等
原生结构面	火成结构面	(1)侵入体与围岩接触面； (2)岩脉岩墙接触面； (3)原生、冷凝节理	岩脉受构造结构面控制，而原生节理受岩体接触面控制	接触面延伸较远，比较稳定，而原生节理往往短小密集	与围岩的接触面，可具熔合及破坏两种不同的特征，原生节理一般为张裂面，较粗糙不平	一般不造成大规模的岩体破坏，但有时与构造断裂配合，也可形成岩体的滑移，如有的坝肩局部滑移
原生结构面	变质结构面	(1)片理； (2)片岩软弱夹层	产状与岩层或构造方向一致	片理短小，分布极密，片岩软弱夹层延展较远，具有固定层次	结构面光滑平直，片理在岩层深部往往闭合成隐蔽结构面，片岩、软弱夹层、片状矿物，呈鳞片状	在变质较浅的沉积岩区，如千枚岩等路堑边坡常见塌方。片岩夹层有时对工程及地下洞体稳定也有影响
构造结构面		(1)节理(X形节理、张节理)； (2)断层(冲断层、张性断层、横断层)； (3)层间错动； (4)羽状裂隙劈理	产状与构造线有一定关系，层间错动与岩层一致	张性断裂较短小，剪切断裂延展较远，压性断裂规模巨大，但有时被横断层切割成不连续状	张性断裂不平整，常具次生充填，呈锯齿状，剪切较平直，具羽状裂隙，压性断层具有多种构造岩，成带状分布，往往含断层泥、糜棱岩	对岩体稳定影响很大，在上述许多岩体破坏过程中大都有构造结构面的配合作用。此外，常造成边坡及地下工程塌方、冒顶
次生结构面		(1)卸荷裂隙； (2)风化裂隙； (3)风化夹层； (4)泥化夹层； (5)次生夹泥层	受地形及原始结构面控制	分布上往往呈不连续状透镜体，延展性差，且主要在地表风化带内发育	一般为泥质物充填，水理性质很差	在天然及人工边坡上造成危害，有时对坝基、坝肩及浅埋洞室等工程亦有影响，但一般在施工中予以清基处理

(3)变质结构面。是指变质作用过程中矿物定向排列形成的结构面，包括片理、片麻理、片岩软弱夹层等。片理在岩体深部往往闭合成隐蔽结构面，沿片理面一般片状矿物富集，对岩体强度起控制作用，如薄层云母片岩、绿泥石片岩、滑石片岩等。由于片理极为发育，岩性软弱，矿物易受风化，所以也会形成相对的软弱夹层。

2. 构造结构面

构造结构面是指岩体中受构造应力作用所产生的破裂面、错动面或破碎带，包括构造节理、劈理、断层面及层间错动面等。构造结构面的特点是延展性较强，规模较大，分布有一定规律，对岩体稳定影响很大。其工程地质性质与力学成因、规模及次生变化等有密切关系。它们的产状和分布情况主要受当地构造应力场的控制。根据构造结构面的受力性质又可以划分为三种类型（见图6-3）。

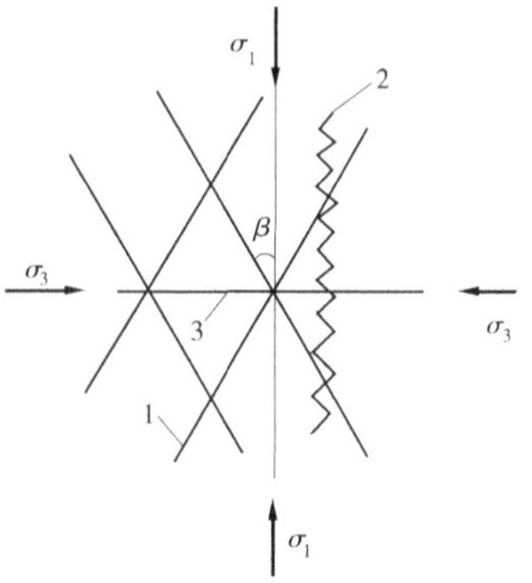

1—剪裂面；2—张裂面；3—挤压面；β—剪裂角

图6-3　构造结构面的力学性质分类

(1)剪（扭）裂面。产状稳定，断面平直，表面光滑，多呈闭合状，结构比较紧密，常平行成群出现，将岩石切割成板状，少数情况下出现共轭的X节理，将岩石切割成菱形块状。

(2)张裂面。较为短小粗糙，不平整，呈锯齿状，透水性强，常有次生矿物充填。

(3)挤压面。垂直于最大主应力方向，如褶皱轴面、冲断层或逆掩断层等。以断层角砾岩、断层泥、糜棱岩为主，擦痕一般较陡，岩层与岩脉错开位置，显示上盘向上位移。

3. 次生结构面

次生结构面是指岩体受卸荷、风化、地下水等外动力地质作用所形成的结构面。

(1)卸荷裂隙。如开挖路堑、洞室等都要造成岩体中地应力向着临空面释放和调整，如未能适时支护，在重力、地下水和风化作用下，久而久之就有裂隙发生。在脆性岩体中尤为多见，但在蠕变初期不易觉察。

一般沿原生夹层和原有结构面发育，且限于表层风化带内。如原岩含易风化矿物，则可延至较深部位。

(2)泥化夹层及次生夹泥层。在泥岩、灰质页岩、泥质板岩及泥灰岩的顶部较为发育。次生夹泥层主要由地下水带来泥质矿物，在裂隙中重新沉积充填而成。

上述结构面中，物质软弱松散，含黏土矿物多，抗剪强度很低，遇水易软化或泥化，对岩体稳定影响很大的结构面称为软弱结构面。

大量的工程实践表明，边坡岩体的破坏，地基岩体的滑移，以及洞室岩体的坍塌，大多数是沿着岩体中的软弱结构面发生的。岩体结构在岩体的变形与破坏中起主导作用。

(二)结构面分级及特征

各类结构面的规模、形态、连通性、充填物的性质、分布规律、发育密度及它们的空间组合形式等对结构面的物理力学性质有很大影响（见表6-2）。

表 6-2 岩体结构面分级及特征

级别	分级依据	力学效应	力学属性	地质构造特征
Ⅰ级	结构面延展长，延展几千米至几十千米以上，贯通岩体，破碎带宽度达数米至数十米	1. 形成岩体力学作用边界； 2. 岩体变形和破坏的控制条件； 3. 构成独立的力学介质单元	1. 属于软弱结构面； 2. 构成独立的力学模型——软弱夹层	较大的断层
Ⅱ级	延展规模与研究的岩体相似，破碎带宽度比较窄，几厘米至数米	1. 形成块裂岩体边界； 2. 控制岩体变形和破坏方式； 3. 构成次级地应力场边界	属于软弱结构面	小断层层间错动面
Ⅲ级	延展长度短，从十几米至几十米，无破碎带，面内不夹泥，有的具有泥膜	1. 参与决裂岩体切割； 2. 构成次级地应力场边界	少数属于软弱结构面	大节理或小断层不夹泥开裂的层面
Ⅳ级	延展短、未错动、不夹泥，有的呈弱结合状态	1. 是岩体力学性质、结构效应的基础； 2. 有的为次级地应力场边界		节理劈理层面次生裂隙
Ⅴ级	结构面小，且连续性差	1. 岩体内形成应力集中； 2. 是岩体力学性质、结构效应的基础		不连续的小节理，隐节理层面、片理面

（三）软弱夹层

软弱夹层是具有一定厚度的特殊的岩体软弱结构面。它与周围岩体相比，具有显著的低强度和显著的高压缩性，或具有一些特有的软弱特性。它在岩体中只占很少的数量，却经常构成工程中的重要隐患。根据软弱夹层的形成原因，可以将其划分为原生软弱夹层、构造软弱夹层和次生软弱夹层三种类型（见表 6-3）。原生软弱夹层是指与周围岩体同期形成，但性质软弱的夹层。构造软弱夹层主要是沿原有的软弱面或软弱夹层经构造错动而形成的，也有的是沿断裂面错动或多次错动而成，如断裂破碎带等。次生软弱夹层是沿薄层状岩石、岩体间接触面、原有软弱面或软弱夹层，由次生作用（主要是风化作用和地下水作用）参与形成的。

软弱夹层对工程建设危害很大，经常构成工程的关键部位。研究软弱夹层主要是研究那些黏粒和黏土矿物含量较高，或浸水后黏土特性表现较强的岩层、裂隙充填、泥化夹层等。这些泥质软弱夹层可分为松软的（如次生充填的夹泥层、泥化夹层、风化夹层）、固结的（如页岩、黏土岩、泥灰岩）等。岩石状态不同，其软弱程度也不同，主要取决于它们与水作用的程度，这是黏性土最突出的特征。

表 6-3　软弱夹层类型及其特征

<table>
<tr><th>成因类型</th><th colspan="3">地质类型</th><th>基本特征</th></tr>
<tr><td rowspan="3">原生软弱夹层</td><td colspan="3">沉积软弱夹层</td><td>产状与岩层相同，厚度较小，延续性较好，也有尖灭者。含黏土矿物多，细薄层理发育，易风化、泥化、软化，抗剪强度低</td></tr>
<tr><td colspan="3">火成软弱夹层</td><td>成层或透镜体，厚度小，易软化，抗剪强度低</td></tr>
<tr><td colspan="3">变质软弱夹层</td><td>产状与层理一致，层薄，延续性较差，片状矿物多，呈鳞片状，抗剪强度低</td></tr>
<tr><td>构造软弱夹层</td><td colspan="3">多为层间破碎软弱夹层</td><td>产状与岩层一致，延续性强，在层状岩体中沿软弱夹层发育。物质破碎，呈鳞片状，往往含呈条带状分布的泥质</td></tr>
<tr><td rowspan="5">次生软弱夹层</td><td rowspan="2">风化夹层</td><td colspan="2">夹层风化</td><td>产状与岩层一致，或受岩体产状制约，风化带内延续性好，深部风化减弱，物质松软，破碎，含泥，抗剪强度低</td></tr>
<tr><td colspan="2">断裂风化</td><td>沿节理、断层发育，产状受其控制，延续性不强，一般仅限于地表附近，物质松散，破碎，含泥，抗剪强度低</td></tr>
<tr><td rowspan="3">泥化夹层</td><td colspan="2">夹层泥化</td><td>产状与岩层相同，沿软弱表部发育，延续性强，但各段泥化程度不一。软弱面泥化，呈塑性，面光滑，抗剪强度低</td></tr>
<tr><td rowspan="2">次生夹层</td><td>层面</td><td>产状受岩层制约，延续性差。近地表发育，常呈透镜体，物质细腻，呈塑性，甚至呈流态，强度甚低</td></tr>
<tr><td>断裂面</td><td>产状受原岩结构面制约，常较陡，延续性差，物质细腻，结构单一，物理力学性质差</td></tr>
</table>

（四）结构面调查统计方法

为了反映结构面的分布规律及其对岩体稳定性的影响，需要进行野外调查和室内资料整理工作，并以统计图的形式把岩体结构面分布情况表示出来（见表 6-4）。调查结构面时，应先在工地选择一代表性的基岩露头，对一定面积内的结构面按表中所列内容进行测量，同时要注意研究结构面的成因和填充情况。测量结构面产状的方法和测量岩层产状的方法相同。当结构面出露不佳时，为测量方便起见，可将一硬纸片插入结构面，用测得的纸片产状代替结构面的产状。

表 6-4　结构面野外测量记录（示例）

编号	结构面产状			长度	宽度	条数	填充情况	结构面成因类型
	走向	倾向	倾角					
1	N307°W	N37°E	18°			22	结构面夹泥	扭性结构面
2	N332°W	N62°E	10°			15	结构面夹泥	扭性结构面
3	N7°E	N277°W	80°			2	结构面夹泥	张性结构面
4	N15°E	N285°W	60°			4	结构面夹泥	张性结构面

统计结构面有各种不同图式,结构面玫瑰图是较常见的一种。结构面玫瑰图可用结构面走向编制,也可用结构面倾向编制,具体编制方法如下。

1. 结构面走向玫瑰图

首先在任意半径的半圆上画上刻度网。把所测得的结构面按走向以每 5°或 10°分组,统计每一组内的裂隙数并算出其平均走向。自圆心沿半径引射线,射线的方位代表每组结构面平均走向的方位,射线的长度代表每组结构面的条数。然后用折线把射线的端点连接起来,即得结构面走向玫瑰图(见图 6-4(a))。

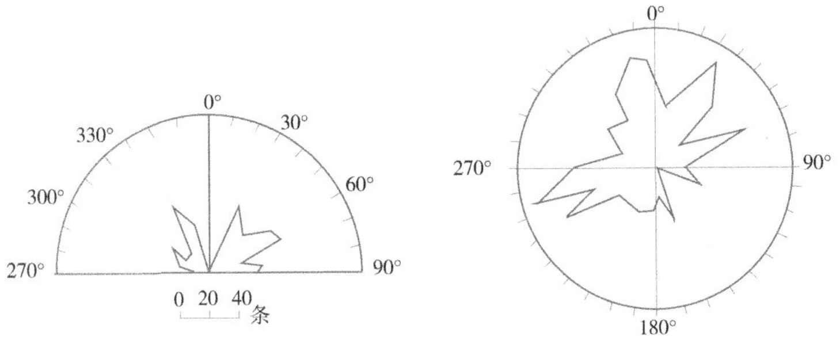

(a)结构面走向玫瑰图　　(b)结构面倾向玫瑰图

图 6-4　结构面玫瑰图

图 6-4(a)中的每一个“玫瑰花瓣”代表一组结构面的走向,“花瓣”的长度代表这个方向上的条数,“花瓣”越长,反映沿这个方向分布的结构面越多。从图上可以看出,比较发育的结构面有走向 330°、30°、60°、300°及走向东西的共五组。

2. 结构面倾向玫瑰图

首先将测得的结构面按倾向以每 5°或 10°分组,统计每一组内的结构面数并算出其平均倾向。自圆心沿半径引射线,射线的方位代表每组结构面平均倾向的方位,射线的长度代表每组结构面的条数。然后用折线把射线的端点连接起来,即得结构面倾向玫瑰图(见图 6-4(b))。

如果用平均倾向表示半径方向的长度,用同样方法可编制结构面倾角玫瑰图。结构面玫瑰图表示方法简单,其缺点是不能在同一张图上把结构面的走向、倾向和倾角同时表示出来。

(五)结构面的工程性质评价

稳定性好、强度大的结构面应是闭合的,或是没有软弱物质,只为后期岩脉所填充。如结构面上有方解石或石英脉,对岩体有补强作用,加强了结构面的强度,被称为硬性结构面。

工程性质中等的结构面,如较短小不连贯张开的结构面,为粉粒和碎屑物质所充填,黏粒很少,或结构面是闭合的,但有泥质薄膜微渗水。结构面强度取决于结构面的起伏差、填充物性质及其亲水性。

工程性质差很可能造成失稳的是软弱结构面,如原生软弱夹层,夹层中有黏土矿物,次生泥化作用明显,在空间呈连续分布,延展较长,或为两个交叉的切割面形成可能崩塌的楔体。这些结构面强度最差,如其产状倾向临空面,则控制着岩体的破坏形式。表6-1中沉积结构面和次生结构面中的地质类型多属软弱结构面,破碎带中常有断层泥、糜棱岩等形成一系列的滑动面。

岩体的渗透性主要取决于结构面的特性、分布和组合规律。由此构成岩体渗透的不均一性和各向异性。岩体中渗流和渗透压力影响岩体的应力和稳定性,特别是对软弱结构面的软化和泥化起重要作用,并降低其抗剪强度。

三、结构体和岩体结构

(一)结构体

在岩体中被结构面切割的岩块称为结构体(见图6-5),它体现了岩石的内部构造和外貌特征,有的岩石致密硬脆,有的岩石疏松柔韧。岩体受构造、变质和风化作用较强烈时,还会变成散粒碎块或鳞片状。

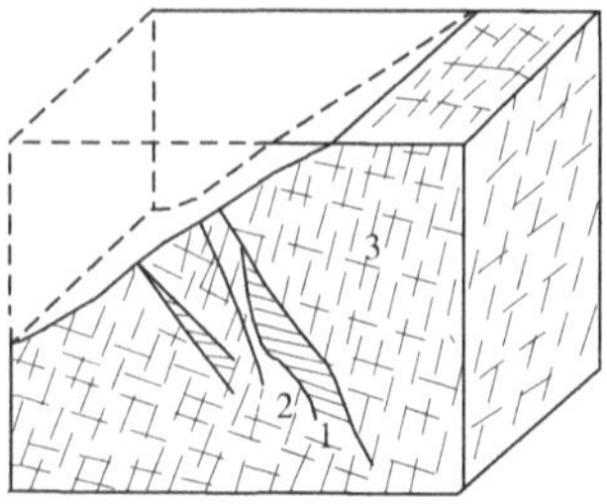

1—软弱岩体;2—断层;3—节理网络

图6-5　二滩电站右坝肩岩体结构示意

结构体特征可以用结构体形状、块度及产状描述。结构体与结构面相互依存:结构体形状与结构面组数密切相关,岩体内结构面组数越多,结构体形状越复杂;结构体块度或尺寸与结构面间距密切相关,结构面间距越大,结构体块度或尺寸越大;结构体级序与结构面级序亦具有相互依存关系。

1. 结构体的类型

岩体受结构面切割而产生的单元块体的几何形状,称为结构体的类型。常见的结构体类型有柱状、块状、板状、楔形、菱形、锥形六种形态(见图6-6)。当岩体强烈变形破碎时,还可以形成片状、鳞片状、碎块状及碎屑状等形态的结构体。

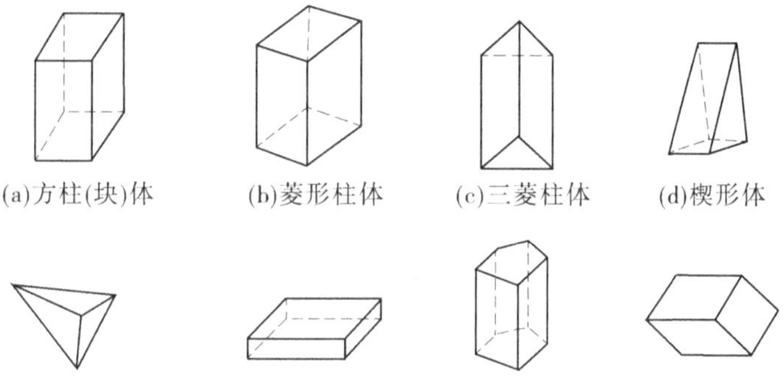

(a)方柱(块)体　(b)菱形柱体　(c)三菱柱体　(d)楔形体

(e)锥形体　(f)板形体　(g)多角柱体　(h)菱形块体

图6-6　结构体的类型

结构体形状在岩体稳定性评价中关系很大,形状不同,其稳定程度各不相同。仅考虑结构体的形式,板状结构体较块状、柱状的稳定性差,楔形的比菱形及锥形的差;在地基岩体中,竖立的结构体比平卧的稳定性高;在边坡岩体中,平卧或竖立的比倾斜的稳定性高。

结构体的形态与岩层产状有一定关系,如平缓的层状岩体中层面与平面"X"形断裂组合，将岩体切割成三角形柱体和立方体；陡峭岩层中层面与剖面“X”形断裂组合，将岩体切割成块体、锥形体和各种柱体。

2. 结构体块度

结构面密度控制着结构体块度，结构面密度越小，结构体块度越大。一般在轻微构造作用区节理密度小，结构体块度大；在剧烈构造运动地区，结构面密度大，结构体块度小。结构体块度与岩相特征也密切相关。深海相的灰岩岩层厚度大，结构体块度大。浅海相和海陆交互相的沉积岩层薄，结构体块度小。结构体块度可用 1 m^3 内含有的总裂隙数（体积裂隙数 J_v）表示，也可用单个结构体尺寸表示。根据 J_v 值可将结构体块度分为五类（见表 6-5）。

表 6-5　结构体块度分类

块体名称	J_v 值（裂隙数/m^3）	块体名称	J_v 值（裂隙数/m^3）
巨型块体	<1	小型块体	10～30
大型块体	1～3	碎块体	>30
中型块体	3～10		

3. 结构体产状

结构体产状可用结构体编码上最大结构面的长轴方向表示，它对岩体稳定性的影响需结合临空面及工程荷载来分析。

（二）岩体结构

结构面和结构体的组合称为岩体结构，岩体结构特征实际上就是结构面和结构体的性质及组合特征的反映，它决定着岩体的物理力学性质和稳定性，可划分为六种类型（见表 6-6）。

表 6-6　岩体结构类型

岩体结构类型	岩体地质类型	结构体主要形式	结构面发育情况	岩体工程地质评价
块状结构	厚层沉积岩 侵入岩 火山岩 变质岩	块状 柱状	节理为主	岩体在整体上强度较高，变形特征上接近均质弹性各向同体性，工程地质条件良好，但需要注意不利于岩体稳定的平缓节理
镶嵌结构	侵入岩 非沉积变质岩	菱形 锥形	节理比较发育，有小断层错动带	岩体在整体上强度较高，但不连续性较为显著。当边坡过陡时，以崩塌形式出现，不易构成较大滑坡体，开挖洞室中很少塌方
破裂结构	构造破碎较强烈的岩体	碎块状	节理、断层及断层破碎带交叉，劈理发育	岩体完整性破坏较大，其强度受断层及软弱结构面控制，并易受地下水作用影响，岩体稳定性较差。边坡有时出现较大的塌方，宜支护紧跟

续表 6-6

岩体结构类型	岩体地质类型	结构体主要形式	结构面发育情况	岩体工程地质评价
层状结构	薄层沉积岩 沉积变质岩	板状 楔形	层理、片理、节理比较发育	岩体呈层状、接近均一的各向异性介质，边坡稳定与岩层产状关系密切，要结合工程实际考虑，一般陡立的较为稳定，如倾向路线并临空，易发生事故，宜早预防
层状破裂结构	较强烈的褶皱及破碎的层状岩体	碎块状 片状	层理、片理、节理、断层、层间错动带发育	岩体完整性破坏较大，整体强度降低，软弱结构面发育，易受地下水不良作用，稳定性很差。要求堑坡较缓，适当防护加固
散体结构	断层破碎带 风化破碎带	鳞片状 碎屑状 颗粒状	断层破碎带 风化带 次生结构面	岩体强度遭到极大破坏，接近松散介质，稳定性最差，开挖后，易沿下覆基岩或次生结构面坍塌

四、岩体稳定性分析

（一）影响岩体稳定性的因素

岩体稳定性主要受到地质环境、岩体特征、地下水作用、初始应力状态、工程荷载、施工及运营管理水平等因素的影响。

地貌条件决定了边缘形态，陡坡越陡、坡高越大，则稳定性越差，平面呈凹形的边坡较凸形的边坡稳定。岩性是影响边坡稳定的基本因素，不同的岩层组合有不同的变形破坏形式。例如，坚硬完整的块状或厚层状岩组，易形成高达数百米的陡立斜坡；而在软弱地层的岩石中形成的边坡在坡高一定时其坡度较缓。泥岩、页岩等一经水浸，强度就大大降低。

岩体结构类型、结构面特征及其与坡面的关系是岩体稳定的控制因素。同向缓倾边坡的稳定性较反向坡要差；同向缓倾坡中，结构面的倾角越陡，稳定性越好；水平岩层组成的边坡稳定性亦较好。结构面走向与坡面走向之间的关系，决定了失稳边坡岩体运动的临空程度。当倾向不利的结构面走向和坡面平行时，整个坡面都具有临空自由滑动的条件。岩体受多组结构面切割时，切割面、临空面和滑动面就多些，整个边坡变形破坏的自由度就大些，组成滑动块体的机会较大。

地质构造是影响岩质边坡稳定性的重要因素，包括区域构造特点、斜坡地段的褶皱形态、岩层产状、断层与节理裂隙的发育程度及分布规律、区域新构造运动等。在区域构造较复杂、褶皱较强烈、新构造运动较活跃的区域，斜坡岩体的稳定性较差。斜坡地段的褶皱形态、岩层产状、断层及节理等本身就是软弱结构面，经常构成滑动面或滑坡周界，直接控制斜坡岩体变形破坏的形状和规模。

地下水对岩体稳定性的影响十分显著，多数岩体的变形和破坏与地下水活动有关。一般情况下，地下水位线以下的透水岩层受到浮力的作用，而不透水岩层的坡面受到静水压力的作用；充水的张开裂隙承受裂隙静水压力的作用；地下水的运动对岩坡产生动水压力。另外，地下水对岩体还具有软化、冻胀、溶解作用，地表水对斜坡坡面具有冲刷作用，等等。

地震作用、爆破震动、气候条件、岩石的风化程度、工程荷载作用，以及施工程序和方法等都会起到重要作用。

（二）岩体稳定性分析方法

岩体稳定性分析方法包括定性分析、定量分析和试验分析等。其中，定性分析方法主要有工程地质分析法和工程地质类比法，定量分析方法主要有极限平衡法、力学解析法和数值计算法。

1. 工程地质分析法

工程地质分析法主要是通过岩体结构分析，对岩体抗滑稳定性进行定性分析。岩体的破坏，往往是一部分不稳定的结构体沿着某些结构面拉开，并沿着另一些结构面向着一定的临空面滑移的结果。这就揭示了岩体稳定性破坏所必须具备的边界条件（切割面、滑动面和临空面）。所以，通过对岩体结构要素（结构面和结构体）分析，明确岩体滑移的边界条件是否具备，就可以对岩体的稳定性做出判断。其分析步骤为：一是对岩体结构面的类型、产状及其特征进行调查、统计、研究；二是对各种结构面及其空间组合关系、结构体的立体形式采用赤平极射投影，并结合实体比例投影来进行分析；三是对岩体稳定性做出评价。

2. 极限平衡法

极限平衡理论一般要遵循一些基本假设：将滑体作为均质刚性体，不考虑其本身变形；遵循库仑—摩尔定律准则；认为下滑力基本等于抗滑力时边坡处于极限（临界）稳定状态。岩体稳定性极限平衡法分析步骤包括以下几点：

（1）根据边坡的地质条件，分析边坡破坏的类型与特点，确定可能失稳的边界条件（切割面、滑动面、临空面），以圈定失稳体（滑体）的形态、规模和范围。

（2）进行失稳体的受力分析。除自重外，应根据失稳体的具体工程地质条件和工程荷载特点，确定失稳体各部分受力状态和大小。

（3）根据可能构成滑移的结构面特性、边坡工程地质条件及有关的试验资料，选择结构面的内摩擦角 φ 和内聚力 c、岩体的重度 γ、地下水位标高及失稳体几何形态等参数。

（4）稳定性判别，一般常用剩余下滑力（亦称推力）或安全系数 2 种指标。剩余下滑力是指沿滑移面的下滑力与抗滑力的代数和。当剩余下滑力为正值时，说明岩体处于不稳定状态。沿最危险滑动面上的总抗滑力与该面上的实际下滑力的比值，称为安全系数（K）。若计算得到的 K 等于 1，岩体处于极限状态；K 大于 1，则岩体稳定。

五、工程岩体分级

（一）分级目的

工程岩体是指工程建筑物的地基或围岩的岩体。要从工程建设的实际出发，对工程岩体进行分级，进行分类试验，求得相应的计算指标或参数，以使工程建设达到经济、合理、安全的目的。

根据用途的不同，岩土工程分级包括通用分级和专用分级。前者是供各学科领域、各国民经济部门通用的分级，是一种原则性、大致的分级；后者是针对某一学科领域、某一具体工程、某一工程的具体部位岩体的特殊要求，或专为某种工程目的服务而专门编制的分级。

总之，岩土工程分级是为一定的具体工程服务的，是为某种目的编制的，其内容要求视工程类型、不同设计阶段和所要解决的问题而定。

（二）代表性方案

20 世纪 70 年代以来，国内外提出了诸多工程岩体分级方案，其中影响较大的代表性方案有五种（见表 6-7）。

表 6-7　工程岩体分级代表性方案

分级方案	计算公式	参数	等级划分
RMR 系统	$RMR=A+B+C+D+E+F$ （T. Bieniawski，1973）	A—岩石强度，分数 15 ~ 0 B—RQD（岩石质量指标），分数 20 ~ 3 C—不连续面间距（2 ~ 6 m），分数 20 ~ 5 D—不连续面性状（粗糙—夹泥），分数 30 ~ 0 E—地下水（干燥—流动），分数 15 ~ 0 F—不连续面产状条件（很好—很差），分数12 ~ 0	Ⅰ很好 $RMR=100\sim81$ Ⅱ好 $RMR=80\sim61$ Ⅲ 中等 $RMR=60\sim41$ Ⅳ 差 $RMR=40\sim21$ Ⅴ 很差 $RMR\leqslant20$
RSR 系统	$RSR=A+B+C$ （G. E. Wickham，1974）	A—地质（岩石类型：按三大岩类由硬质到破碎划为 4 个等级；构造由整体到强烈断裂褶皱分为 4 个等级），分数 30 ~ 6 B—节理裂隙特征（按整体到极密集分 6 个等级，按走向与掘进方向关系折减），分数 45 ~ 7 C—地下水（无至大量），分数 25 ~ 6	RSR 变化范围为25 ~ 100
Q 系统	$Q=(RQD/J_n)(J_r/J_a)(J_w/SRF)$ （Barton，1974）	RQD—岩石质量指标，0 ~ 100 J_n—裂隙组数（无到碎裂），0.5 ~ 20 J_r—裂隙粗糙度（粗糙到镜面），4 ~ 0.5 J_a—裂隙蚀变系数（新鲜到蚀变夹泥），0.75 ~ 20 J_w—裂隙水折减系数（干燥到特大水流），1 ~ 0.05 SRF—应力折减系数（高应力状态趋于流动的岩石到接近地表的坚固岩石），20 ~ 2.5	特好 $Q=400\sim1\,000$ 极好 $Q=100\sim400$ 很好 $Q=40\sim100$ 好 $Q=10\sim40$ 一般 $Q=4\sim10$ 坏 $Q=1\sim4$ 很坏 $Q=0.1\sim1$ 极坏 $Q=0.01\sim0.1$ 特坏 $Q=0.001\sim0.01$
Z 系统	$Z=IfR$ （谷德振，1979）	I—完整性系数，$I=(V_m/V_t)^2$，V_m 为岩体中纵波波速，V_t 为岩石中纵波波速 f—结构面抗剪强度系数 R—岩石坚固系数，$R=[\sigma_{湿}]/100$，$[\sigma_{湿}]$为岩石湿单轴抗压强度	Z 的变化范围为 0.01 ~ 20

续表 6-7

分级方案	计算公式	参数	等级划分
BQ系统	$BQ=90+3R_c+250K_v$ $[BQ]=BQ-100(K_1+K_2+K_3)$ (GB 50218—2014)	R_c—岩石单轴饱和抗压强度 K_v—岩体完整性指数(岩体速度指数) K_1—地下水影响修正系数 K_2—主要软弱结构面产状影响修正系数 K_3—初始应力状态影响修正系数	Ⅰ BQ 或$[BQ]>550$ Ⅱ BQ 或$[BQ]=550\sim451$ Ⅲ BQ 或$[BQ]=450\sim351$ Ⅳ BQ 或$[BQ]=350\sim251$ Ⅴ BQ 或$[BQ]\leqslant250$

注:1. 表中岩石质量岩石指标 RQD 是指钻探时岩芯采取率,$RQD=\dfrac{L_P(>10\text{ cm 的岩芯断块累计长度})}{L_1(\text{岩芯进尺总长度})}\times100\%$。

2. 岩体完整性指数 K_v 为岩体弹性纵波速度与岩块弹性纵波速度之比的二次方。

(三)工程岩体分级标准

岩体的物理力学性质和构造发育情况反映了岩体的基本特性,是影响工程岩体稳定的重要因素之一,但独立于各种工程岩体类型。岩石坚硬程度是岩体各项物理力学性质中对岩体稳定性关系最大的,而岩体的不连续性、不完整性是构造发育状况的集中体现,对各种类型工程岩体的稳定性都是重要的,是控制性的。影响岩体基本质量分级的因素是岩石坚硬程度和岩体完整程度,地下水状态、初始应力状态、工程轴线和走向线的方位与主要软弱结构面产状的组合关系等也是岩体稳定的重要因素。因此,《工程岩体分级标准》(GB 50218—2014)对工程岩体进行了初步分级和详细分级。

1. 工程岩体质量初步分级

工程岩体初步分级是依据岩体坚硬程度和岩体完整程度的定性与定量分析进行确定的。

(1)依据岩体坚硬程度进行工程岩体分级。一是定性划分(见表 6-8)。二是定量划分。定量指标采用岩石单轴饱和抗压强度(R_c)的实测值。无法取得实测值时,可采用实测的岩石点荷载强度指数($I_{S(50)}$)的换算值(式中 $I_{S(50)}$ 是指直径 50 mm 的圆柱试件径向加压时的点荷载强度),具体换算公式如下:

$$R_c = 22.82 I_{S(50)}^{0.75} \tag{6-1}$$

表 6-8　岩体坚硬程度定性划分

名称		定性鉴定	代表性岩石
硬质岩	坚硬岩	锤击声清脆,有回弹,震手,难击碎;浸水后大多无吸水反应	未风化—微风化的花岗岩、正长石、闪长岩、辉绿岩、玄武岩、安山岩、片麻岩、石英片岩、硅质板岩、石英岩、硅质胶结的砾岩、石英砂岩、硅质石灰岩等
	较坚硬岩	锤击声较清脆,有轻微回弹,稍震手,较难击碎;浸水后有轻微吸水反应	1. 弱风化的坚硬岩; 2. 未风化—微风化的熔结凝灰岩、大理岩、板岩、白云岩、石灰岩、钙质胶结的砂岩等

续表 6-8

名称		定性鉴定	代表性岩石
软质岩	较软岩	锤击声不清脆，无回弹，较易击碎；浸水后指甲可刻出印痕	1. 强风化的坚硬岩； 2. 弱风化的较坚硬岩； 3. 未风化—微风化的凝灰岩、千枚岩、砂质泥岩、泥灰岩、泥质砂岩、粉砂岩、页岩等
	软岩	锤击声哑，无回弹，有凹痕，易击碎；浸水后手可掰开	1. 强风化的坚硬岩； 2. 弱风化—强风化的较坚硬岩； 3. 弱风化的较软岩； 4. 未风化的泥岩等
	极软岩	锤击声哑，无回弹，有较深的凹痕，手可捏碎；浸水可捏成团	1. 全风化的各种岩石； 2. 各种半成岩

岩石单独饱和抗压强度（R_c）与定性划分的岩石坚硬程度的对应关系见表 6-9。

表 6-9　R_c 与定性划分的岩石坚硬程度的对应关系

R_c(MPa)	>60	60~30	30~15	15~5	<5
坚硬程度	坚硬岩	较坚硬岩	较软岩	软岩	极软岩

（2）依据岩体完整程度进行工程岩体分级。一是定性划分（见表 6-10）。其中，结构面的结合程度按表 6-11 确定。二是定量划分。定量指标采用岩体完整性指数 K_v 的实测值。无法取得实测值时，可采用岩体体积节理数 J_v 确定（见表 6-12）。岩体完整性指数 K_v 与定性划分的岩体完整程度的对应关系见表 6-13。

表 6-10　岩体完整程度定性划分

名称	结构面发育程度		主要结构面的结合程度	主要结构面类型	相应结构类型
	组数	平均间距			
完整	1~2	>1.0	结合较好或一般	节理、裂隙、层面	整体状或巨厚层状结构
较完整	1~2	>1.0	结合差	节理、裂隙、层面	块状或厚层状结构
	2~3	1.0~0.4	结合较好或一般		块状结构
较破碎	2~3	1.0~0.4	结合差	节理、裂隙、层面、小断层	裂隙块状或中厚层状结构
	≥3	0.4~0.2	结合好		镶嵌碎裂结构
			结合一般		中、薄层状结构
破碎	≥3	0.4~0.2	结合差	各种类型结构面	裂隙状结构
		≤0.2	结合一般或差		碎裂状结构
极破碎	无序		结合很差		散体状结构

表 6-11　结构面结合程度划分

名称	结构面特征
结合好	张开度小于 1 mm，无充填物；张开度 1 ~ 3 mm，为硅质或铁质胶结；张开度大于 3 mm，结构粗糙，为硅质胶结
结合一般	张开度 1 ~ 3 mm，为钙质或泥质胶结；张开度大于 3 mm，结构面粗糙，为铁质或钙质胶结
结合差	张开度 1 ~ 3 mm，结构面平直，为泥质或泥质和钙质胶结；张开度大于 3 mm，结构面粗糙，多为泥质或岩屑充填
结合很差	泥质充填或泥夹岩屑充填，充填物厚度大于起伏差

表 6-12　J_v 与 K_v

J_v（条/m^3）	<3	3 ~ 10	10 ~ 20	20 ~ 35	>35
K_v	>0.75	0.75 ~ 0.55	0.55 ~ 0.35	0.35 ~ 0.15	<0.15

表 6-13　K_v 与定性划分的岩体完整程度的对应关系

K_v	>0.75	0.75 ~ 0.55	0.55 ~ 0.35	0.35 ~ 0.15	<0.15
完整程度	完整	较完整	较破碎	破碎	极破碎

（3）依据岩体基本质量进行工程岩体分级。在岩体质量定量评价的基础上，确定岩体基本质量指标 BQ：

$$BQ = 90 + 3R_c + 250K_v \tag{6-2}$$

式中 R_c 的单位为 MPa。

根据岩体基本质量的定性特征和定量指标，对岩体质量进行初步分级（见表 6-14）。

表 6-14　岩体基本质量分级

基本质量级别	岩体基本质量的定性特征	岩体基本质量指标 BQ
Ⅰ	坚硬岩，岩体完整	>550
Ⅱ	坚硬岩，岩体较完整； 较坚硬岩，岩体完整	550 ~ 451
Ⅲ	坚硬岩，岩体较破碎 较坚硬岩或软硬岩互层，岩体较完整； 较软岩，岩体完整	450 ~ 351
Ⅳ	坚硬岩，岩体破碎； 较坚硬岩，岩体较破碎—破碎； 较软岩或软硬岩互层，且以软岩为主，岩体较完整—较破碎； 软岩，岩体完整—较完整	350 ~ 251
Ⅴ	较软岩，岩体破碎； 软岩，岩体较破碎—破碎； 全部极软岩及全部极破碎岩	≤250

2. 工程岩体质量详细分级

当遇有地下水、岩体稳定性受软弱结构面影响且由一组起控制作用或存在表6-15所列的高初始应力现象时，应用岩体基本质量指标修正值[*BQ*]，按表6-14对岩体质量进行详细分级。

表6-15　高初始应力地区岩体在开挖过程中出现的主要现象

应力情况	主要现象	R_c/σ_{max}
极高应力	1. 硬质岩：开挖过程中时有岩爆发生，有岩块弹出，洞壁岩体发生剥离，新生裂隙多，成洞性差；基坑有剥离现象，成形性差。 2. 软质岩：岩芯常有饼化现象，开挖过程中洞壁岩体有剥离，位移极为显著，甚至发生大位移，持续时间长，不易成洞；基坑发生显著隆起或剥离，不易成形	<4
高应力	1. 硬质岩：开挖过程中可能出现岩爆，洞壁岩体有剥离和掉块现象，新生裂隙较多，成洞性差；基坑时有剥离现象，成形性一般尚好。 2. 软质岩：岩芯时有饼化现象，开挖过程中洞壁岩体位移显著，持续时间较长，成洞性差；基坑有隆起现象，成形性较差	4~7

注：σ_{max}为垂直洞轴线方向的最大初始应力。

$$[BQ] = BQ - 100(K_1 + K_2 + K_3) \tag{6-3}$$

式中　K_1——地下水影响修正系数；

K_2——主要软弱结构面产状影响修正系数；

K_3——初始应力状态影响修正系数。

K_1、K_2、K_3值分别按表6-16~表6-18确定。无表中所列情况时，修正系数取0。[*BQ*]出现负值时，应按特殊情况处理。

表6-16　地下水影响修正系数 K_1

BQ	>450	450~351	350~251	≤250
潮湿或点滴状出水	0	0.1	0.2~0.3	0.4~0.6
淋雨状或涌流状出水，水压≤0.1 MPa或单位出水量≤10 L/(min·m)	0.1	0.2~0.3	0.4~0.6	0.7~0.9
淋雨状或涌流状出水，水压>0.1 MPa或单位出水量>10 L/(min·m)	0.2	0.4~0.6	0.7~0.9	1.0

表6-17　主要软弱结构面产状影响修正系数 K_2

结构面走向及其与洞轴线的组合关系	结构面走向与洞轴线夹角<30°，结构面倾角30°~75°	结构面走向与洞轴线夹角>60°，结构面倾角>75°	其他情况
K_2	0.4~0.6	0~0.2	0.2~0.4

表 6-18　初始应力状态影响修正系数 K_3

BQ	>550	550~451	450~351	350~251	≤250
极高应力区	1.0	1.0	1.0~1.5	1.0~1.5	1.0
高应力区	0.5	0.5	0.5	0.5~1.0	0.5~1.0

第二节　边坡岩体结构稳定性分析

工程建设中经常遇到各类工程的边坡，如道路、大坝坝肩山坡、水库岸坡、输水渠道等边坡。边坡形成过程中，边坡岩体内原始应力重新分布，导致岩体原有平衡状态发生变化，坡体将发生不同程度的局部或整体的变形，以达到新的平衡。边坡岩体变形破坏，使岩体突然崩倒或下滑，冲垮道路、桥梁，掩埋厂矿房屋以及破坏施工现场，从而造成中断施工、延期施工、改变设计、增加投资等。大规模的边坡破坏甚至可以堵塞江河，中断航运，毁坏大坝、水电站，并危及下游人民生命财产安全。因此，工程建设地段的边坡要有足够的稳定性。边坡岩体结构稳定性分析，就是通过工程建设地段天然斜坡的工程地质条件分析，判断其是否可能产生变形与破坏，论证其变形与破坏的形式、规模、方向，从而设计稳定而又经济合理的人工边坡。

一、边坡岩体变形破坏的基本类型

岩体边坡变形是指边坡岩体只发生局部位移或破裂，没有发生显著的滑移或滚动，不致引起边坡整体失稳的现象；岩体边坡破坏是指边坡岩体以一定速度发生了较大位移的现象，如边坡岩体的整体滑动、滚动和倾倒。变形与破坏在边坡岩体变化过程中是密切联系的，变形可能是破坏的前兆，而破坏则是变形进一步发展的结果。边坡岩体变形破坏的基本形式主要有松动、松弛张裂、蠕动、剥落、崩塌和滑坡等。

（一）松动

边坡形成初始阶段，坡体表面往往出现一系列与坡向近于平行的陡倾斜张开裂隙，被这种裂隙切割的岩体便向临空面方向松开、移动，这种过程和现象称为松动。它是边坡卸荷回弹的过程和现象。

（二）松弛张裂

松弛张裂是指边坡岩体由于卸荷回弹而出现的张开裂隙的现象。与边坡岩体松动现象并没有十分严格的区别，是边坡应力调整过程中的变形。例如，由于河谷的不断下切，在陡峻的河谷岸坡上形成的卸荷裂隙；路堑边坡开挖可使岩体中原有的卸荷裂隙得到进一步发育，或者由于开挖形成了新的卸荷裂隙。这种裂隙通常与河谷坡面、路堑边坡面相平行（见图 6-7）。而在坡顶或堑顶，则由于卸荷引起的拉应力作用而形成张裂带。边坡越陡，张裂带也越宽。

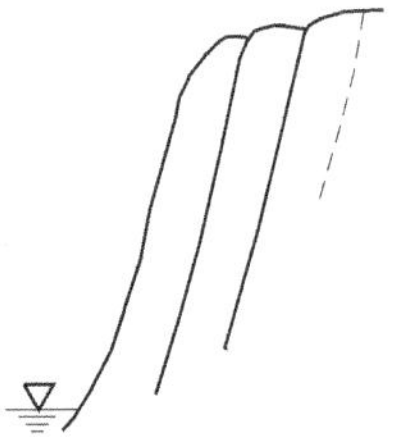

图 6-7　松弛张裂

（三）蠕动

蠕动是指边坡岩体在重力作用下向临空面方向缓慢而持续的变形。这类变形多发生于软弱岩体（如页岩、片岩）或软硬互层岩体（如砂页岩互层），常形成挠曲型变形。如反坡向的塑性薄层岩层向临空面一侧发生弯曲，形成“点头弯腰”（见图6-8(a)）；当边坡岩体为顺向塑性岩层时，在边坡下部常产生揉皱型弯曲（见图6-8(b)），甚至发生岩层倒转。蠕动是岩体在应力长期作用下其内部一种缓慢的调整性变形，实际上是趋于破坏的一个演变过程，只有当应力值接近或超过岩体的抗剪强度时，边坡才能加速蠕动。因此，边坡最终破坏总要经过一定的过程，或短暂，或时间漫长。边坡蠕动可分为表层蠕动和深层蠕动两种类型。

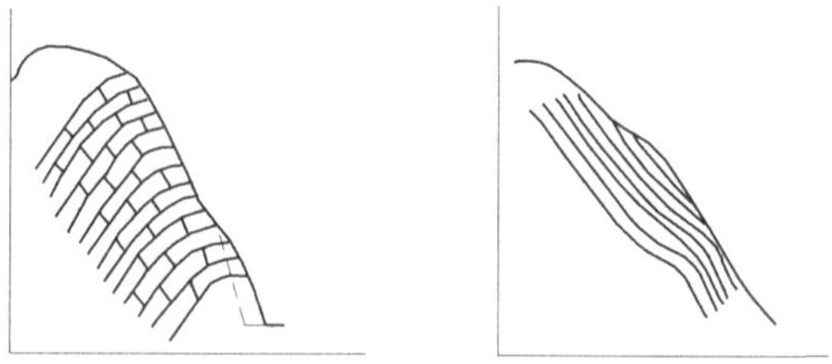

(a)“点头弯腰”变形　　(b)揉皱变形

图6-8　弯曲型蠕动变形

1. 表层蠕动

边坡浅部岩体在重力长期作用下，向临空面方向缓慢变形构成一剪变带，其位移由坡面向坡体内部逐渐降低直至消失，这就是表层蠕动。图6-9(a)为表层反倾岩层蠕动，图6-9(b)为表层轻度变质岩层蠕动。

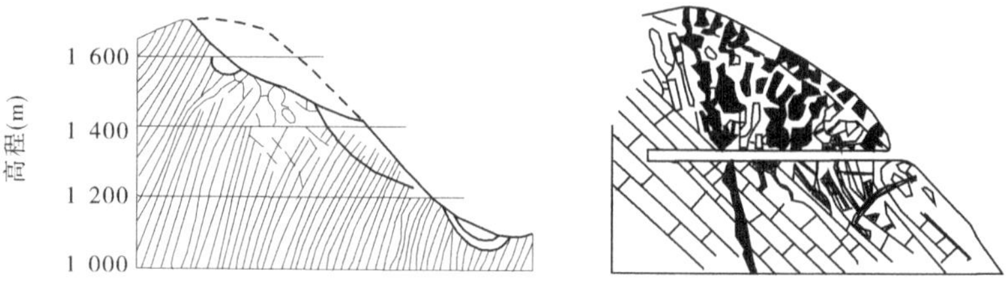

(a)反倾岩层蠕动　　(b)轻度变质岩层蠕动

图6-9　岩质边坡表层蠕动

2. 深层蠕动

深层蠕动主要发育在边坡下部或坡体内部，按形成机制特点，深层蠕动可分为软弱基座蠕动和坡体蠕动两类。

(1)软弱基座蠕动。坡体基座产状较缓且有一定厚度的相对软弱岩层，在上覆岩层重力作用下，致使基座部分向临空面方向蠕动，并引起上覆岩层的变形与解体，这是“软弱基座蠕动”的特征。软弱基座塑性较大，坡脚主要表现为向临空面方向蠕动、挤出（见图6-10）。

(2)坡体蠕动。坡体沿缓倾斜结构面向临空面方向缓慢移动变形，称为坡体蠕动。

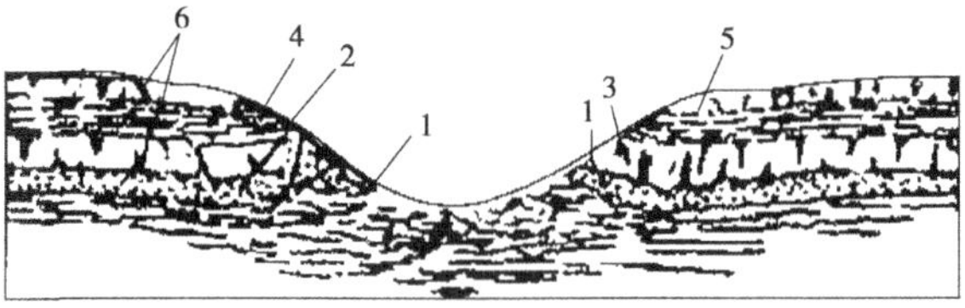

1—软岩基座;2—砂岩层;3—脆性石灰岩;4—软弱岩层;5—脆性岩层;6—张裂隙

图 6-10　软弱基座基础

它在卸荷裂隙较发育并有缓倾结构面的坡体中比较普通(见图 6-11)。蠕动初期出现张性羽裂,将转折端切断;继续破坏,形成次一级剪切面,并伴随有架空现象;进一步便会形成连续滑动面。滑动面一旦形成,其推滑力超过抗滑力,便导致边坡破坏。

(四)剥落

剥落是指边坡岩体在长期风化作用下,表层岩体破坏成岩屑或小块岩石,并不断落向坡下,最后堆积在坡脚,而边坡岩体基本上是稳定的(见图 6-12)。

(五)崩塌

边坡岩体中被陡倾的张性破裂面分割的块体,突然脱离岩体从陡倾的边坡上崩落下来,以垂直运动为主,顺边坡为猛烈翻转、跳跃,最后堆落在坡脚,这种现象和过程称为崩塌(见图 6-13)。

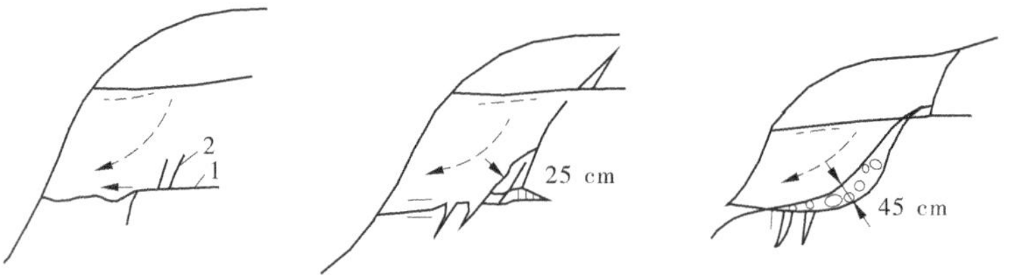

(a)切角滑体　(b)次级剪切面开始形成　(c)滑动面形成

1—层面;2—羽裂

图 6-11　坡体蠕滑

图 6-12　剥落

图 6-13　崩塌

(六)滑坡

滑坡是指边坡上的岩体沿一定的面或带向下滑动的现象,它是边坡岩体常见的变形破坏形式之一。

二、影响边坡岩体稳定的因素

(一)岩石性质

岩石的成因类型、矿物成分、结构和强度等是决定边坡岩体稳定的重要因素。由坚硬(密实)、矿物稳定、抗风化能力好、强度较高的岩石构成的边坡,其稳定性一般较好;反之,稳定性较差。

(二)岩体结构

岩体的结构类型、结构面性状及其与坡面的关系是岩质边坡稳定的控制因素。块状结构类型的边坡,其稳定性较好;层状结构的边坡,其稳定性主要取决于层面的产状;碎裂结构和散体结构的边坡稳定性差,易于产生圆弧式滑动。

(三)水的作用

水的渗入使岩体重量增大,岩土体因被水软化而使其抗剪强度降低,并使孔(裂)隙水压力升高;地下水的渗流将对岩体产生动水压力,水位的升高将产生浮托力;地表水对岸坡的侵蚀使其失去侧向或底部支撑等,这些都对边坡的稳定不利。

(四)风化作用

风化作用使岩体的裂隙增多、扩大,透水性增强,抗剪强度降低。

(五)地形地貌

临空面的存在及边坡的高度、坡度等都是直接与边坡稳定有关的因素。一般来说,坡度越陡,坡高越高,边坡越不稳定。另外,平面上呈凹形的边坡较凸形的边坡稳定性好。

(六)地震

地震是造成边坡破坏的重要触发因素,地震使边坡岩体的剪应力增大、抗剪强度降低,许多大型崩塌或滑坡的发生与地震密切相关。

(七)地应力

开挖边坡使边坡岩体的初始应力状态改变,坡脚出现剪应力集中带,坡顶与坡面的一些部位可能出现张应力区。在新构造运动强烈地区,开挖边坡能使岩体中的残余构造应力释放,可直接引起边坡的变形破坏。

(八)人为因素

边坡不合理的设计、开挖和加载、大量施工用水的渗入及爆破等都能造成边坡失稳。

三、边坡岩体稳定性分析方法

所谓岩体稳定,是一个相对的概念,是指在一定的时间内、一定的自然条件和人为因素影响下,岩体不产生破坏性的剪切滑动、塑性变形或张裂破坏。岩体的稳定性、岩体的变形与破坏,主要取决于岩体内各种结构面的性质及其对岩体的切割程度。在进行边坡岩体稳定性分析时,一般采用工程地质分析、工程地质类比、岩体结构分析等方法。通过两种及两种以上方法的分析,使其互相补充、互相验证,最终对岩体稳定性做出综合评价。

(一)边坡岩体稳定的对比分析——工程地质类比法

工程地质类比法是将已有的天然边坡或人工边坡的研究经验(包括稳定的或破坏的)用于新研究边坡的稳定性分析,如坡脚或计算参数的取值、边坡的处理措施等。类比法具有经验性和地区性特点,应用时必须全面分析已有边坡与新研究边坡两者之间在地貌、地层岩性、结构、水文地质、自然环境、变形主导因素以及发育阶段等方面的相似性和差异性。同时,还应考虑工程的规模、类型及其对边坡的特殊要求等。

根据经验,存在下列条件时,对边坡的稳定性不利:

(1)边坡及其邻近地段已有滑坡、崩塌、陷穴等不良地质现象存在。

(2)岩质边坡中有页岩、泥岩、片岩等易风化、软化岩层或软硬交互的不利岩层组合。

(3)软弱结构面与坡面倾向一致或交角小于45°,且结构面倾角小于坡脚,或基岩面倾向坡外且倾角较大。

(4)地层渗透性差异大,地下水在弱透水层或基岩面上积聚流动,断层及裂隙中有承压水出露。

(5)坡上有水体漏水,水流冲刷坡脚或因河水水位急剧升降引起岸坡内动力水的强烈作用。

(6)边坡处于强震区或邻近地段,采用大爆破施工。

采用工程地质类比法选取的经验值(如坡脚、计算参数等)仅能用于地质条件简单的中、小型边坡,表6-19为岩质边坡坡度容许值,可供参考。

表6-19 岩质边坡坡度容许值

岩土类别	岩土性质	容许坡度值(高宽比)		
		坡高在8 m以内	坡高为8~15 m	坡高为15~30 m
硬质岩石	微风化	1:0.10~1:0.20	1:0.20~1:0.35	1:0.35~1:0.50
	中等风化	1:0.20~1:0.35	1:0.35~1:0.50	1:0.50~1:0.75
	强风化	1:0.35~1:0.50	1:0.50~1:0.75	1:0.75~1:1.00
软质岩石	微风化	1:0.35~1:0.50	1:0.50~1:0.75	1:0.75~1:1.00
	中等风化	1:0.50~1:0.75	1:0.75~1:1.00	1:1.00~1:1.50
	强风化	1:0.75~1:1.00	1:1.00~1:1.25	

注:1.使用本表时,应考虑地区性的水文、气象等条件,结合具体情况予以校正。

2.本表不适用于岩层层面或主要节理面有顺坡向滑动可能的边坡。

(二)边坡岩体稳定的结构分析——赤平极射投影图法

边坡岩体的破坏,往往是一部分不稳定的结构体沿着某些结构面拉开,并沿着另一些结构面向着一定的临空面滑移的结果。这就揭示了边坡岩体稳定性破坏所必须具备的边界条件(切割面、滑动面和临空面)。因此,通过对岩体结构要素——结构面和结构体的分析,明确岩体滑移的边界条件是否具备,就可以对边坡岩体的稳定性做出判断。边坡岩体稳定的结构分析步骤如下:

(1)对边坡岩体结构面的类型、产状及其特征进行调查、统计、研究。

(2)对各种结构面及其空间组合关系以及结构体的立体形势进行图解分析。

调查统计结构面时，应和工程建筑物的具体方位联系起来，按一般野外地质调查方法进行。对多组结构面切割的岩体，要注意分清主次和结构面相互间的组合关系，再逐一测量，这样才能较充分地表达出结构体的特征。

岩体结构的图解分析，在实践中多采用赤平极射投影图并结合实体比例投影来进行。赤平极射投影图方法主要用于岩体边坡的稳定性分析、工程地质勘察资料分析、地下洞室围岩稳定性分析等。利用赤平极射投影图来表示和测读空间上的平面、直线方向、角度和角距，用图解的方法代替繁杂的公式运算，并可达到相当的精度。

利用赤平极射投影图可以初步判断边坡岩体的稳定性，具体如下：

（1）当结构面或结构面交线的倾向与坡面倾向相反时，边坡为稳定结构。

（2）当结构面或结构面交线的倾向与坡面倾向基本一致，但其倾角大于坡角时，边坡为基本稳定结构。

（3）当结构面或结构面交线的倾向与坡面倾向之间夹角小于45°，且倾角小于坡角时，边坡为不稳定结构。

第三节　坝基岩体结构稳定性分析

在江河上修建的水工建筑物多数要综合考虑防洪、发电、灌溉、供水、航运、渔业、卫生等多方面的要求。在多种水工建筑物组成的水利枢纽中，坝是其中最重要的水工建筑物，它拦蓄水流，抬高水位，承受着巨大的水压力和其他各种荷载。为了维持平衡稳定，坝体又将水压力和其他荷载以及本身的重量传递到地基或两岸的岩体上，因而坝基岩体所承受的压力是很大的。另外，水还可渗入岩体，使某些岩层软化、泥化、溶解以及产生不利于坝基岩体稳定的扬压力。坝基岩体可能产生的工程地质问题主要有坝基稳定问题（包括沉降稳定、抗滑稳定和渗透稳定）和坝区渗透问题（包括坝基渗透和绕坝渗透）。

坝（闸）基的沉降稳定问题是指坝（闸）基岩体在建筑物自重及其他荷载的作用下，所产生的垂直方向的压缩变形（沉降量）及不均匀变形（沉降差）问题。一般均匀的小量沉降变形不至于对坝体的安全稳定构成威胁，但当坝基岩体沉降量，特别是不均匀沉降量超过许可限度时，将影响大坝建筑物的正常运用，甚至发生倾斜、开裂或破坏。

一、影响坝基岩体压缩变形的地质因素

影响坝基岩体压缩变形的地质条件主要包括坝基岩体性质、构造条件、产状及分布位置等。

坝基岩体性质不同，直接影响着坝基的稳定与否。由坚硬岩体组成的坝基，因本身强度高，压缩性小，往往沉降量很小。而由软弱岩体（如黏土岩）组成的坝基，则可产生较大的沉降变形。尤其是坝基或两岸岩体的岩性软硬不一且弹性模量值相差悬殊时，往往产生不均匀变形（见图6-14、图6-15）。

当坝基或两岸岩体存在软弱结构面时，尤其当张开裂隙发育且裂隙面大致垂直于压力方向时，极易产生较大的压缩变形或不均匀变形。当软弱夹层、强风化层、断层破碎带等软弱岩层和软弱结构面产状平缓且位于坝基表层时，易产生较大的沉降变形（见

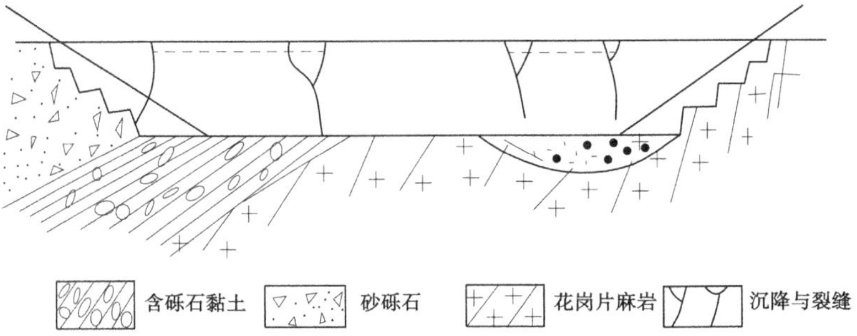

图 6-14　岩性不均的坝基纵剖面

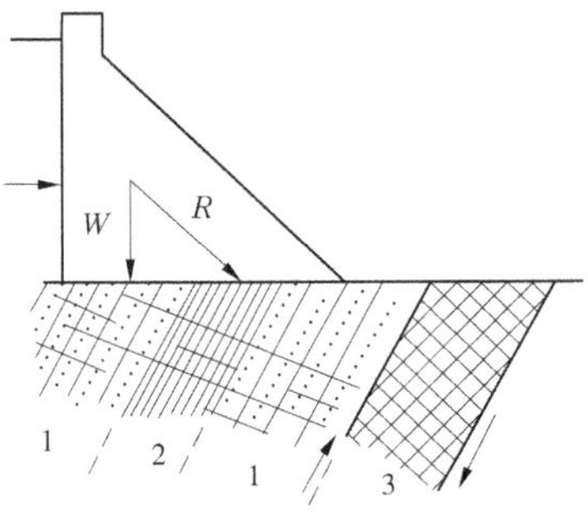

1—砂岩;2—页岩;3—断层带

图 6-15　岩性不均的坝基横剖面

图 6-16(a));若软弱岩层位于坝趾附近,受压易引起坝趾产生沉降变形,并导致坝身向下游倾斜(见图 6-16(b));当夹层位于坝踵附近时,因受拉应力作用,可导致坝基岩体拉裂(见图 6-16(c))。

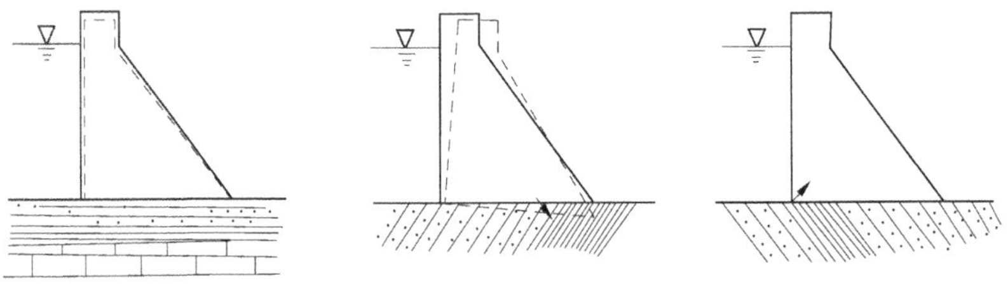

图 6-16　软弱夹层产状、位置与坝基岩体沉降示意

二、坝基岩体承载力

为了保证水工建筑物,即水利枢纽的安全和正常运行,应将坝基岩体沉降变形限制在一定阈值范围之内。所以,坝基承载力就是在保证水工建筑物安全稳定和正常运行的前提下,单位面积坝基岩体上所承受的最大荷载。这是一个综合指标,包括不允许产生过大的沉降变形、不允许坝基岩体产生破裂或滑移而导致的破坏。

岩基的承载力一般较高,大多可满足筑坝要求,所以坝基岩体承载力往往不是设计中的控制指标,对于建筑在较软弱、破碎的岩基上的大型重要水工建筑物,应在现场进行载荷试验。抗压强度折减系数法仅适用于初期设计阶段或中小型水利工程。

(一)折减系数法

折减系数法,即折减系数 K 乘以岩石的饱和抗压强度 R_b。

$$f = KR_b \tag{6-4}$$

采用折减系数反映了岩块的抗压强度远高于岩体,因此在评价岩体的抗压强度时要用折减系数。因岩石的坚硬程度、完整程度、风化程度及基岩形态、产状等因素不同,折减系数取值大小也随之出现差异(见表6-20)。

表6-20　承载力的折减系数

岩石种类	折减系数 K
特别坚硬的岩石(细粒花岗岩、石英岩、致密玄武岩等)	1/20 ~ 1/25
一般坚硬的岩石(石灰岩、砂岩、砾岩等)	1/10 ~ 1/20
软弱的岩石(黏土岩、黏土质粉砂岩等)	1/5 ~ 1/10
风化的岩石	参照上述标准相应地降低25%~50%

(二)经验类比法

经验类比法,顾名思义,是根据已建成的工程经验数据、工程特征和地质条件进行比较选取的(见表6-21、表6-22)。

表6-21　基岩承载力基本值 f_0

岩体级别	Ⅰ	Ⅱ	Ⅲ	Ⅳ	Ⅴ
承载力基本值 f_0	>7.0	7.0~4.0	4.0~2.0	2.0~0.5	<0.5

注:资料来源于《工程岩体分级标准》(GB 50218—2014)。

表6-22　风化岩石容许承载力一览

岩石类别	微风化	中等风化	强风化	全风化
硬质岩石	2 500 ~ 4 000	1 000 ~ 2 500	500 ~ 1 000	200 ~ 500
软质岩石	1 000 ~ 1 500	500 ~ 1 000	200 ~ 500	

注:资料来源于《港口工程地基规范》(JTS 147—2010)。

(三)现场载荷试验法

现场载荷试验法是按照坝基岩体实际承受工程作用力的大小和方向进行的原位测试。现场载荷试验测出的坝基岩体弹性模量、变形模量等指标,比较符合实际情况,可用于计算坝基岩体沉降量。

三、坝基岩体抗滑稳定性分析

（一）坝基岩体滑动破坏类型

根据滑动面发生位置的不同，坝基岩体滑动可分为三种类型（见图6-17）。

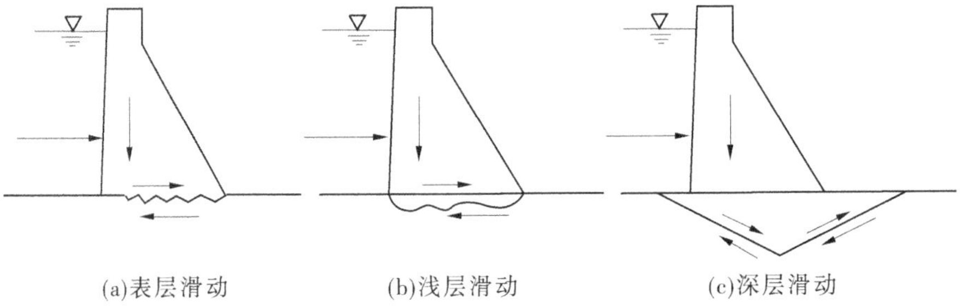

图6-17　坝基岩体滑动破坏类型

1. 表层滑动

表层滑动是指坝体沿坝底与坝基岩体的接触面滑移（见图6-17（a））。

2. 浅层滑动

浅层滑动是指发生在浅层坝基的滑移（见图6-17（b））。

3. 深层滑动

深层滑动是指发生在坝基岩体较深部位的滑动（见图6-17（c））。

（二）坝基岩体滑动的边界条件

坝基岩体滑动的边界条件包括：存在可能产生滑动的软弱结构面（滑动面）；具备将岩体分离成为不稳定滑移体的其他结构面（切割面）；下游有可供滑出的自由空间（临空面）。三者必须同时具备，才能使坝基岩体产生滑动（见图6-18）。坝基下的岩体被三组结构面所切割，形成不稳定的楔形岩体 *ABCDEF*。在坝基传来的推力作用下，此楔形体将沿 *ABCD* 面向下游滑动，并顺两侧陡立的 *ADE* 面和 *BCF* 面，由 *HDCG* 面滑出。*ABFE* 面是被拉开的张裂面。*ABCD* 面称为切割面，*HDCG* 面称为临空面。它们是根据受力条件区分的，这三种特性条件的界面构成了滑移岩体的边界条件。

（三）常见的坝基岩体滑移破坏形式

根据滑动面产状与切割面和临空面的组合关系，可将坝基岩体滑移破坏分为以下四种形式。

1. 岩层产状平缓

当坝基岩性软弱或软弱夹层埋藏较浅时，在水平推力作用下，下游岩层容易穹起弯曲，形成浅层滑动（见图6-19）。

2. 软弱结构面倾向上游（倾角小于30°）

坝基岩体软弱结构面产状越缓，由坝体自重力 *W* 和水平推力 *H* 组成合力 *R*，作用其上向下游的滑动力越大，抗滑力越小，对稳定越不利。当坝基下游有贯通的倾向上游的缓倾角结构面时，易与坝踵附近的横向切割面组合成楔形体，直接由河床滑出（见图6-20）。

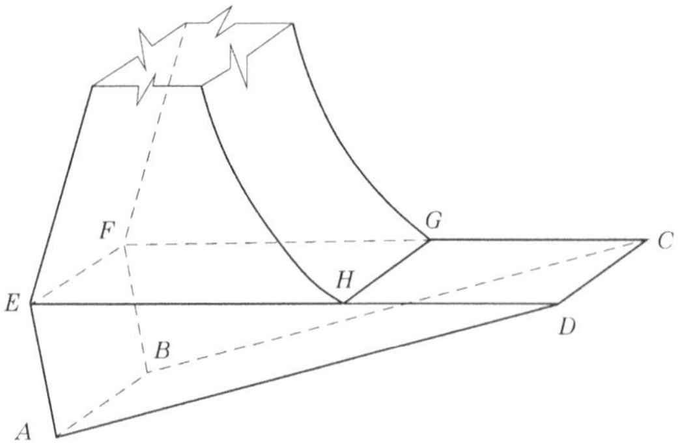

滑动面—ABCD;切割面—ADE、BCF、ABFE;临空面—HDCG

图 6-18　坝基岩体滑动边界条件示意

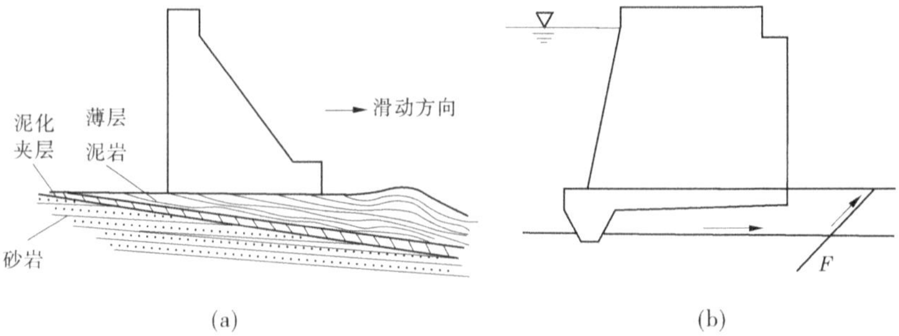

图 6-19　坝基岩体水平滑移破坏

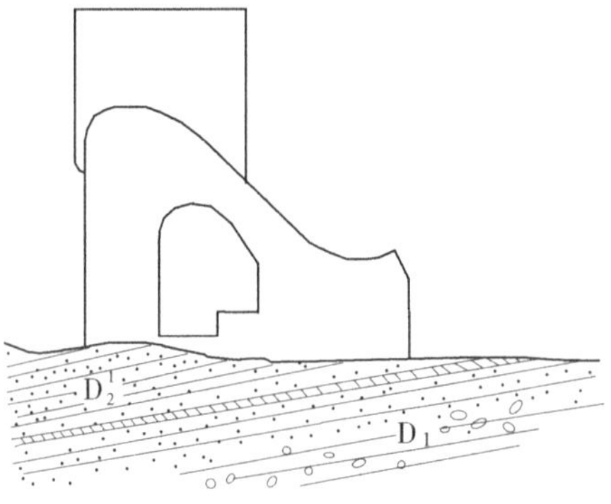

图 6-20　坝基岩体软弱结构面倾向上游滑移破坏

3. 软弱结构面倾向下游(倾角小于 30°)

软弱结构面倾向下游,且倾角小于 30°时,坝基最大剪应力方向常与软弱面近于平行,此时最不稳定。当坝趾附近有深槽、洞穴或冲刷坑时,滑体可沿滑动面直接滑出。当坝趾下游有倾向上游的软弱面时,则可组成楔形的滑移体,自河床面滑出(见图 6-21)。当存在有较厚的软弱岩层或构造破碎带时,可因产生较大的压缩变形而起到临空面的作用,导致坝基滑动。

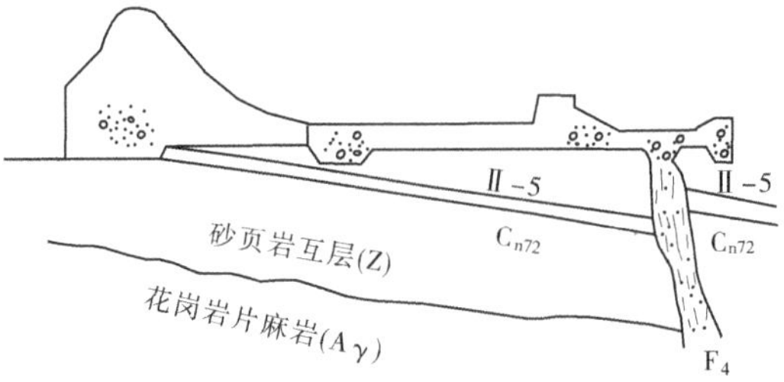

图 6-21　坝基岩体软弱结构面倾向下游滑移破坏

4. 陡倾层状岩体

坝基岩体倾角较陡或软弱结构面陡倾时，一般不利于形成单一的滑动面，但可与层间法向裂隙或延续性差的缓倾裂隙组成阶梯状，或近似弧形的滑动面。由于滑动面起伏不平，其抗剪强度较平滑面高(见图 6-22)。

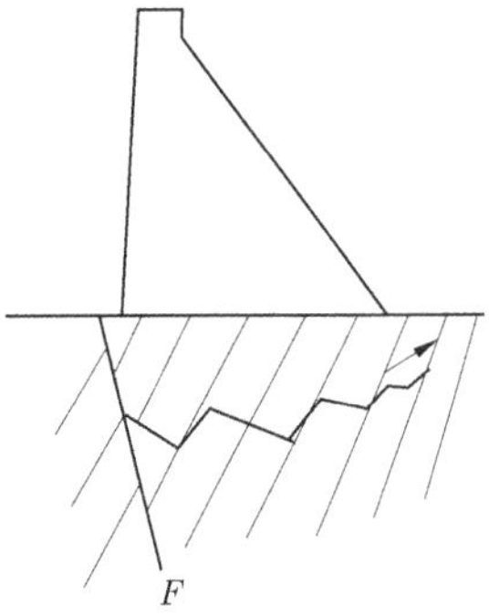

图 6-22　坝基陡倾层状岩体滑移破坏

四、坝基岩体抗滑稳定性计算

通过坝基岩体滑动边界条件分析，还须正确选定设计中所需的计算参数(主要是滑动面上的摩擦因数 f 和黏聚力 c 值)及分子滑移体的受力条件，才能进行稳定计算。

(一)表层滑动稳定计算

表层滑动稳定按下式计算：

$$K = \frac{\text{阻滑力}}{\text{滑动力}} = \frac{f(\sum V - U)}{\sum H} \tag{6-5}$$

$$K' = \frac{\text{阻滑力}}{\text{滑动力}} = \frac{f' + (\sum V - U) + cA}{\sum H} \tag{6-6}$$

式中　K、K'——按摩擦强度和抗剪断强度计算的抗滑稳定安全系数，K 取值一般为 1.0～1.1，K' 取值一般为 2.3～3.0；

f、f'——混凝土与坝基岩体接触面的抗剪摩擦因数和抗剪断摩擦因数；

$\sum V$——作用在滑动面上的铅直力之和，kN；

U——孔隙水压力，kN，$U = U_1 + U_2$；

$\sum H$——作用在滑动面上的水平力之和，kN；

c——混凝土与坝基接触面上的黏聚力，kPa；

A——滑动面面积，m^2。

(二)浅层滑动稳定性计算

浅层滑动因其滑动面往往分布于坝体底面与岩体接触面以下不深的风化或软弱破碎岩体中，故可将滑动面简化为一水平面，常用表层滑动稳定性公式进行计算。具体计算时采用的抗剪强度指标，应为坝基浅部风化岩体或软弱破碎岩体的 f、c 值。

（三）深层滑动稳定性计算

深层滑动抗滑稳定性计算，随岩体滑动边界条件而异，主要受滑动面产状和结构面组合形式控制。

1. 单斜滑动面倾向上游时

单斜滑动面倾向上游时，按下式计算：

$$K = \frac{f(G\cos\alpha - U + H\sin\alpha) + cL}{H\cos\alpha - G\sin\alpha} \tag{6-7}$$

式中 G——单宽剖面内各种铅直力之和，kN；

H——单宽剖面内各种水平力之和，kN；

L——滑动面在滑移方向上的长度，m；

α——滑动面倾角，(°)；

其他符号意义同前。

2. 单斜滑动面倾斜向下游时

单斜滑动面倾斜向下游时，按下式计算：

$$K = \frac{f(G\cos\alpha - U - H\sin\alpha) + cL}{H\cos\alpha + G\sin\alpha} \tag{6-8}$$

五、坝基处理措施

坝基处理措施主要有清基、软弱带处理、岩体加固、降低扬压力以及改善建筑物本身结构等。

（一）清基

清基就是把坝基表部强烈风化、破碎松动的岩体以及浅部的软弱夹层等，彻底开挖清除，使水工工程位于比较完整、新鲜的岩体上。

对于混凝土高坝或重要工程，清基除要求达到坚硬、完整、新鲜、透水性小的基岩外，还应使地基表面具有一定糙度（齿槽），以提高抗滑能力；对于混凝土中的高坝或堤坝，只有地基各种力学性质指标能够满足强度要求；对于地基中的个别或局部风化裂隙带，可采取局部挖除并回填混凝土的办法处理。

清基深度必须根据坝基地质条件、岩石物理力学性质以及建筑物的规模与设计意图等，从安全与经济两方面综合分析确定。过深会造成浪费，过浅则会留下隐患。

用爆破方法开挖清基时，应防止振动对岩体的不良影响。可先爆破开挖到离设计高程1 m处，在浇筑混凝土之前，再由人工撬挖清除余下部分，这样也可减轻风化。

（二）软弱带处理

软弱带处理的目的是提高承载能力，适应地基应力要求；改善其弹性性能，与两侧岩体弹性相近，以防止不均匀变形；提高其抗剪强度，增强坝基抗滑能力；增大其抗渗能力，以免大量渗漏、渗透破坏或扬压力过大。具体包括陡倾角（>60°）软弱带处理（见图6-23）、缓倾角（<30°）软弱带处理（见图6-24）、厚度较薄的软弱夹层处理（见图6-25）等。

（三）岩体加固

坝基岩体加固的常用方法主要有固结灌浆、锚固等，以此增强岩体的抗滑力，阻滞坝

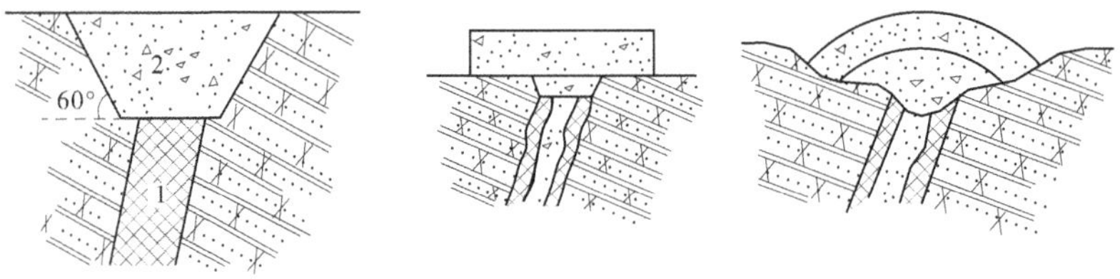

(a)断层混凝土塞　　(b)断层混凝土梁　　(c)断层混凝土拱

1—软弱层;2—基础

图 6-23　陡倾角(>60°)软弱带处理

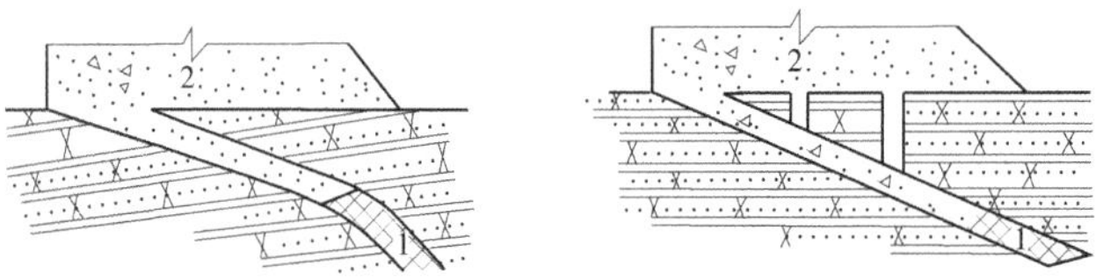

(a)开挖清除、回填混凝土　　(b)结合竖井开挖清除、回填混凝土

1—软弱层;2—基础

图 6-24　缓倾角(<30°)软弱带处理

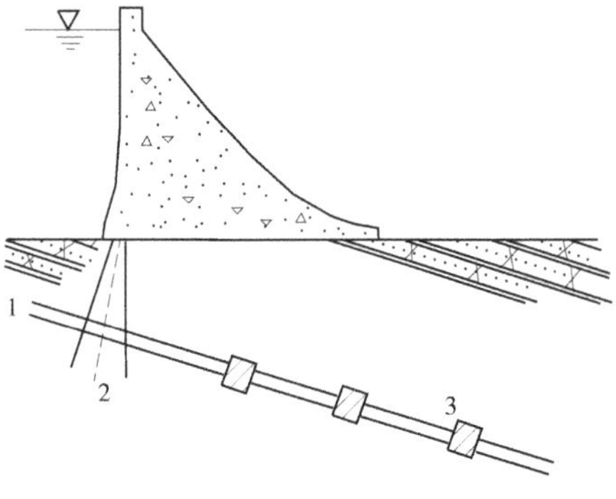

1—软弱夹层;2—灌浆孔;3—混凝土键

图 6-25　软弱夹层混凝土键处理

基滑动。固结灌浆是通过钻孔将胶结材料(水泥浆等)压入岩层中,使破碎岩体和裂隙发育的岩体胶结成整体,以增大岩体强度,提高岩体的稳定性。灌浆设计要根据地基的地质条件进行,事先应在有代表性的地段进行灌浆试验,以确定灌浆施工工艺和各种技术参数,灌浆孔一般按梅花形布置;孔距视浆液的有效扩散范围而定,通常为 2 ~ 3 m;孔深根据加固岩体的要求而定,浅孔深度一般不大于 15 m,深孔深度可达 60 m 以上。

当坝基岩体中发育有控制岩体滑移的软弱结构面时,可采用预应力锚筋(杆)或锚索加固处理,即锚固。先用小口径钻孔穿过软弱结构面,并深入完整岩体一定深度,再插入预应力钢筋或钢索,并用水泥砂浆灌满,将岩体与其上下层或基础连在一起。也可采用大孔径管柱,将软弱结构面或软弱夹层上下岩体连接起来,以增强其抗滑能力(见图 6-26)。

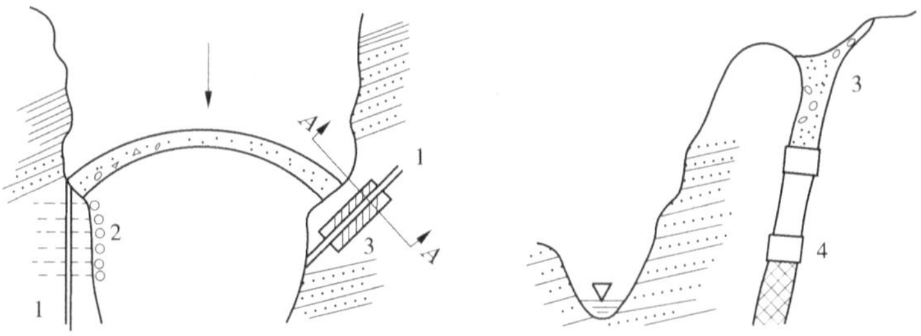

(a)　　　　　　(b) A—A

1—断层；2—预应力钢筋锚固；3—开挖、回填混凝土；4—工作洞

图 6-26　某坝加固示意

（四）降低扬压力

降低扬压力（或渗透压力）的主要措施是灌浆帷幕和排水孔，灌浆帷幕一般设置在靠近坝踵处，需根据具体地质情况，结合坝高考虑灌浆孔的排数、排距和孔距，灌浆深度至少应为库水头的 4/5。排水孔位于帷幕下游不远处。两者常联合使用，一般可消减水头的 60% ~80%。

（五）改善建筑物本身结构

为保证坝基岩体稳定性，还可以改善水工建筑物结构，使之适应坝基地质条件。

第四节　地下洞室围岩岩体结构稳定性分析

地下工程是与地质条件关系最密切的工程建筑，是指位于地表以下一定深度，修建在各种不同地质条件岩土体内的各类建（构）筑物，也称为地下洞室，它具有隔热、恒温、密闭、防震、隐蔽、不占地面土地等诸多优点，自古以来被广泛采用，如铁路隧道、公路隧道、地下铁道、水下隧道、地下电站和仓库等。从工程实践来看，地下工程的工程地质问题是围绕着工程岩体的稳定而出现的。因此，研究地下工程围岩稳定性的主要影响因素，预测可能发生的地质灾害，并采取相应的防治措施，是地下工程建设中非常重要的一个环节。

地下工程按其成因可分为人工洞室和天然洞室两大类。人工洞室是指由人工开挖、支护形成的地下工程；天然洞室一般指碳酸盐类岩层在水的长期作用下自然形成的地下空洞。这里主要介绍人工洞室。

一、影响地下洞室位置选择的主要因素

地下洞室位置的选择，除取决于工程目的的要求外，还要充分考虑洞室的区域稳定、山体稳定及地形地貌、岩性、地质构造、地下水、地应力等因素。

（一）区域稳定

地下洞室要选择在地质构造较简单、地震活动相对稳定的地段，即区域稳定性较好的地段。也就是说，地下洞室建设要避开复杂构造或不同构造体系交错、重叠等应力集中及变形强烈的复合部位；要避开地震活动带或活动性断裂带，尽量避开地震基本烈度 8 度以上的地区。

(二)山体稳定

理想的地下洞室建设的山体必须稳定。即岩体坚硬完整;建洞地质构造简单,岩层厚、节理组数少,间距大,无影响整个山体稳定的断裂带;地形完整,没有滑坡、塌方等早期埋藏和近期破坏的地形,无岩溶或岩溶很不发育;地下水影响小;无有害气体和异常地热。

(三)地形地貌

地形上除要求山体稳定完整外,洞室周围应有足够的山体厚度。洞室进出口宜选择在新鲜岩石直接出露,山坡下陡上缓,无滑坡、无崩塌等不良地质作用的反向坡上,洞口标高根据地形、地质和使用要求而定,应有利于洞内外交通运输、洞内排水和防洪需要。

(四)岩体及岩体结构

岩体及岩体结构是影响围岩稳定的基本因素之一。洞室位置应尽量选择在均一且坚硬完整的岩体中。一般岩浆岩、厚层坚硬的沉积岩及变质岩,围岩岩体结构稳定性好,适于修建大型的地下工程(见图6-27);凝灰岩、黏土岩、页岩、胶结不好的砂砾岩、千枚岩及某些片岩,围岩岩体结构稳定性较差,不宜建大型地下洞室(见图6-28);软硬互层、含软弱夹层、松散及破碎、层次多单层厚度薄的岩体稳定性极差,选址时应尽量避开。

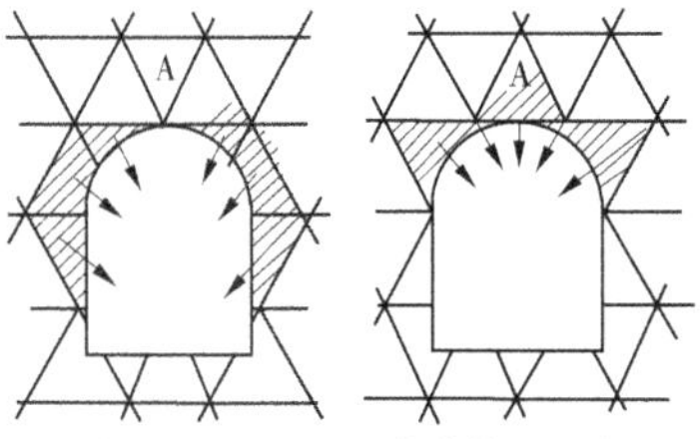

图6-27 拱顶中心岩体及岩体结构的稳定性

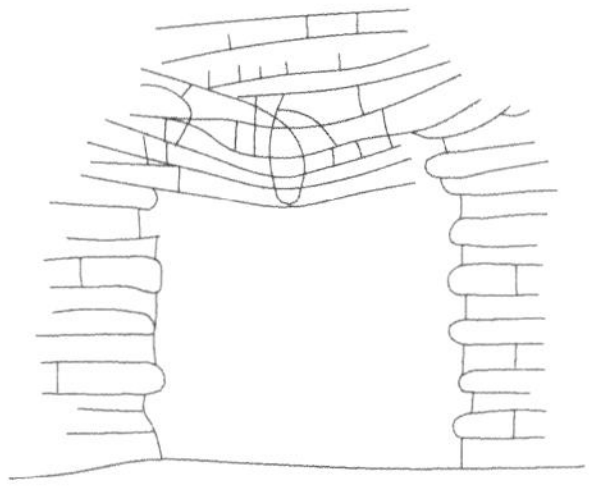

图6-28 水平板状岩体在拱顶和边墙部位的稳定性

(五)地质构造

地下洞室工程在选址时,应尽量避开地质构造复杂的地段,否则将会给施工带来诸多困难。

褶皱核部岩层完整性最差,尤其是向斜核部岩体破碎,且上窄下宽,易于塌落,岩体结构稳定性差(见图6-29)。地下洞室位置应选择在褶曲翼部。

断层破碎带及断层交会区岩体稳定性极差,容易产生大量地下水涌入地下洞室。地下洞室在选址时应尽量避开,若不能避开,洞室轴线应与断裂带垂直或近于垂直,以最短距离通过。

地下洞室轴线应与岩层走向垂直,当岩层较陡时,稳定性最好;当岩层倾角较平缓且节理发育时,洞顶易发生局部岩块塌落现象。

地下洞室轴线与岩层走向平行,在水平或缓倾岩层中(倾角小于10°),应尽量使洞室位于厚层均质坚硬岩层中(见图6-30中的1);若切穿不同岩性,应选择坚硬岩层作为顶板,不能使软弱岩层或软弱夹层置于顶部(见图6-30中的2);洞室两侧或底部不能有软弱岩层(见图6-30中的3)。

在倾斜岩层中布置洞室一般是不利的。此外,岩层的倾角对洞室围岩岩体稳定性也

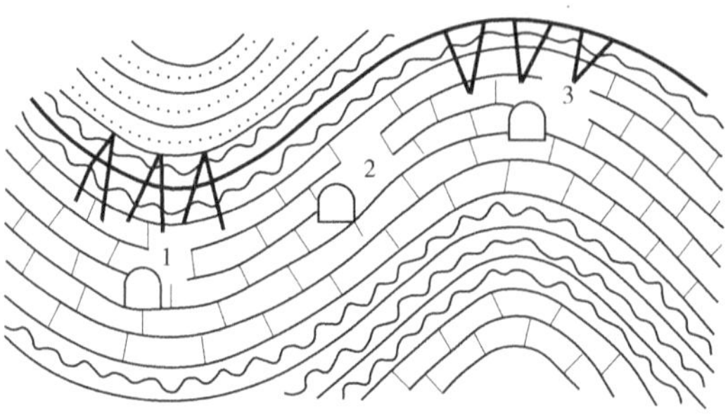

1—不利;2—次之;3—较好

图 6-29　褶皱构造与洞室位置选择

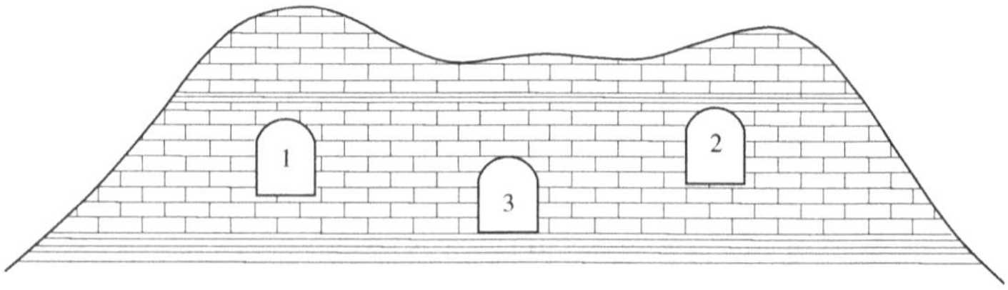

1—位于坚硬岩层中;2—顶部有软弱岩层;3—底部为软弱岩层

图 6-30　布置在水平岩层中的洞室

有影响,选址时应结合其他因素综合考虑。

(六)地下水

地下水对岩层的不良影响主要是对围岩或衬砌产生静水压力、动水压力及溶解、软化作用,这不仅降低了围岩的稳定性,而且会引发突水、突泥,给施工造成很大困难。因此,在选址时,最好选择在地下水位以上的干燥水体内,或地下水量不大、无高压含水层的岩体中。当然还要考虑地下工程的不同用途,如对抽水蓄能工程、水下隧道及水封油库等则应布置在地下水位以下,有时水电站地下厂房也要布置在地下水位以下。

(七)地应力

地应力也称天然应力、原岩应力、初始应力、一次应力,是指存在于地壳岩体中的应力。工程开挖使一定范围内的应力受到扰动而重新分布,则称为二次应力或扰动应力,在地下工程中称为围岩应力。

当水平主应力较大时,洞室的轴线方向最好与之平行,否则,边墙将产生严重变形和破坏;当最大主应力不太大时,最好与之垂直,以改变周边应力状态。

需要说明的是,地下洞室围岩的稳定性,除受到上述自然因素影响外,人为因素也是不可忽视的,比如开挖方式、开挖强度、支护方法和时间等。因此,在洞室位置选择时,应多方兼顾、综合考虑。

二、地下洞室变形及破坏的基本类型

地下工程围岩的稳定性是多种因素综合作用的结果。常见的洞室围岩变形和破坏形式主要有以下三种。

(一)围岩应力引起的变形与破坏

1. 围岩应力变化规律

地下洞室开挖前,岩体处于受力平衡的初始应力状态。在洞室开挖后,此种状态遭到破坏,洞室周围岩体失去原有支撑,引起围岩内应力重新分配,直到建立新的平衡。

地下洞室开挖使围岩内主应力产生强烈分异现象,愈接近临空面,应力差值愈大,到洞室周边达到最大值。因此,在围岩范围内,洞室周边为最不利应力条件。洞室开挖后,只要洞壁各点的应力值均未超过岩体强度,则整个围岩是稳定的;相反,围岩则产生变形或破坏。洞室周边围岩应力的变化规律主要随洞室形状和侧压力系数($N=\sigma_h/\sigma_v$)而变化。

2. 围岩应力引起的变形和破坏类型

(1)张裂塌落。在厚层状或块体状围岩的洞室拱顶部,当产生拉应力集中,其值超过围岩抗拉强度时,拱顶围岩将产生垂直张裂破坏。尤其是有近于垂直的构造节理发育时,拱顶张拉裂缝易沿垂直节理发展,使被裂缝切割的岩体在自重作用下变得不稳定。岩石在垂直方向抗拉强度较低,或近于水平方向的软弱结构面发育,往往也造成拱顶塌落。

傍河洞室或越岭洞室进出口段,常因岩体卸荷影响,岩体内侧压力系数较低,加之这些地段节理通常发育,拱顶经常发生严重的张裂塌落,洞室应尽量避开这一卸荷影响带。

(2)劈裂剥落。过大的切向压应力可使厚层或块体状围岩表部发生平行洞室周边的破裂。一些平行破裂将围岩切割成几厘米到几十厘米的薄板,常沿壁面剥落,其破裂范围一般不超过洞室的半径。当切向压应力大于劈裂岩板的拉弯强度时,这些劈裂板还可能被压弯、折断,并造成塌方(见图6-31)。

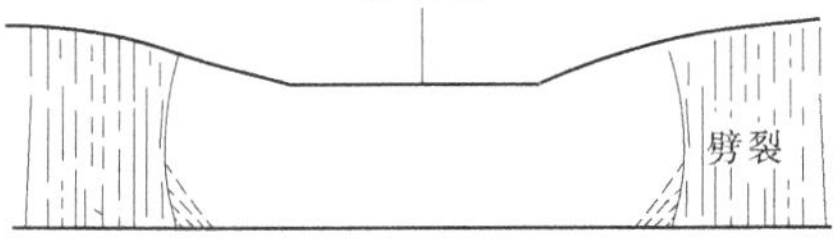

图6-31　矿坑围岩的劈裂剥落

(3)碎裂松动。碎裂松动是硬质岩因多组节理发育呈镶嵌碎裂状时围岩变形、破坏的主要形式。洞室开挖后,如果围岩应力超过围岩的屈服强度,围岩就会沿已有的多组节理发生剪切错动而松弛,并围绕洞室形成一个碎裂松动带或松动圈。当有地下水活动参与时,极易导致拱顶坍塌和边墙失稳。松动带的厚度也会随时间推移而逐步增大。因此,该类围岩开挖后应及时支护加固。

(4)弯折内鼓。在薄层脆性围岩中,岩体变形破坏以弯折内鼓方式为主。其破坏成因是卸荷回弹或切向压应力超过薄层岩层的抗弯强度。卸荷回弹所造成的破坏主要发生在地应力较高的岩体内(如深埋洞室或水平应力高的洞室),且总是与岩体内初始最大应力垂直相交的洞壁上表现最强烈。因此,当薄层状岩层与初始最大应力近于垂直时,洞室开挖后就会在回弹应力作用下发生弯曲、拉裂和折断,最终挤入洞内而坍倒。以垂直应力为主时,水平岩层在洞顶易产生弯折(见图6-32)a));以水平应力为主时,竖直岩层在洞壁易产生弯折(见图6-32(b))。

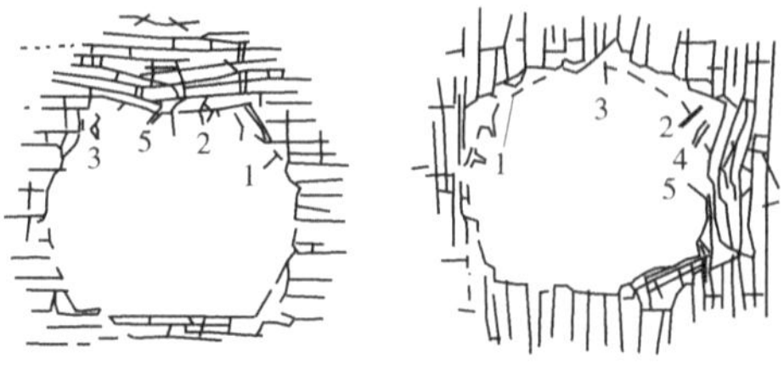

(a)顶部弯折　　　(b)侧墙弯折

1—设计断面轮廓线;2—破坏区;3—崩塌;4—滑动;5—弯折、张裂及折断

图 6-32　走向平行于洞轴的薄层围岩弯折内鼓

(5)岩爆。在高地应力区地下洞室开挖中,围岩在局部集中应力作用下,当应力超过岩体强度时,发生突然的脆性破坏,并导致应变能释放造成岩石的弹射或抛出现象。

(6)塑性挤出。是指洞室开挖后,当围岩应力超过软弱岩体的屈服强度时,软弱的塑性物质就会沿最大应力方向向消除了阻力的自由空间挤出的现象。在软、硬岩体相间时,软弱岩体的塑性挤出还受岩体产生条件和洞室开挖所在部位控制。产生塑性挤出的围岩主要有固结程度较低的泥质粉砂岩、泥岩、页岩等软弱岩体,围岩结构主要为散体结构。塑性挤出变形一般需要几周至几个月才能达到稳定。

(7)膨胀内鼓。洞室开挖后,往往促使水分由围岩内部高应力区向围岩表部低应力区转移,常使某些含大量膨胀矿物、易于吸水膨胀的岩体发生剧烈的膨胀内鼓变形,造成洞室设计空间不足,围岩表部膨胀开裂,并进一步风化,甚至解体。同时,岩体开挖后也会从空气中吸收水分而自身膨胀。遇水后易于膨胀的岩石主要有富含蒙脱石、伊利石的黏土岩类以及富含硬石膏的地层。围岩遇水膨胀后,会产生很大的围岩压力,给洞室施工和运营带来很大的困难。与围岩塑性挤出相比,围岩吸水膨胀是一个更为缓慢的过程,往往需要相当长的时间才能达到稳定。

(二)围岩构造控制的变形与破坏

受构造控制而变形破坏的主要是脆性围岩。对于厚层状或块状结构的围岩,在构造控制下主要沿结构面剪切滑移。当侧压力系数 $N>1$ 时,洞室拱顶应力集中程度较高,此时拱顶若有斜向断裂存在(见图 6-33),在断裂面上将形成较大的剪应力分量,沿断裂面作用的剪应力往往会超过其抗剪强度,引起岩体沿断裂面的剪切滑移。这种滑移还会引起次生拉应力(大体垂直于图中的虚线),从而使断裂面与虚线间的三角形岩体因滑移拉裂而坠落。当侧压力系数 $N<1$ 时,洞室边墙上压应力集中程度较高,此时若有陡倾角断裂在边墙发育,常造成断裂面上剪应力超过其抗剪强度,使围岩沿断裂面发生剪切滑移,造成边墙失稳。此外,厚层状或块状结构的软弱岩体,当围岩表部压应力集中时,有时也会沿 2 组密集共轭节理面发生剪切错动,造成拱顶坍塌或边墙失稳。

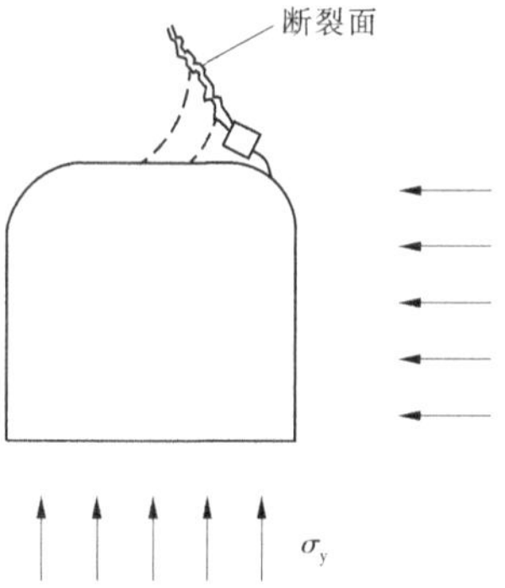

图 6-33　滑移拉裂引起的拱顶冒落

（三）松散围岩的变形与破坏

松散围岩是指具有松散结构的围岩，包括风化破碎带、第四纪松散沉积、断层破碎带、节理极发育岩体等。在二次应力和地下水的作用下，松散围岩发生变形破坏，主要有重力坍塌和塑流涌出两种类型。

1. 重力坍塌

在松散岩体中开挖洞室，因围岩固结程度差或没有固结，且多数松散岩体含水量较高，导致结构面强度低，开挖后岩块在重力作用下自由塌落，形成较高的坍塌拱，有时甚至可能坍通地表。因此，必须采用边挖边砌方法，完工后还应及时对衬砌背后与围岩间的空洞进行灌浆加固。

2. 塑流涌出

当开挖揭穿饱水的断层破碎带内松散物质时，在压力下松散物质和水常形成泥浆碎屑流突然涌入洞中，有时甚至可以堵塞坑道，影响施工进程，应提前做好预案。

三、地下洞室特殊地质问题

除洞室围岩变形和破坏等地质问题外，洞室开挖过程中还经常遇到涌水、腐蚀、地温、瓦斯、岩爆等特殊地质问题。

（一）洞室涌水

在富水的岩体中开挖洞室，当遇到相互贯通又富含水的裂隙、断层带、蓄水洞穴、地下暗河时，就会产生大量的地下水涌入洞室内；已开挖的洞室，如有与地面贯通的导水通道，遇暴雨、山洪等突发性水源时，也会造成地下洞室大量涌水。若积水严重且不能及时外排，不仅影响工程作业，甚至可能淹没洞室，造成人员伤亡。因此，在勘察设计阶段，正确预测洞室涌水量就十分重要。常见预测方法主要有相似比拟法和水均衡法。

1. 相似比拟法

相似比拟法是通过开挖导坑时的实测涌水量，推算洞室涌水量，或用洞室已开挖地段涌水量来推算未开挖地段涌水量。该方法适用于岩层裂隙比较均匀、比拟地段水文条件相似，涌水量与坑道体积成正比的条件。

（1）由实测导坑涌水量推算。

$$Q = \frac{F}{F_0}\frac{S}{S_0}Q_0 \tag{6-9}$$

式中　Q——隧道涌水量，m^3/h；

Q_0——导坑涌水量，m^3/h；

F_0——导坑过水断面面积（导坑洞身长度乘以断面周长），m^2；

S_0——导坑地下水水位降低值，m；

F——隧道过水断面面积，m^2；

S——隧道地下水位降低值，m。

（2）由已开挖地段涌水量推算。

$$Q = \frac{L}{L_0}Q_0 \tag{6-10}$$

式中 Q——未开挖地段涌水量，m^3/h；

L——未开挖地段长度，m；

Q_0——已开挖地段涌水量，m^3/h；

L_0——已开挖地段长度，m。

2. 水均衡法

水均衡法是计算某一地区或一个地下水流域，在某一时期内水的流入量与流出量之间的数量关系的方法。选择进行均衡计算的地区，称为均衡区；进行均衡计算的时间，称为均衡期。

水均衡法计算洞室涌水量，主要考虑大气降水量、洞室所在地区的集水面积、大气降水渗入系数以及大气降水渗入地下后到达洞室涌水处所需要的渗流时间等四个因素。计算公式为

$$Q = \frac{1\ 000F\alpha A}{T} \tag{6-11}$$

式中 Q——隧道涌水量，m^3/h；

F——集水面积，km^2；

A——降水量，mm；

α——大气降水渗入系数；

T——渗流时间，d。

（二）瓦斯

瓦斯是地下洞室甲烷、二氧化碳、一氧化碳、硫化氢、二氧化硫、氮气等有害气体的总称，主要指甲烷或甲烷与少量有害气体的混合体。当瓦斯在空气中的浓度小于5%～6%时，能在高温下燃烧；5%～6%到14%～16%时，容易爆炸，特别是8%时最易爆炸（见表6-23）；浓度为42%～57%，且空气中含氧量到9%～12%时，足以使人窒息。

表6-23 常温常压下各种爆炸气体与空气合成的混合物的爆炸限度

气体名称	爆炸限度含量（%）	气体名称	爆炸限度含量（%）
甲烷（沼气）	5～16	一氧化碳	12.5～74
氢气	4.1～74	乙烯	3
乙烷	3.2～12.5	苯	1.1～5.8

甲烷为空气重量的0.55倍，常聚集在洞室顶部，并极易沿岩石裂隙流动，在煤系地层中的分布有一定规律。因此，地下洞室一般不宜修建在含瓦斯的地层中，若必须穿越，则应尽可能与煤层走向垂直，呈直线通过。洞口位置和洞室纵坡要利于通风、排水。施工时应加强通风，严禁火种，并及时进行瓦斯监测，以便采取处理措施。

（三）岩爆

地下洞室开挖过程中，围岩突然猛烈释放弹性变形能，造成岩石脆性破坏，或将大小不等的岩块弹射或掉落，常伴有响声的现象称为岩爆。岩爆具有如下一些特点：

(1)岩爆是岩石内部弹性应变能集聚后而突然释放的结果,高应力区的坚硬岩石最易出现岩爆,软弱岩石弹性应力不大时易于形成塑性变形。

(2)岩爆发生时,常伴有声音或声发射现象。

(3)岩爆发生常经过启裂、应力调整和岩爆三个阶段。

(4)岩爆发生的临界深度约为 200 m,埋深越大时发生岩爆的可能性越大(见表6-24)。

表6-24　岩爆分级

岩爆分级	σ_c/σ_1	说明
Ⅰ	>14.5	无岩爆发生,也无声发射现象
Ⅱ	14.5~5.5	低岩爆活动,有轻微声发射现象
Ⅲ	5.5~2.3	中岩爆活动,有较强的爆裂声
Ⅳ	<2.3	高岩爆活动,有很强的爆裂声

注:σ_c 为岩石单轴抗压强度;σ_1 为地应力的最大主应力。

施工过程中主要采用超前钻孔、超前支撑及紧跟衬砌、喷雾洒水等方法防治岩爆。锚固—钢丝网—喷混凝土支护也可收到较好效果。

四、围岩稳定的工程措施

根据围岩岩体类别、分布情况的不同,应采取不同的工程措施来确保其稳定。常用的方法主要有支撑、衬砌和喷锚支护。

(一)支撑

在洞室开挖过程中,用于稳定围岩用的临时性措施,主要有木支撑、钢支撑及混凝土支撑等。

(二)衬砌

衬砌是加固围岩的永久性工程措施。衬砌材料有混凝土、钢筋混凝土、浆砌条石等。在坚硬完整的岩体中,若围岩的自稳能力高,也可不衬砌。

(三)喷锚支护

在洞室开挖后,及时向围岩表面喷一薄层混凝土(一般厚度为 5~20 cm),有时再增加一些锚杆,以达到支护目的。

另外,还可以通过选择合理的施工方法(如新奥法、盾构法和掘进法等)来保护围岩的稳定。

思考与练习题

1. 什么是岩体?

2. 什么是结构面? 结构面按成因分哪几种类型?

3. 什么是软弱夹层？岩体中的软弱夹层对工程建筑会产生怎样的影响？
4. 什么是岩体结构？主要包括哪些类型？
5. 何谓工程岩体？其分级情况如何？
6. 边坡变形破坏主要有哪些类型？影响边坡稳定的因素有哪些？
7. 如何进行边坡稳定的工程地质类比分析？
8. 如何进行坝基岩体抗滑稳定性分析？
9. 试述坝基岩体及边坡岩体稳定的处理措施。
10. 影响地下洞室位置选择的主要因素有哪些？
11. 地下洞室变形及破坏的基本类型有哪些？

第七章　常见的工程地质问题

学习目标

1. 了解工业与民用建筑的工程地质问题。
2. 掌握道路路基、边坡的工程地质问题及原因。
3. 掌握桥梁工程地质问题及影响桥基稳定性的因素。
4. 掌握常见的隧道工程地质问题。
5. 熟悉不良地质现象发育地区隧道位置的选择。

任何工程建筑物的修建都是在各种地质环境中进行的，工程建筑物与地质环境之间必然会相互作用、相互制约。在自然界中，由于各处地质条件的差异，很难找到完全适合工程建筑要求的地质环境，总会或多或少存在影响建筑物安全稳定和正常运用的地质问题。

建筑区的工程地质条件在某些方面不能满足工程建筑物的要求而存在的地质缺陷和问题称为工程地质问题。

第一节　工业与民用建筑工程地质问题

工业建筑主要包括专供生产使用的各种厂房、车间、水塔、电站、栈桥和烟囱等，其特征是跨度大而复杂，基础荷载大，基础埋置较深，常设地下室，以深基础为主。

民用建筑按建筑用途可分为居民住宅建筑和公共事业建筑；按其高度分为多层建筑和高层建筑。多层建筑的特点是跨度不大而结构简单，基础的荷载量较小，且以静荷载为主，基础埋深不大，以浅基础为主；高层建筑的特点是除要考虑很大的竖向荷载外，还要考虑风力和地震力等水平荷载的作用，基础埋置深，常设地下室，多用桩基、箱基等深基础。

工业与民用建筑的主要工程地质问题包括区域稳定性、地基稳定性、地基的施工条件与使用条件、边坡稳定性等。

一、区域稳定性

区域稳定性是工程建设中必须注意的问题，特别是对于像核电站、大型地下工程及重大高层建筑物，它直接影响着工程建设的安全和经济。新构造运动、地震等是控制地区稳定性的重要因素，特别是在新开发地区选择建筑地址时更应注意。

二、地基稳定性

地基稳定性主要研究地基的强度和变形问题。当地基强度不够时，会引起基础隆起，甚至使建筑物倾覆、被破坏。地基土的压缩变形，特别是不均匀沉降过大，会引起建筑物的沉陷、倾斜、开裂以致倒塌破坏，或影响正常使用。但也不能为了避免出事故，不顾经济上的浪费，轻易地将建筑物基础置于几十米深的基岩上。地基稳定性的另外一面是变形问题。可控制的地基变形影响主要来自于地基土层的地震液化、活断层的活动以及斜坡岩土体移动的影响。为了使建筑物的勘察、设计、施工做到安全、经济、合理，确保建筑物的安全和正常使用，必须研究地基的稳定性，提出合理的地基承载力以及地基过量变形的防治措施。

三、施工条件与使用条件

在工业与民用建筑中最常见的问题有基坑涌水、基坑边坡及坑底稳定性、基坑流砂、黄土湿陷等。近年来，高层及重型建筑增多，这些问题更显突出。这些都与地下水情况有关，在地下水埋藏浅的地方，当基底设计标高低于地下水位时开挖基坑涌水是施工条件中的一个重要问题，岩土工程勘察时必须对涌水量进行计算。在开挖深基坑时，坑壁和坑底的稳定性是一个重要问题，特别是在软土地区；或坑底隔水层过薄而下伏承压水，则很有可能发生突发性冒顶而导致基坑的大量涌水。流砂对开挖基坑威胁很大，当有可能时必须做好防治措施。

四、边坡稳定性问题

在斜坡上修建建筑物，边坡稳定是个重要的岩土工程问题。建筑物的建造给边坡增加了外荷载，破坏了其原有的平衡，会导致边坡失稳而滑动，使建筑物被破坏。因此，对斜坡地区必须做出岩土工程评价，对不稳定地段必须提出防治措施。

第二节　道路工程地质问题

道路是带状建筑，线路绵延数百千米，穿越地形、地质条件复杂的不同构造单元，沿线各地段孕育着各种自然地质灾害，时时威胁着道路的安全。道路建筑物的设置和施工，改变了建筑物周围的地质环境，破坏了山体的平衡和稳定状态，可能引发各种工程地质问题。本节主要讨论道路工程的工程地质问题及其发生的地质条件和背景。

一、路基工程地质问题

路基是公路的重要组成部分，它主要承受车辆的动力荷载和其上部建筑的重力。坚固、稳定的路基是公路安全运行的保障。

路基横断面有路堑和路堤两种形式。线路设计标高高出地面时，必须填方修成路堤；线路设计标高低于地面，又必须开挖成路堑（见图 7-1）。路基所出现的各种软化、变形和整体失稳一般称为路基病害。路基病害常与特殊的工程地质条件有关，其实质是路基工程地质问题。

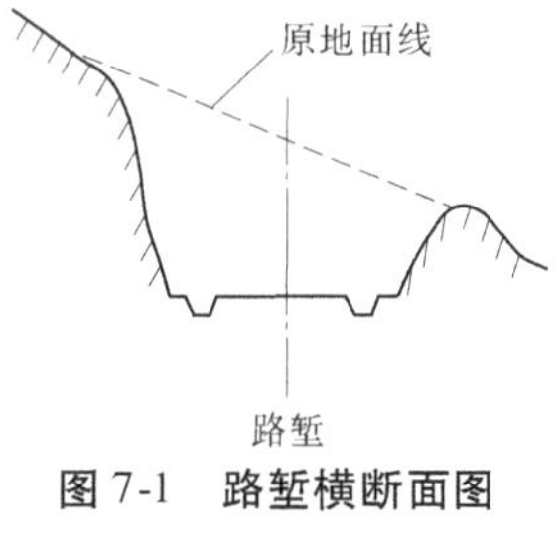

图 7-1　路堑横断面图

路基不均匀变形以路基沉陷变形较为常见，但也包括膨胀变形。除路基施工碾压不够外，特殊的工程地质条件常是主要原因。软土、湿陷性黄土、多年冻土、岩溶空洞和地下矿山采空区等分布区域的路基常出现路基沉陷变形，而在盐渍土和膨胀土分布地区的路基则出现不均匀鼓胀变形。本节主要介绍地质条件与路基病害的关系，以下按各种特殊土类和地质条件造成的路基不均匀变形分别进行叙述。

（一）软土路基沉陷

软土具有强度低、压缩性高、含水量大和透水性小等不利的工程性质。在软土上修筑公路时，经常遇到软土地基压缩变形和地基剪切破坏带来路堤过大沉陷和破坏两大工程问题。因此，软土地基沉降计算（固结理论）和稳定性分析（强度理论）是软土理论的两大课题，也是工程设计和施工必须考虑的两个主要问题。

在软土地区进行工程建设，勘察工作应查明软土的分布范围和厚度、软土的垂直结构、物质成分、物理和力学性质；选线、定线时，路线应选择靠近山丘、地势较高的地段通过，应尽量远离河流、湖塘、封闭或半封闭的洼地；设计时，应根据沉降计算和稳定性分析确定路堤极限高度（临界高度），根据施工后沉降量标准制定施工工艺和地基处理方法，当基底不做特殊加固处理，用快速施工方法修筑路堤时，必须控制路堤填筑高度和填筑速度，否则地基或路堤必须采取加固或处理措施。软土地基处理方法一般有换填法、抛石挤泥法、反压护道法、砂垫层法、预压砂井或袋装砂井法、挤密砂桩法、塑料板排水法及石灰、水泥或化学药剂加固法等。工程实践中，多采用几种方法综合处理，如砂垫层、预压和塑料板排水一起使用。

（二）黄土地基沉陷

黄土因其特殊的大孔隙、垂直节理发育等结构特性，强渗透和遇水崩解的水理特性，干燥时高强度、浸水后强度明显降低的强度特性，路基常出现路堤下沉、坡面冲刷、边坡滑塌和滑坡、冲沟侵蚀路基等工程病害。特别是湿陷性黄土质地疏松，大孔隙和垂直裂隙发育，富含可溶盐，浸水后结构迅速破坏而发生显著的附加下沉，工程病害更是经常发生而且强烈。

黄土路基各种病害的发生与水的关系密切。路堤沉陷除施工压实不足外，常是地基湿陷、地下洞穴塌陷、路线通过冲沟时沟底地基湿软、冲沟逆源侵蚀路基等造成的；雨水造成坡面冲刷、滑塌，河流冲刷坡脚或地下水软化坡脚引起滑坡；地下水位较高造成路基软化和冻胀、翻浆。因此，黄土地区进行公路建设和公路病害治理必须重视排水问题，包括地表排水和地下排水。

黄土陷穴、人工坑洞、地下墓穴等人工洞穴在黄土地区较为多见。线路勘测时不易发现，运营一段时间后可能突然发生沉陷。西北地区铁路路基由于地下暗穴不易发现，曾多次颠覆列车。

黄土地基湿陷造成公路铁路出现变形或破坏的事例是较多的。甘肃、陕西等黄土分布区的多条公路因地基湿陷造成路基、路面、桥梁和涵洞变形或破坏。因此，对于黄土地区的工程建筑，必须查清建筑地区的黄土是否具有湿陷性及其湿陷性的强弱，根据情况采取夯实、换填土或化学加固等地基处理措施，注意排除地表水和地下水的渗入可能性。在有陷穴、人为洞穴分布地区，应查明陷穴、洞穴的分布规律，对已有的陷穴应回填夯实，平整地面，排除地表水和地下水的影响。

（三）多年冻土路基变形

多年冻土地区处于特殊的自然环境状态，年均气温低于0 ℃，多年冻土地层结构从地表向下依次为：随季节变化而处于冻结和融化状态的季节活动层、保持常年冻结的多年冻土层、常年融化层。多年冻土层的顶面称为多年冻土上限，底面则称为多年冻土下限。天然状态下，在多年冻土上限以下存在厚度不等的冰层或含土冰层。多年冻土受气候、地表植被等环境条件和冻土含冰量、地温等条件影响，处于不同的稳定状态。一般地讲，气温、地温愈低，地表植被愈好，冻土稳定性愈好；因为水的热容量较大，所以含冰量愈大，冻土稳定性愈好。

由于修筑公路、铁路，特别是公路铺筑沥青面层，破坏了多年冻土的水热平衡状态，吸热大于散热，多年冻土逐渐融化。多年冻土上限附近不同厚度和不同含冰量的冰层融化，引起路基基底发生不均匀沉陷，或由于水分向路基上部集聚而引起冻胀、翻浆。青藏公路格尔木至拉萨段位于青藏高原腹地，穿越500多km的多年冻土分布区，自20世纪70年代铺筑沥青面层以来，出现了大范围较严重的路基、路面沉陷，病害主要集中出现在不稳定和较不稳定冻土带。另外，路基下的冰丘及冰锥和季节活动层的冻融作用往往会使路基鼓胀，引起路基、路面的开裂与变形；当冰丘、冰锥融化后，路基又发生不均匀沉陷。东北大、小兴安岭多年冻土地区的道路受冰丘及冰锥的影响，鼓胀和沉陷变形较为明显；青藏公路则以路基、路面开裂较为严重。

针对多年冻土特性和道路病害，多年冻土地区路基设计采用“保护、一般保护和不保护”三种原则。保护也称为被动原则，是采取工程措施严格控制多年冻土不发生变化；一般保护是采取工程措施，控制冻土变形速率和变形总量；不保护也称主动原则，是采取措施加速冻土融化或清除冻土以及不采取任何工程保护措施的原则。保护原则适用于重要和对变形敏感的工程结构物，且冻土为稳定或较稳定型；一般保护原则适用于受变形影响不敏感的工程，适用的冻土类型为较稳定型；不保护原则一般适用于不稳定冻土。

（四）膨胀土路基变形

膨胀土因特殊的工程性质对工程建筑产生多种危害，而且变形破坏具有反复性。在膨胀土地区，房屋建筑常普遍出现开裂变形，路面常出现大范围、大幅度的随季节变化的波浪变形，路基常出现的病害有均匀鼓胀和沉陷，沿路肩部位的纵裂和坍肩，在路堑边坡和路堤边坡的剥落、冲蚀、溜塌、坍滑和滑坡，有“逢堑必滑，无堤不坍”之说。

这些病害的产生必须具有两个基本条件：一是土具有胀缩特性，胀缩性愈大，可能产生的病害愈严重；二是水的渗入，没有含水量的变化，则不会产生土的体积变化和结构破坏，即不会产生路基的变形和破坏。因此，控制填土的性质或改善土的胀缩性，减小路基、路面水的渗入，是防治膨胀土道路病害的重要手段。膨胀土的膨胀潜力与土的初始密度和初始含水量有关，初始密度愈大、初始含水量愈小，土体膨胀潜力愈大；反之，则小。因此，采用合理的填土压实标准和碾压含水量，是减轻胀缩危害的另一个重要方面。铁路科研部门经过研究得出：为减轻路基胀缩危害，应降低膨胀土路基压实标准。

膨胀土的强度为典型的变动强度，具有初期强度极高、经过几个干湿循环后强度极低的特点。初期强度极高，造成施工开挖和破碎碾压困难，也不易被压实。路堤填筑后，在大气物理风化和湿胀干缩效应作用下，土块崩解，受上部重力和行车荷载作用，路堤易产生不均匀下沉。路堤愈高，沉陷量愈大，尤以桥头填土的沉陷更为严重。

路肩部位常因机械碾压不到，填土达不到要求的密实度。同时，因路肩位于临空面，受大气物理风化强烈、干湿交替频繁，其胀缩程度远大于路堤内部，所以在路肩部位常产生坍滑、沉陷和纵向裂缝等病害。

膨胀土路堑边坡表层土体受大气物理风化作用明显，土块碎解成细粒状、鳞片状，在重力作用下易发生剥落，在坡面水流作用下易发生冲蚀。经过长期湿胀干缩，边坡表层土体强度明显降低，在水和重力作用下，易发生坡体溜塌、坍滑和滑坡。膨胀土滑坡多为牵引式，呈迭瓦状，成群发生。滑坡体为纵长式，一般可从坡脚牵引至坡顶，多为浅层性，厚度多为1.0～3.0 m，一般不超过6.0 m，滑坡体厚度与大气风化作用层厚度有关。膨胀土滑坡的发生与土的性质和土体结构关系密切，与边坡高度和坡度关系不明显。因此，以放缓坡度来防止膨胀土发生滑坡的效果并不明显，必须采取其他有效的工程措施。但膨胀土地区的边坡坡度还是比其他土类边坡明显较缓。

（五）盐渍土路基变形

我国沿海和内陆地区分布着大范围的盐渍土，当盐渍土中硫酸盐含量较高时，土的物理性质、力学性质和筑路性质会发生显著变化，引起许多路基病害。路基和地基土中的硫酸盐，因地表浅层水热状况的变化而引起其发生化学成分和物理性状的改变。以硫酸钠为例，硫酸钠在水中的溶解度随温度改变而改变。在温度为32.4 ℃时，硫酸钠的溶解度达到峰值。当温度低于32.4 ℃时，溶解度随温度降低而急剧减小，溶液中析出物为十水硫酸钠。当温度高于32.4 ℃时，溶解度随温度升高而降低，析出物为无水硫酸钠。无水硫酸钠密度为2.68 g/cm^3，十水硫酸钠的密度为1.48 g/cm^3，从理论上讲，无水硫酸钠的体积是十水硫酸钠的大约3倍。因此，盐渍土地区的路基随着温度的变化出现胀缩现象，低温季节土体膨胀，路面出现鼓包、开裂；高温季节，由于硫酸盐脱水，路基出现松软和泥泞。内陆干旱地区季节温差和昼夜温差大，盐渍土地区公路、铁路、机场道面等的病害也相应严重。新疆314国道焉吉、轮台段出现了较严重的盐胀病害，民航敦煌跑道也曾因强烈盐胀影响了正常使用。

影响路基盐胀的主要因素有土质、含盐类型、含盐量、土体密度、温度及其变化过程等。

空隙较小的黏性土和空隙较大的砂性土不利于水和盐分的迁移，对盐胀不利。因此，黏土或天然砂砾常被用作垫层以隔断地下水和盐分向路基及路面内的积聚。一般来讲，盐胀最为强烈的土为粉性土。粉土的孔隙率较大且孔隙连通性好，孔隙的大小也有利于毛细水的迁移，毛细水上升的过程就是盐分集中的过程，所以粉土路基的盐胀作用最为强烈。

各种盐类中，以硫酸盐的胀缩最为明显，其中又以 Na_2SO_4 最强烈，氯盐和碳酸盐类的胀缩性较小。

含盐量对膨胀影响的基本规律是：含盐量小于某一值时土体膨胀不明显，大于该值后膨胀量迅速增加，但盐分增加到不能被土中水完全溶解时，多余的盐分将不再形成盐胀，即盐胀量不再随含盐量的增加而增加。以在盐胀中起主要作用的 Na_2SO_4 为例，当含盐量小于1%时，土体无明显的膨胀；当含盐量大于2%时，膨胀量随含盐量的增加迅速增大。

因此，路基设计规范规定 Na_2SO_4 含量小于1%时，部分工程可用；大于2%时工程中不能使用，或采取改性措施后才可使用。

含水量对盐胀的影响与含盐量有关。当含水量小于6%时，无论含盐量多少，土体膨胀都不明显；当含盐量大于2%、含水量大于6%时，随着含水量的增加盐胀率增加，但有一峰值，超过峰值后，盐胀率随含水量增加而减小，减小的原因是：含水量的增加导致了盐溶液的浓度降低而成为非饱和溶液，盐分结晶能力降低；当含盐量大于3%以后，盐胀率为峰值所对应的含水量，为14%～18%。

土体密度对盐胀率的影响，在密度—膨胀率图上为一下凹曲线：对应于某一干密度（硫酸盐渍土为1.6 g/cm^3），土体盐胀率最小；小于和大于该密度，盐胀率均增加。路基要求的压实密度所对应的盐胀率是较大的。

盐渍土开始产生结晶膨胀所对应的温度称为起胀温度。硫酸盐渍土的起胀温度在25 ℃左右，盐胀增长的温度区间很大，从起胀温度开始一直可延续到 -15℃，即从秋末开始一直延续到隆冬。降温速率对盐胀也有明显影响，降温缓慢盐胀量大，降温快时盐胀量小。

（六）岩溶和采空区路基沉陷

碳酸盐岩类分布地区，常常由于岩溶引起一系列工程地质问题。岩溶地区路基的主要工程地质问题有：地下洞穴顶板的坍塌，引起位于其上的路基及其附属构造发生坍塌、下沉或开裂；地下岩溶水的活动，或地面水的消水洞穴阻塞，导致路基基底冒水、水淹路基、水冲路基以及隧道涌水等病害。因此，在岩溶地区修建公路，应全面了解路线通过地带岩溶发育的程度和岩溶形态的空间分布规律，避让或防治影响路基稳定的岩溶病害。

岩溶洞穴位于地下，洞顶坍塌引起路基沉陷具有隐蔽性和长期性特点，初期不易被发现。例如，津浦铁路泰安段路基位于覆盖型岩溶地区，地表为第四系地层，下伏基岩为寒武系和奥陶系石灰岩以及白云质灰岩。覆盖层和碳酸盐岩中含有丰富的潜水和岩溶裂隙水。1960年后该地区大量开采地下水，引起水力坡降和流速增大，继而产生冲蚀和潜蚀，发展到一定阶段，在覆盖层中引起坍塌 。1977年后地面塌陷日趋严重，路基、桥涵被毁，多次中断行车，危及津浦铁路，后经采取岩溶注浆与旱桥跨越相结合的整治方案，才确保了路基稳定。

与岩溶洞穴塌陷相似，地下矿山采空区塌陷常造成地面大范围沉陷，给位于其上的公路带来路基路面变形和破坏。山西、内蒙古、陕西和安徽淮南、淮北等地的煤矿区常出现采空区塌陷造成损失的事件。

二、边坡工程地质问题

边坡受岩性、构造等地质条件和风化、水的渗入及冲刷等自然地质作用，以及人工开挖等工程活动的影响，常出现坡面变形和整体失稳破坏两类工程病害。在山区高等级公路建设中，高陡边坡大量出现，因此边坡工程地质问题会愈来愈严重，破坏和造成的损失也会更加严重。

（一）直观变形

坡面变形是指路堑（或路堤）边坡坡面的局部破坏，包括风化剥落、落石、冲刷和表层破裂成大小不等的岩屑，滚落在坡脚下就地堆积。剥落多发生在坡积层、页岩、泥岩和砂质泥岩组成的边坡中，强烈风化的花岗岩坡面也易发生砂状剥落。产生剥落的原因主要是温度、湿度的变化，冻胀等引起的各种物理风化作用，使岩体连接发生破坏。剥落是岩质边坡坡面缓慢变形，边坡岩体整体上是稳定的。坡面剥落发展到严重阶段，大量岩屑堆积在坡脚，堵塞侧沟，排水不畅，如不及时清理，局部剥落不断扩大可发展为较大的表层滑塌或崩塌，影响整个边坡稳定。

植物防护是一种经济、简便、效果较好的坡面防护措施。植物能覆盖表土、防止雨水冲刷，固结土壤，能有效地防止坡面风化剥落。对于易风化的岩石边坡坡面，开挖后及时采用水泥石灰砂浆或石灰炉渣浆抹面，也可采用喷混凝土护坡或浆砌片石封闭坡面。

坡面冲刷是雨水顺坡面流动时将松散的颗粒带走，而在坡面上冲刷出一条带状小纹沟。结构松散的土质边坡和黄土边坡，常常是冲刷强烈作用的部位。一条条顺坡面排列的细长的沟槽，将坡面分割得支离破碎。这些变形进一步发展，可以导致路堑或路堤更大规模的破坏。因此，对坡面上刚出现的轻微冲刷应及时整治。做好地面和路面排水，截断流向坡面的水流，使之减至最小程度，对已经形成的冲刷沟槽，嵌补、填实，防止其继续发展是整治冲刷的有效手段。

表层滑塌是由于边坡上有地下水出露，形成点状或带状湿地，产生的坡面表层滑塌现象。这类破坏由雨水浸蚀、冲刷也能产生。它往往是边坡更大规模变形破坏的前奏。对已发生的破坏应及时整治，避免其进一步发展。疏导和拦截地下水，保持坡面干燥，可以制止边坡变形的发展。

（二）整体失稳

整体失稳是指边坡的整体塌滑和滑坡。塌滑时边坡上部或顶部地面下沉，出现多条拉张裂缝，边坡中、下部向外鼓胀，显示出边坡整体滑动和破坏的征兆。

边坡整体塌滑和滑坡是路基工程中的重要工程地质问题。山区公路工程常常需要在斜坡坡脚开挖路堑，修建人工边坡。这种工程活动改变了斜坡内初始的应力状态，使坡脚剪应力更趋于集中，开挖的人工边坡切断斜坡岩体内各种结构面，破坏了边坡岩体的稳定性。

这种由工程开挖引起的边坡滑动，常发生在岩层顺坡倾斜，层间夹有泥化的页岩或泥岩层中，倾角大于泥化层层间的内摩擦角，一旦开挖切断坡脚岩层，即刻引起顺层滑动。某一滑坡由白垩系泥质砂岩、页岩组成，岩层倾向线路，倾角为15°。边坡上部砂岩中发育两组陡倾角节理，倾向斜路。表水沿节理下渗至砂岩、页岩接触面，浸润软化页岩。施工开挖路堑后，岩体失去平衡，形成基岩滑坡（见图7-2）。

斜坡坡脚坡积物广泛分布，公路傍山修建切割坡脚，截断坡积层，降低其稳定性，引起坡积层沿下伏基岩面向线路方向滑动。因此，山区公路坡积层内发生的滑坡是常见的边坡病害。

山区河谷斜坡是自然地质作用强烈地段，河岸两侧也是边坡整体稳定病害多发地段。受河流侵蚀作用和岩层产状影响，河谷斜坡处于不同稳定状态。一般来看，顺倾向岸坡地形较缓，但整体稳定性较差（见图7-3）；反倾向岸坡则相反，河流凹岸稳定性较差，凸岸稳定性则较好。

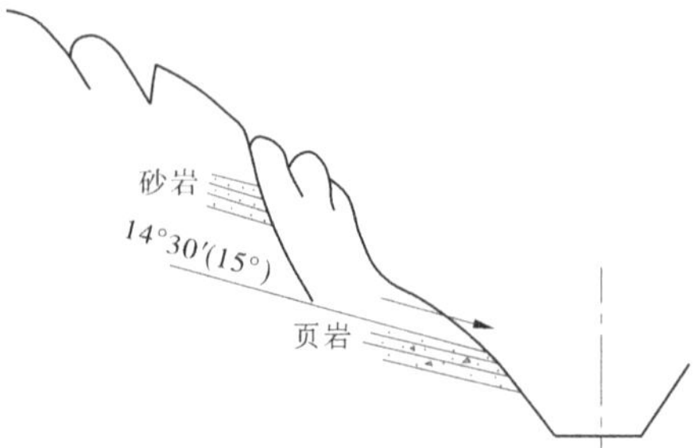

图 7-2　某地滑坡示意

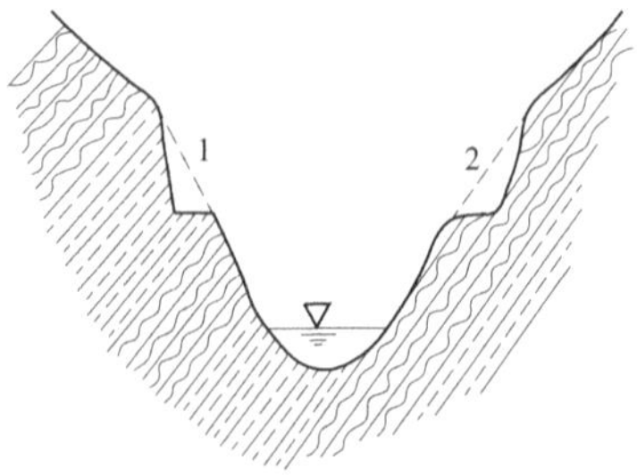

1—有利情况;2—不利情况

图 7-3　单斜河谷边坡稳定性示意

岩质边坡的破坏失稳与岩体中发育的各种结构面有很大关系。结构面破坏了岩体的完整性,使岩体成为各种结构面分割的岩块组合体。相比之下,结构面的强度远低于岩块。岩体破坏都是沿着结构面发生的,特别是边坡岩体中结构面贯通,产状有利于滑动破坏时,尤为不利(见图 7-4)。岩质路堑边坡常见的破坏形式有单滑面和双滑面(或称楔形滑动)两种类型。

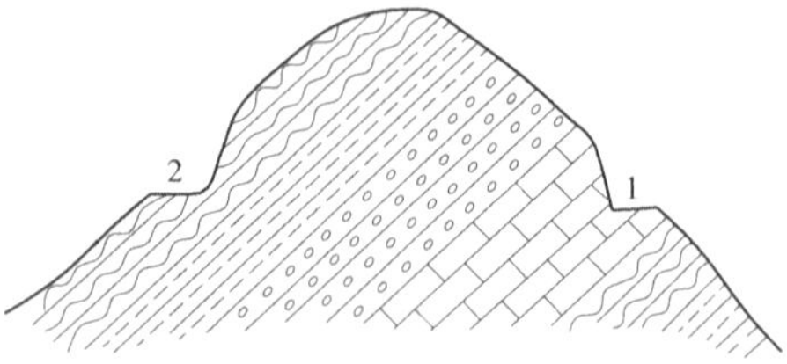

1—有利情况;2—不利情况

图 7-4　地质构造对边坡稳定的影响

(三)路基边坡坡度的确定方法

路基边坡坡度的确定是勘测设计中的一项重要工作,边坡坡度直接涉及坡体稳定与坡面冲刷、剥落等问题,也涉及工程造价、环境保护等方面,是路基设计的主要内容之一。因自然条件的复杂性,边坡坡度主要是按工程地质比拟法确定的,即根据岩石(土)的类型和性质、工程地质和水文地质条件、拟用的施工方法、边坡的高度等因素,参照当地自然极限山坡和已建边坡的坡度进行确定。

土质边坡的稳定性受多种因素的影响,如土的类型和成因,地表水或地下水的影响等。这些因素目前还难以用定量指标表达,所以土质边坡坡度的确定多采用详细调查边坡所在地区土的成因类型、土的性质,以及边坡所处的地貌特征等工程地质和水文地质条件,结合同类土已有的人工边坡和自然斜坡的稳定情况,经过对比和综合分析确定边坡的坡度。土质均匀时,则可采用力学的计算方法确定边坡的坡度。

岩质路堑边坡的稳定性主要受岩性、地质构造特征,结构面和线路的关系,裂隙发育程度,风化作用及水的作用等因素影响。一般情况下,岩浆岩边坡较陡,沉积岩、变质岩中硬岩类坡度较陡,泥岩、页岩、千枚岩、片岩等软岩的坡度较缓;岩石风化严重、裂隙发育、地下水丰富边坡应较缓,反之则坡度宜大。

第三节　桥梁工程地质问题

桥梁是公路工程建筑的重要组成部分。线路跨越河流、沟谷或道路，需要架设桥梁，桥梁也是线路通过地质灾害频繁发生地区的主要工程。

在公路工程地质勘测中，由于对桥址周围的工程地质特征了解不足，在桥梁施工、运营时，遇到不少问题。如有的将桥墩、桥台设在滑坡上，基坑开挖时引起滑坡复活，而使已建成的桥墩、桥台错位；有的桥墩、桥台建在岩溶洞穴上，致使桥墩、桥台倾斜无法使用。查明建筑物场址周围的工程地质条件，确保建筑物安全、正常使用，这对于桥梁也不例外，而桥位选择、桥梁基坑稳定性和正确选定桥基承载力，是确保桥梁安全的三个重要方面。

一、桥位选择中的工程地质问题

桥梁位置的选择应该综合考虑线路方向、选线设计技术要求、城乡建设、交通水利设施的要求和地形、地质条件等多方面因素。一般中、小桥位置由线路条件决定，特大桥或大桥则往往先选好桥位，然后统一考虑线路条件。大桥和特大桥位的选定，除综合考虑政治、经济等因素外，还必须十分重视桥位地段的地质、地貌特征和河流水文特征。

桥位应选择在岸坡稳定、地基条件良好、无不良地质现象的地段，应尽可能避开大断裂带，尤其不可在未胶结的断层破碎带和具有活动可能的断裂带上造桥。

从河流的情况来看，最理想的桥位应选择在水流集中、河床稳定、河道顺直、坡降均匀、河谷较窄的地段，桥梁的轴线与河流方向垂直。

河道水流是一种螺旋状的环流，它以自己特有的侵蚀—搬运—沉积方式，不断地深切河床、拓宽河谷和加长流路。对于某一具体河段，它正处在特定的发育阶段。因此，在某一地段选择桥位时，首先要研究地貌条件，了解河水对河床和岸坡冲刷作用的规律，避开那些有河床变迁、巨大河弯、活动沙洲的不良地段，还要大致判定河谷内覆盖层的厚薄、基岩埋藏的深浅，以便合理选定桥位。

（一）山区河流桥位条件

山区河流多在山峦起伏的深涧峡谷中流动，其特点是坡降大，水流急，河谷较深，河床中常有基岩裸露，或被巨砾、粗砂沉积覆盖，覆盖层一般较平原河流薄。

山区河流的水文特征是洪水暴涨暴落，洪峰次数频繁，持续时间短，流量及水位变化幅度较大。

根据山区河流的特点及勘测设计实践，选择山区河流的桥位时，应考虑如下几个原则：

（1）桥渡线尽可能选在河道顺直、水流通畅地段，避免在河弯、沙洲、河心孤石突起及河道急剧展宽的河段通过。

（2）桥渡线宜选在河槽较窄的峡谷段通过，并应同时考虑施工方法与施工场地的布置问题。当由于峡谷段水深流急，一跨不成，必须在河中建墩时，为避免基础施工困难，也可在开阔段通过。

（3）桥渡线应避免在两河交汇或支流的河口段通过，避免两河洪水涨落时间不同，冲淤变化复杂，影响建筑物的安全。

(4)桥头及其引线应避开崩塌、滑坡、泥石流等地质灾害发生场所。

(二)山前地区宽河桥位条件

河流流出山区进入山前地区，地形骤然拓宽，多形成山前宽河(见图7-5)。它可分为上游狭窄河段、中游扩散河段和下游收缩河段。不同河段具有不同的特点。

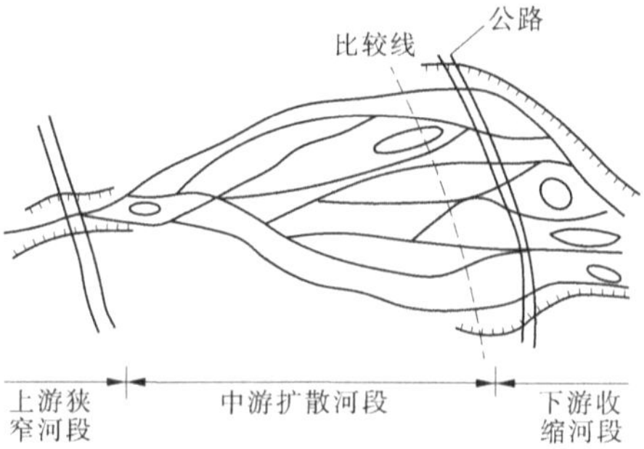

图7-5　山前宽河

1. 上游狭窄河段

河流强烈下切，两岸陡立，河床纵坡大，流速也大，河床稳定。此处桥长最短，桥位最易确定，桥位布置也较简单，桥下净空高，河滩路堤最短。基础工程简单，防护工程少，是良好的桥位。

2. 中游扩散河段

中游扩散河段水流经常变化，冲淤次数较多。在此布置桥位，孔径的大小、桥梁净空及导流建筑物设置等问题均难以解决。尤其是逐年淤高，是一个复杂而危害很大的问题。在此建桥，造价高，养护困难，因此应尽可能避开此河段。

3. 下游收缩河段

一般大河流随地形条件汇成一股或数股河道，水流平稳，河床稳定，在这里建桥也是较好的桥址。

根据上述各河段的特点，布桥时应注意以下几点：

(1)上游狭窄河段应采用一河一桥的原则。

(2)中游扩散河段一般应顺水流的自然趋势，采取一河多桥原则。在显著的支岔上分别设桥。但在水流比较集中，泛滥范围不宽，设置相应的导流建筑物能保证桥渡安全时，也可考虑一河一桥的原则。

(3)下游收缩河段应分别在各稳定的河道上建桥，不宜改河合并，以保证桥梁安全。

(三)平原区河流桥位条件

平原区河流河床摆动较大，而且有的河段稳定，有的河段仍不断变化。

(1)平原区河流稳定河段，桥位应选在河道顺直、河床深槽地段，桥梁中线宜与河流两岸垂直。

(2)平原区河流次稳定河段，则要注意河床的天然演变。一般桥位可选在河弯顶部中间部位跨越，不宜设在两河弯间直线过渡段，以免河弯下移，引起桥下斜流冲刷，危及桥墩、桥台安全。

(3)对于平原区游荡性河段，桥位宜选在有坚固抗冲的岸壁或人工建筑物河堤等处，必要时采取导流措施保护桥渡安全。

二、桥基勘测中的工程地质问题

桥基工程地质勘测的任务是为桥梁墩台设计提供地质资料。方法是在调查与测绘的基础上进行勘探工作。对于大、中桥，目前均采用以钻探为主，辅以物探和原位测试的方法。勘测应提交的资料有桥位处的河床地质断面（剖面）图（见图 7-6）、钻孔柱状断面图（见图 7-7）与钻探记录。水、土和岩石的试验、化验资料应满足查明地质构造、不良地质现象、地基土的物理力学性质及地下水的状态等要求。

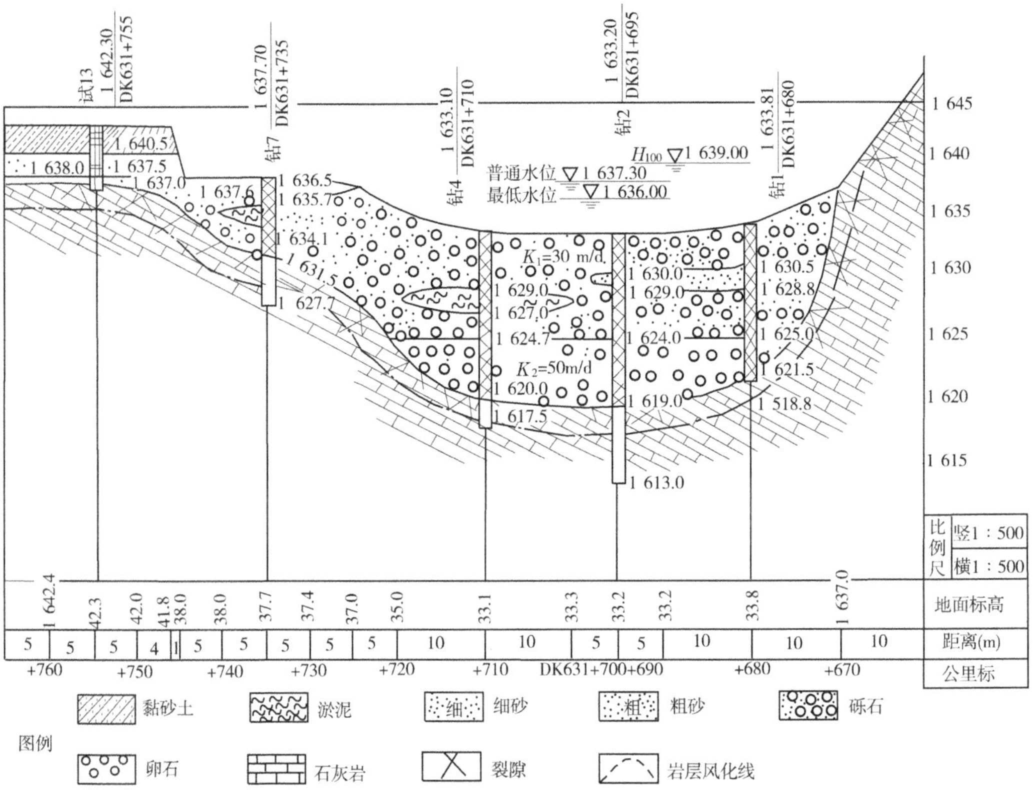

图 7-6 桥位处的河床地质断面（剖面）图

桥基工程地质勘测应注意的问题有以下几项。

（一）钻孔布设

钻孔布设应在桥位工程地质调查与测绘及物探的基础上进行，以避免盲目性。

钻孔数量取决于设计阶段、桥位地质条件、拟采用的基础类型。

在初步勘察阶段，当工程地质条件简单时，中桥一般不应少于 2 ~3 个钻孔，大桥一般不应少于 3 ~5 个钻孔，特大桥一般不应少于 5 ~ 7 个钻孔；在详细勘察阶段，钻孔数应不少于墩台数。当采用沉井基础，或基础设在倾斜、锯齿状的基岩面上时，应增加辅助钻孔，复杂时每一墩台需要 7 ~10 个钻孔。

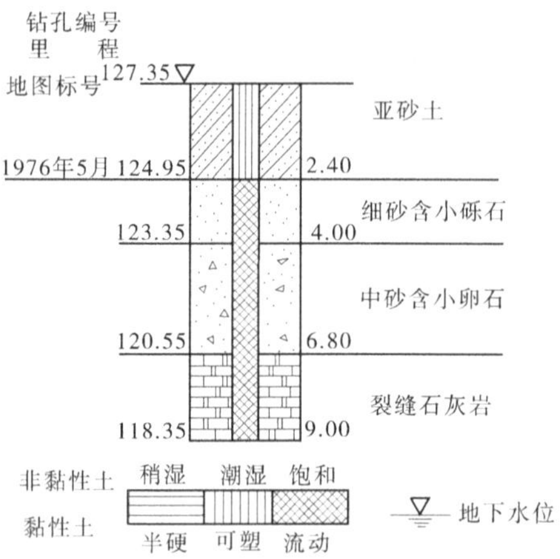

图 7-7 钻孔柱状断面图

钻孔一般布置在桥梁轴线或其两侧。为了避免钻穿具有承压水的岩层而引起基础施工困难,也可布设在墩台以外。为了解沿河床方向基岩面的倾斜情况,在桥梁的上下游可设辅助钻孔。

(二)钻孔深度

钻孔深度取决于河床地质条件、基础类型与深度及施工方法。

河床地质条件包括河床地层结构、基岩埋深、地基承载力、可能的冲刷深度等。

基础类型及施工方法有明挖、沉井、桩基等。

如遇基岩,要求钻入基岩风化层 2 ~5 m。这一点在山区有蚀余堆积的河床上,尤其应注意,避免把孤石错定为基岩。

不同岩土类型的钻孔大概深度可参考表 7-1。

表 7-1 钻孔的大概深度

序号	土层名称	钻孔深度(m)	
		大桥	中桥
1	岩石	风化岩石下不小于 3 m	
2	砂砾	15	10
3	砂	20	15
4	黏质土	30	25
5	软黏土	低于荷重土层表面以下不得小于 15 m	

注:砂、砂砾、黏质土的深度由河底最大计算冲刷标高算起。

(三)操作要求

为保证钻探工作的质量,钻进过程中要认真对待取样、鉴别等环节。每 1 ~1.5 m 深取样,每次岩性变化要取样,并保证较高的岩芯采取率。为使样品尽可能保持原来状态,应注意选择钻头类型和较大的钻孔直径及钻进方法。记录要仔细,对所使用的钻具、进尺、取样以及钻进中的感觉等均应翔实记录。在鉴别样芯时,应与调查、测绘结果对照,避免发生重大误判。

大、中桥桥位地质钻探多是水上作业，安全问题尤为重要。若发生安全事故，不仅工作受到严重影响，甚至会造成人身事故或钻探设备受到损失。在下列情况应特别注意安全：位于水深流急的大河上，位于水库下游受水库放水影响时，位于河口受潮汐影响水位变化时。

三、桥基稳定性及承载力的确定

（一）桥基稳定性

桥梁基础及其施工过程中基坑的稳定性受到地质条件与河流冲刷的影响，会产生基础垮塌、滑移和基坑坍滑等破坏或变形，威胁工程和人员的安全。

1. 基坑坍塌

桥梁墩、台基础明挖施工时，基坑坍塌是经常发生的工程地质问题。傍山沿河的线路频频跨越斜坡上的沟溪，基坑多位于坡体中、下部或沟溪峡谷斜坡上，施工时易牵动斜坡山体滑坍。如在松散覆盖层中开挖基坑，容易产生基坑边坡变形或引起覆盖层沿基岩面的滑动，尤其在基岩面上富水条件下更容易发生。基坑位于基岩中时，表层基岩多风化，节理密集、发育，基坑边坡多沿节理坍滑，在层状岩石夹有软弱夹层而且岩层倾向基坑时，基坑切断了软弱夹层，可以引起顺层滑动。平原区或山间盆地地段，冲积层上的基坑在地面以下一定深度，常遇到含水或饱水呈流塑状的土层或流阶层，常发生基坑涌水或坑壁坍塌，给施工造成很大困难，严重时大量滑坍甚至会淹埋基坑，危及人身安全。

2. 基底软弱夹层

层状岩石中多含泥岩、页岩、千枚岩等软弱岩层或构造破碎带，在水的浸泡下，软化成泥状，使得桥基稳定性差、承载力不足，桥梁无法在其上设置墩台基础。因此，基底软弱夹层是桥基勘测和设计中必须认真对待的问题。

3. 基底溶洞

桥梁基础底部岩溶洞穴对建筑物的危害主要是使建筑物基础悬空，洞穴顶板过薄，不能承受荷载重量而发生地表沉陷，甚至突然坍塌。宜（宾）珙（县）铁路某大桥桥墩基础下部有溶洞，导致墩台倾斜。对于墩台基础下的溶洞问题，因为溶洞处于地下具有隐蔽性，必须认真勘察，并对洞穴顶板的安全厚度做出评价。影响岩溶洞穴顶板稳定的因素众多，又难以量化处理，目前多根据经验做近似处理。

4. 河流冲刷对桥基的危害

洪水期间河水流量流速猛增，河流的冲刷作用强烈，桥梁墩台基础埋深过浅，或桥位布置不当，严重压缩过水断面，致使墩台基础常常遭受洪水冲刷，基础外露，危及桥梁安全。如陇海铁路灞河桥，2002 年 6 月 9 日灞河突发洪水，洪水冲刷造成 5 个桥墩相继垮塌。为避免桥基冲刷，基础应设在最大冲刷深度以下一定距离，以免水流淘蚀基础下土层，造成墩台倾斜。有关基础埋置深度的规定请查阅相关规范。

（二）承载力确定

在建筑物基础传递荷载的影响范围内的土层称为地基。地基容许承载力是指地基所能承受的由基础传递的压力，在这种压力作用下，地基不发生破坏，建筑物也不会因为地基产生过大的沉降而变形、失稳。地基承载力对确定桥梁的基础类型、基础埋深、结构形式和工程造价影响极大，是桥梁设计中必须提供的重要数据。

地基承载力的确定有三种方法：载荷试验法、理论公式计算法和应用规范查表法。

(1)载荷试验是在建筑物场址进行原位试验的方法。由载荷试验测得的数据能反映地基土的真实情况，一些重要建筑物多由载荷试验确定地基承载力，一些地质条件复杂的场地，也经常做载荷试验。

载荷试验是由载荷板向地基土传递压力，观测压力与地基土沉降之间的关系，作出压力 p 与沉降 s 曲线，由 p—s 曲线(见图7-8)确定地基承载力，具体方法后续章节有详细介绍。

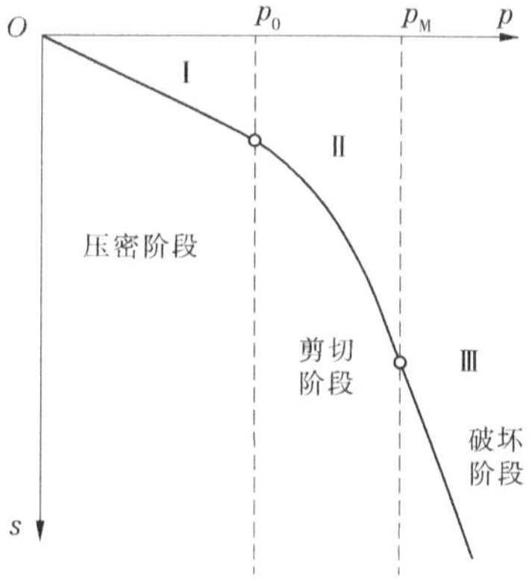

图7-8　p—s 曲线

(2)计算地基承载力的理论公式有多个，这些公式都以某些假定为基础推导得来。公式中一般考虑基础形式、基础埋置深度、土的物理性质和状态、力学性质等因素。

(3)规范法是一种经验方法，它是在多年实践经验中，根据地基土的某些物理指标与承载力之间的统计关系，制定出相应的表格。从表中根据某些指标查取承载力。规范法以大量实践经验为基础，因此比较准确、可靠，使用方便，为现场普遍采用。

地基承载力还可以由旁压仪、触探、十字板剪切仪等原位测试方法测定，感兴趣的读者可以参考有关书籍，这里不再介绍。

四、案例

此案例为铜陵长江公路大桥桥址工程地质特征分析。经1989年4月安徽省公路勘测设计院有关研究报告论证、比较，决定采用主跨460 m斜拉桥，桥位在铜陵港码头与羊山矶之间的Ⅱ号备选位。

(一)桥位区工程地质条件

1.地形地貌与河谷结构

铜陵长江公路大桥位于大通镇下游南北向河段内，桥轴线西端(合肥岸)通过枞阳县普济圩农场下拐队，东端(铜陵岸)在6708油库边缘，下距铜陵横港约3 km。桥位附近，长江多年平均洪水位12.64 m，20年一遇洪水位16.20 m，多年平均枯水位4.76 m。江面宽1 064 m。河床最低高程 -31.11 m，相应水深34.55 m。由于水流冲刷，在主河槽形成长轴与水流方向平行的浅槽。以 -31 m高程计，其范围为桥轴线上游296 m至桥轴线下游 87 m,长 383 m。

桥位区长江左、右岸地形不对称。左岸为高河漫滩型冲积平原,表层由亚黏土及淤泥质亚黏土组成。右岸为剥蚀丘陵,桥址范围内分布Ⅰ、Ⅱ、Ⅲ级阶地,其台面高程分别为 11 m、30 m、47 m。右岸桥线附近山坡见多处沿基岩面滑落的浅层小滑坡,滑体为亚黏土夹碎石或卵砾石,单个滑体为 100 ~ 300 m^3,目前均处于稳定状态。其分布位置,一个位于桥线,约 300 m^3,其余均距桥线 170 m 以上(见图 7-9)。

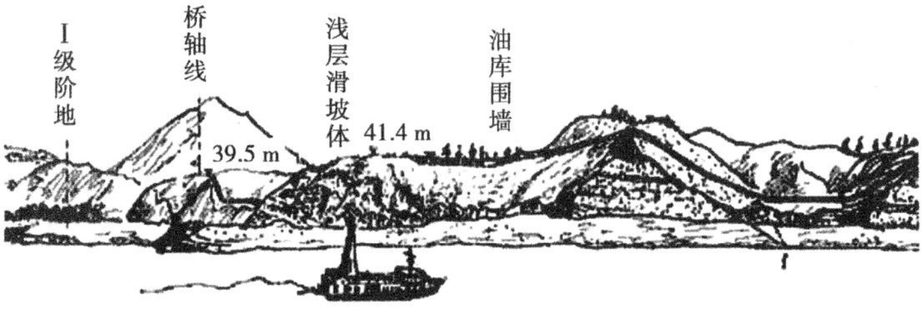

图 7-9　铜陵长江公路大桥桥位区右岸地貌地质素描图

2. 地层岩性

桥位区绝大部分地段被第四系堆积物及水体覆盖,基岩仅出露于右岸(铜陵岸)羊山矶沿江陡崖和局部滩地地段。桥位区基岩属老第三系痘姆组(Ed)陆相碎屑岩系,为一套紫红色或砖红色巨厚至厚层状黏土质粉砂岩、黏土质粉细砂岩、砂砾岩互层。岩层总的特点是:层理不甚清晰,层间彼此多为渐变过渡;横向上岩相变化较大,无明显标志层位;成岩作用较差,以泥质胶结为主,胶结不良,尤以砂砾岩最为明显。

根据岩石成层组合条件及其工程地质特性,桥位区地层可分为以下三大层:

(1)Ed^1 层。以巨厚层黏土质粉砂岩为主,偶夹厚 1.3 ~ 3.1 m 的砂砾岩。黏土质粉砂岩中普遍含有钙质疙瘩体。局部地段岩性渐变为砂质泥岩和黏土质粉细砂岩。本层厚度大于 100 m,分布于右岸基座阶地之下及沿江陡崖和河漫滩地段,为右岸引桥墩台及主桥部分主墩的建基岩体。

(2)Ed^2 层。黏土质粉砂岩与砂砾岩互层,黏土质粉砂岩单层厚 4 ~ 14 m,砂砾岩单层厚 2.5 ~ 13 m。本层厚 65 ~ 70 m,主要分布于河床部位,为主桥部分主墩的建基岩体。

(3)Ed^3 层。砂砾岩及黏土质粉砂岩,偶含黏土质粉细砂岩。底部砂砾岩单层厚 0.5 ~ 0.8 m,黏土质粉砂岩单层厚 0.3 ~ 0.7 m,中、上部为厚层状砂砾岩与黏土质粉砂岩互层。本层厚度大于 45 m,分布于左岸高河漫滩之下,为左岸引桥墩台的建基岩体。

桥位区大面积分布的第四系堆积物,按成因类型可分为冲积、坡积和人工堆积。岩性主要有黏土、亚黏土、淤泥质亚黏土、砂和砂卵石。

3. 桥位区地质构造

桥位区岩层产状为走向北西 330 ~ 340°,倾向南西,倾角从右岸引桥处的 12°向主桥(河床)方向逐渐变缓,至 ZKC – 20 孔处为 5°,ZKC – 20 孔以西的引桥、引道地段岩层近于水平。桥位主桥段断裂不发育,岩体完整,未发现大型断裂破碎带。其中,只有 4 个钻孔发现断层破碎带迹象,结合地震物探资料综合分析,确定有 5 条断层,除 1 条规模稍大外,其余规模很小。

桥位区基岩裂隙极不发育。右岸沿江陡崖地层剖面中显示,泥质胶结的砂砾岩中仅有缓倾角的卸荷裂隙分布，裂隙一般张开 0.1 ~ 0.5 cm，局部受水流冲刷影响，稍有增大，裂隙延伸长度大于 10 m；黏土质粉砂岩和黏土质粉细砂岩中，以北东东和北西西向两组裂隙为主，以高至中等倾角居多，延伸长度一般 3 ~ 8 m，大部分闭合，局部张开，裂隙间距大于 20 m，一般不切层。河床部位裂隙少，多呈闭合状，裂面粗糙，倾角 65° ~ 90°，分布高程 -87 ~ 66 m，均发育于黏土质粉砂岩中。

4. 岩体风化

岩体的风化分带特征：桥位区地基岩体，由于其成岩作用较差，胶结不良，抗风化能力较差，岩体风化的垂直分带性不甚明显。总的来看，泥质半胶结状的砂砾岩或中粗粒砂岩风化相对较强，多表现为强风化类型；而黏土质粉砂岩或黏土质粉细砂岩风化相对较弱，多表现为弱风化状态；右岸沿江基岩裸露部位有全风化岩体分布；在有水体和第四系覆盖的河床和左岸地段，保存厚度不等的强弱风化岩体。

风化层厚度：桥位区岩体风化层包括全、强、弱风化带，厚度一般 0.5 ~ 9.00 m，最大厚度达 19.30 m。左岸引桥、引道段，风化层厚 0.64 ~ 4.8 m。主桥河床部位风化层厚度一般 1.6 ~ 5.9 m，最厚达 8.68 m，风化层底板高程一般 -21.76 ~ -44.0 m。右岸引桥部位风化层厚度较大，为 16.1 ~ 19.30 m。

5. 水文地质

含水层类型：桥位区含水层分为第四系孔隙含水层和基岩孔隙—裂隙含水层两类。

第四系孔隙含水层：包括弱透水亚黏土、淤泥质亚黏土层和强透水粉细砂、砂卵石层两个亚类。

基岩孔隙—裂隙含水层：包括基岩风化层孔隙含水层和微新岩体裂隙含水层，后者包含由断层、破碎带、裂隙等构成的脉状裂隙水。

岩（土）体渗透性：根据室内渗透试验，亚黏土平均渗透系数为 5.3×10^{-2} m/d，淤泥质亚黏土平均渗透系数为 $6.2 \times 10^{-2} \sim 15.1 \times 10^{-2}$ m/d。按颗粒分析资料计算的细砂、中砂、粗砂渗透系数分别为 1.0 ~ 5.2 m/d、5.2 ~ 20.7 m/d、20.7 ~ 51.8 m/d，砂卵石层为 15 ~ 20 m/d。根据现场注水试验，粉细砂渗透系数为 9.1 m/d，风化状含砾中粗砂岩渗透系数为 4.1×10^{-3} m/d，强风化粉砂岩渗透系数为 0.66 m/d。微新岩体基本不透水。

水质分析成果及侵蚀性评价：长江水为 HCO_3—Ca 型，基岩裂隙水为 HCO_3—Ca—K（Na）型，pH 值均为 8.5。覆盖层孔隙水为 HCO_3—Ca 型和 HCO_3—SO_4—Ca—K（Na）型，pH 值为 7.01 ~ 8.17。

地表水（长江水）和基岩裂隙水对混凝土均无侵蚀性；覆盖层孔隙水中 ZKC-14 孔水对混凝土具碳酸性强侵蚀性，ZKC-20 孔水对混凝土具碳酸性弱侵蚀性。

6. 桥位区岩土物理力学性质

岩石物理力学性质：对桥位区老第三系黏土质粉砂岩、粉细砂岩及砂砾岩，共进行了 121 组室内岩石物理力学性质试验，可知这类岩石的天然单轴抗压强度平均值为 3.15 MPa，变形模量一般为 200 ~ 500 MPa，平均为 363 MPa；天然状态黏土质粉砂岩的 5 组三轴试验抗剪强度 C 值一般为 0.48 ~ 0.80 MPa，平均为 0.63 MPa，f 为 0.58 ~ 0.73，平均为 0.66；砂砾岩完成 5 组试验，取得 12 个试验数据，其天然极限抗压强度，单值为 0.13 ~ 1.02 MPa，计算得单值平均值为 0.62 MPa。变形模量为 38 MPa，三轴试验抗剪强度 C 值为 0.32 MPa,f 值为 0.54。

从成果看出,各类岩石均属极软岩类,其天然单轴抗压强度很低,且饱水后强度比天然降低 14% ~79%,个别降低 83%,说明水对岩石强度有明显影响。三轴试验表明,岩石在围压作用下,其强度有不同程度的提高,且岩石的强度越低,围压对它的影响越大。风化作用对岩石强度的影响较明显,强、弱风化岩石的极限抗压强度一般为 0.23 MPa、0.36 MPa。

土的物理力学性质:该区黏性土为亚黏土、淤泥质亚黏土,以流塑和软塑状态为主,压缩系数多为 0.38 ~0.68 MPa^{-1};最大值为 1.03 MPa^{-1},为中高压缩性土,粉细砂压缩系数为 0.09 ~0.39 MPa^{-1};含砾中细砂为 0.05 ~0.21 MPa^{-1},属中压缩性砂土。

7. 各类岩土的容许承载力

各类土的容许承载力:综合各种方法求得的容许承载力,提出引桥、引道区不同类型土在不同状态下的容许承载力建议值见表 7-2。

表 7-2　土的容许承载力及钻孔桩周土的极限摩阻力建议值　(单位:MPa)

土的名称	黏土	亚黏土	淤泥质亚黏土	粉砂	细砂	中粗砂	砂卵石
状态	硬塑—可塑	可塑—软塑	软塑—流塑	稍密—中密	中密	中密—密实	中密—密实
容许承载力	0.25	0.12 ~0.14	0.05 ~0.07	0.15	0.10 ~0.20	0.25	0.5
桩周土的极限摩阻力	0.04	0.03 ~0.035	0.025	0.04	0.045	0.05	0.30

岩石的极限抗压强度和容许承载力:本区断层、裂隙不发育,桥基岩体较完整。但组成岩体的黏土质粉砂岩、粉细砂岩、砂砾岩胶结差,均属于极软岩类,各类岩石容许承载力建议值见表 7-3。

表 7-3　各类岩石力学指标建议值　(单位:MPa)

岩石名称	黏土质粉砂岩	黏土质粉细砂岩	中粗粒砂岩	砂砾岩
风化状态	微新岩体			
天然单轴极限抗压强度	3.0	3.0	2.4	2.4
容许承载力	1.0	1.0	0.8	0.8

(二)桥位区工程地质评价

1. 桥基主要工程地质问题

主、引桥墩台均采用钢筋混凝土嵌岩钻孔群桩基础,影响桥基或路基稳定的主要工程地质问题有：软岩地基的低强度与沉陷变形、桥基冲刷、桥基侧向滑移、饱和砂土和饱和软黏性土的振动液化与流塑变形。

桥基软岩的低强度与沉陷变形问题：桥位区各类岩石成岩作用差，胶结不良，岩相变化大，加之风化等因素影响，决定了桥基岩体强度低、压缩性较大、抗水性差、工程地质特性差的基本特点。根据桥位区钻探、物探分析判断，ZKC－4 孔～ZKC－5 孔有一条断层破碎带存在，对桥墩基础的稳定构成不利影响，有可能产生过大沉陷或不均匀沉陷，设计中应予重视。

桥基冲刷问题：影响冲刷的因素包括河势动态、水流特性和河床地质特征。从桥位区河道发展的历史来看，总的趋势是向右岸移动，即东侧冲刷，形成基岩陡壁临江；西侧淤积，形成宽阔的洪泛平原和巨厚的河流堆积物。桥址区基岩属极软质岩石，其抗冲能力差。基岩裸露或覆盖层极薄，洪水期可能遭受一定程度的冲刷破坏。在确定主河槽及其右侧桥墩基础埋置深度时，应考虑河势变化趋势和水流冲刷影响。

桥基侧向滑移问题：桥基在荷载作用下，能否产生侧向滑移，关键在于地基岩体内有无产生滑动的结构面和侧向临空面。本区地基岩体的层理、裂隙极不发育，缓倾角裂隙更为少见，据地震勘探及钻探资料，桥轴线上、下一定范围内，没有发现大的深槽、深坑，基岩面起伏不大，加之桥梁墩台均为嵌岩钻孔桩基础，无过大的基础开挖，不会形成人工侧向临空面，因此一般不考虑桥基侧向滑移问题。右岸沿江陡崖及 6708 油库附近的山体斜坡地段，地形及基岩面起伏较大，相对高差达 24 m，存在自然临空面。该范围内的墩台，在确定基础埋置深度时，应考虑这一不利影响因素。

饱和砂土和饱和软黏性土的振动液化及流塑变形问题：左岸引道段内存在可能液化的土层，根据试验及计算资料，粉细砂层的平均粒径为 0.14～0.157 mm；相对密度 D_r 为 55%～57%；有效覆盖压力为 0.22～0.27 MPa，大于有关液化的划线指标，故 7 度地震时饱和松散粉细砂不会产生液化。

饱和淤泥质亚黏土属典型软土，其无侧限抗压强度为 14～65 kPa，而重塑土的无侧限抗压强度仅为 1.3～9.0 kPa，灵敏度大于 4，属高灵敏度土。这类土在地震力作用下，易产生流塑变形。据标准贯入试验、颗粒分析资料判断，此类土在 7 度地震时有产生液化或流塑变形的可能。

2. 桥梁墩台建基面的选择

主、引桥墩台均采用嵌岩钻孔桩基础。墩台建基面的选择应遵循以下原则：①墩台建基面应置于微风化层顶板下一定深度的完整岩体内。②根据现有资料，墩台建基岩体以选用岩性均一、厚度大于 7 m 的黏土质粉砂岩或黏土质粉细砂岩为宜。相邻墩台的建基岩体应尽量保持岩性的一致性。③在受水流冲刷、地形及基岩面相对高差大、存在侧向临空面的地段，应考虑水流冲刷及侧向滑移的不利影响。④墩位下存在断层破碎带时，应考虑其不利影响，必要时对建基面做适当调整。

（三）桥位选择

（1）桥址Ⅰ、Ⅱ的右岸为比较耐腐蚀的砂砾岩，江岸稳定；桥址Ⅲ右岸则为第四纪沉积物组成的河岸，稳定性较差，加之桥址Ⅲ离铜陵码头很近，在此建桥对航运可能产生不利影响。因此，从边界条件方面考虑，三者以桥址Ⅰ、Ⅱ较好，桥址Ⅲ较差。

(2)从防洪角度看，根据对水位的计算，以桥址Ⅱ为宜。

(3)从航运方面考虑，由于桥址Ⅰ正处于和悦洲汉道汇流点以下，水流较紊乱，主流线经常出现变化，对航运不利，因此以选桥址Ⅱ为宜。

第四节　隧道工程地质问题

隧道是公路工程中与地质条件关系最密切的工程建筑物。隧道位于地下，四周被各种地层包围，处于各种不同的地质构造部位，可能遇到各种地质问题。修建在坚硬、完整岩层中的隧道，围岩稳定，坑道变形小，开挖时不易塌方，可以采用大断面的开挖方法，不做衬砌或衬砌很薄。而在风化、破碎严重的岩层中的隧道，由于围岩强度低，稳定性差，适合分部开挖、密集支撑，需加大衬砌厚度。

在地质灾害多，对公路安全有严重威胁的地质复杂地段，如不能查清隧道通过地段的工程地质条件，可能引发各种工程地质问题。

本节主要讨论隧道位置的选择与地质条件的关系、隧道涌水、地下温度、瓦斯与岩爆等问题。

一、隧道位置的选择与地质条件

隧道是公路的组成部分，在一般情况下，隧道的位置应当根据岩层的走向来加以确定。但对于长大隧道，特别是工程地质条件复杂的长大隧道，其位置的选择往往取决于工程地质条件的优劣，即工程地质条件决定隧道位置。在各类地质条件中，地质构造与岩层产状、岩石类型及风化程度、地下水条件、地质灾害等都会对隧道位置的选择产生影响。这里主要讨论在各类地质构造条件下和地质灾害地区隧道位置的选择。

(一)地质构造与岩层产状对隧道稳定的影响

1. 岩层产状与隧道稳定性的关系

在水平岩层(倾角 $\alpha < 10°$)中，由于洞室开挖失去支撑，在拱顶岩层中产生拉应力。若岩层很薄且为软弱岩层、层间连接较弱或为不同性质的岩层及有软弱夹层，常常发生拱顶坍塌掉块。若岩层被几组垂直相交或大倾角裂隙切割，则可能造成隧道拱顶大面积坍塌。因此，穿越水平岩层的隧道，应选择在坚硬、完整的岩层中。在软硬相间的情况下，隧道拱部应尽量设置在硬岩中。

在倾斜岩层中，沿岩层走向布置隧道一般是不利的。主要的工程地质问题是不均匀的地层压力，即偏压。当岩层倾角较大时，施工中还易产生顺层滑动和塌方。实践证明，隧道沿岩层走向通过不同岩性的倾斜岩层时，应选在岩性坚硬完整的岩层中，避免将隧道选在不同岩层的交界处或有软弱夹层的地带。隧道顺岩层走向通过直立或近于直立的岩层，除偏压外，稳定性与倾斜岩层相似。

隧道轴向与岩层走向垂直或大角度斜交，是隧道在单斜岩层中的最好布置。在这种情况下，岩层受力条件较为有利，开挖后易于成拱，同时围岩压力分布也较均匀，且岩层倾角愈大，隧道稳定性愈好。

2. 地质构造与隧道稳定性的关系

一般情况下，应当避免将隧道沿褶曲的轴部设置，该处岩层弯曲、裂隙发育，岩石较为破碎。特别是向斜轴部，常是地下水富集之处，开挖后会造成大量地下水涌出。另外，向斜轴部的岩层下部受拉，上部受压，裂隙将岩层切割成上小下大的楔形体，隧道拱顶易于产生岩块坍落（见图 7-10）。通常尽量将隧道设置在褶曲的翼部或横穿褶曲轴（见图 7-11）。垂直穿越背斜的隧道，其两端的拱顶压力大，中部压力小。隧道横穿向斜时，情况则相反（见图 7-12）。

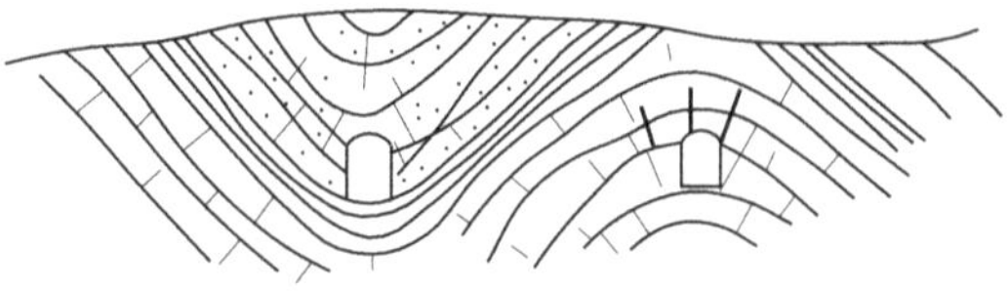

图 7-10　隧道沿褶曲轴通过

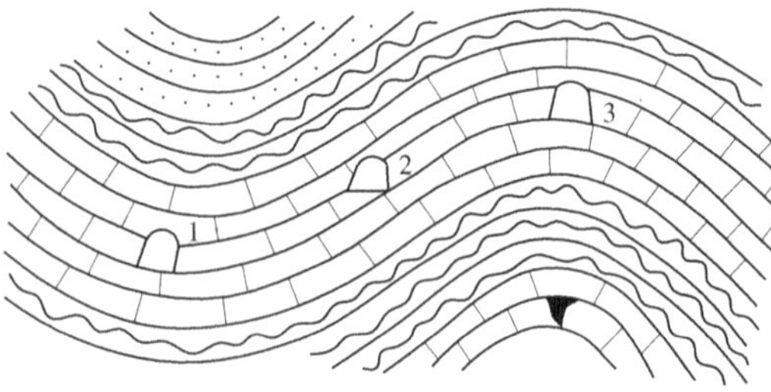

1、3—不利；2—较好

图 7-11　褶曲构造与隧道位置的选择

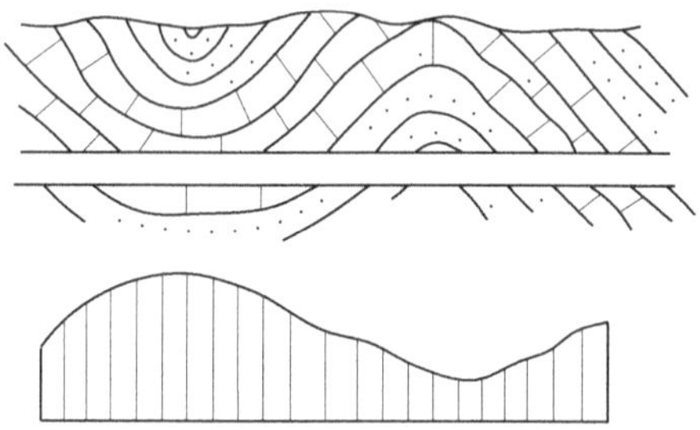

图 7-12　隧道横穿褶曲轴部岩层压力分布

断层是在构造运动中产生的，断层对隧道工程，特别是对隧道施工会产生巨大不利影响。断层破碎带内不仅岩层破碎严重，还常是地下水的储水空间或集水通道，在断层破碎带内的隧道施工极易产生坍塌和涌水。断层两侧的岩层中往往存在一定的残余地应力，因而围岩压力较大。在选择隧道位置时应尽量避开大规模断层，若不易避开，则应采用隧道轴线与断层线垂直或大角度通过。当隧道通过几组断层时，还应考虑围岩压力沿隧道轴线可能重新分布，断层形成上大下小的楔体，可能将自重传给相邻岩体，使它们的地层压力增加（见图 7-13）。

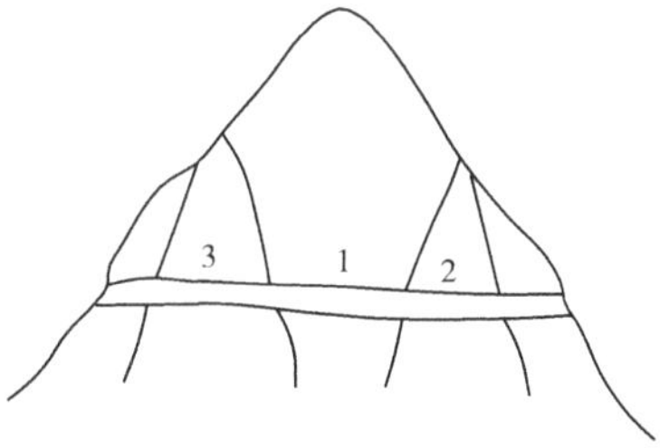

1—减小；2、3—增加

图 7-13　断层引起的围岩压力变化

（二）不良地质现象发育地区隧道位置的选择

1. 滑坡地区隧道位置的选择

滑坡是一种危害严重的地质灾害，多分布在河谷或山前斜坡地带，滑坡体在天然状态下稳定性已较差，在隧道施工扰动下更易失去平衡，产生滑动。小型滑坡一般对隧道洞口产生影响；大型滑坡不仅影响洞口，还会影响到洞身的稳定性。历史上曾滑动过的古老滑坡由于其地貌形态在后期受到改造，不易辨认，若选线时不慎，把隧道布置在古滑坡体上，施工时将引起古滑坡的复活。例如某铁路干线月河隧道进口段，位于月河右岸山坡，地形外貌基本上呈圈椅状，隧道位置放在圈椅地形中央的鼻梁状凸起的前面。进口段岩石为含石英、绿泥石、白云母、片岩和碳质板岩。坡上岩体零乱，断层发育。勘测时认为此段构造复杂，风化强烈，工程地质条件不良，但没有认识到古滑坡的存在。施工后，洞口、洞内连续多次塌方，设在山顶的蓄水池漏水，进洞至 200 m 左右，地面裂缝断续成半圆形，山坡后部移动方向指向线路右后方，经补充勘测，发现洞口下山坡 20 ~ 30 m 处有一个水平挤压带，正洞内 80 m 处见到滑动面，综合上述现象分析，认为山坡变形系施工引起古滑坡局部复活所致。又如成昆线铁路二梯岩隧道出口端位于堆积层中，勘测时对地质不重视，认为堆积体稳定，施工过程中发生大小坍方 20 余次，线路右上方山体呈弧形开裂达 120 m 长，洞内衬砌严重变形、开裂，经地质补测才知道是坡积层顺基岩面滑动所致。

由上述二例可知，当隧道需要在滑坡地区通过时，必须查清滑坡地区的岩性、地质构造、水文地质条件，确定滑坡范围、滑动面的位置、滑动方向及滑坡发生、发展的原因，才能判断滑坡的稳定状态，以及将来可能发展的趋势。一般情况下应避开滑坡体，必须在滑坡地区通过时，应将隧道设在滑动面以外一定部位（见图 7-14 甲处）。如果滑动面有可能继续向深部发展，则隧道位置应选在可能形成新滑面以下一定深度（见图 7-14 乙处）。对于古滑坡体，只有搞清滑坡性质及滑坡体结构，并采取一定的措施，如刷方减载、排水等工程措施后，确认古滑坡体不会因隧道施工而复活，才能把隧道放在滑坡体内通过（见图 7-14 丙处）。

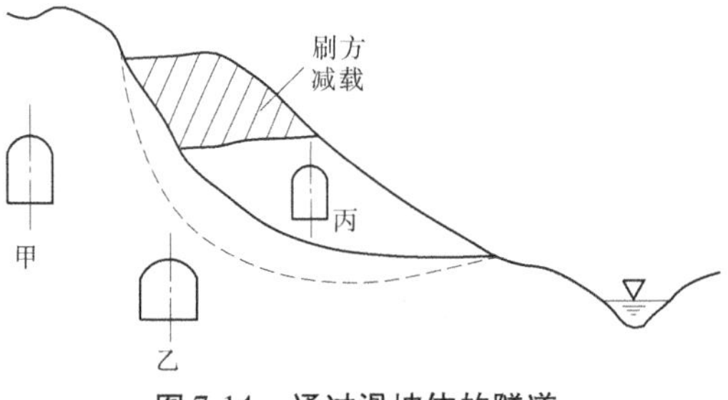

图 7-14　通过滑坡体的隧道

2. 崩塌岩堆地区隧道位置的选择

崩塌落石多发生在岩石坚硬、有裂隙切割的岩体组成的陡坡地段，在长年累月的风化作用及各种外动力地质作用下，常易产生崩塌落石，岩石崩落危及坡脚下的公路。

在崩塌、落石地区确定隧道位置时，必须查清岩体中裂隙的产状、延伸长度、胶结情况及对铁路可能造成的危害。一般小型崩塌、落石地区，可以清除危岩或嵌补裂隙处理。如果裂隙延伸长度大，张开无胶结，岩体稳定性差，有严重崩塌、落石隐患地段，应以长隧道通过。在查明斜坡外侧张开裂隙的规模、范围、特征及其发展趋势后，采取减载、压浆或嵌补加固措施，确保张裂隙外岩体稳定的情况下，方可将隧道位置放在张裂隙外岩体中通过（见图7-15）。

隧道通过岩堆地区时，必须查明岩堆的规模、范围，岩堆的物质组成和密度，以及岩堆的稳定状态和发展趋势。一般情况下，应避免在岩堆体内设置隧道。隧道必须通过岩堆体时，必须放在岩堆体下一定深度的基岩内，任何情况下都不可将隧道设在岩堆体与基岩接触面上（见图7-16）。

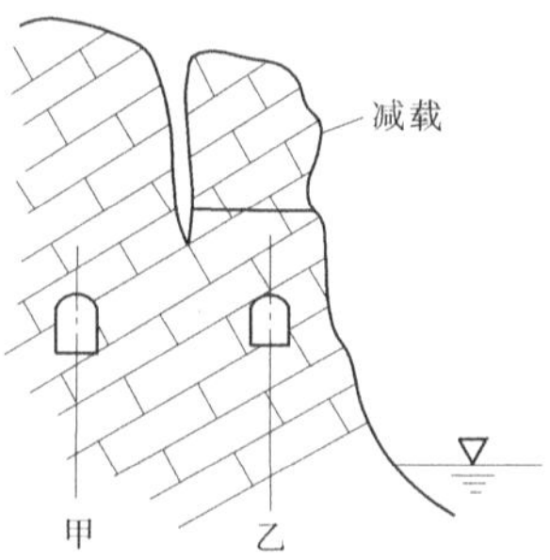

图7-15　崩塌落石地段隧道方案

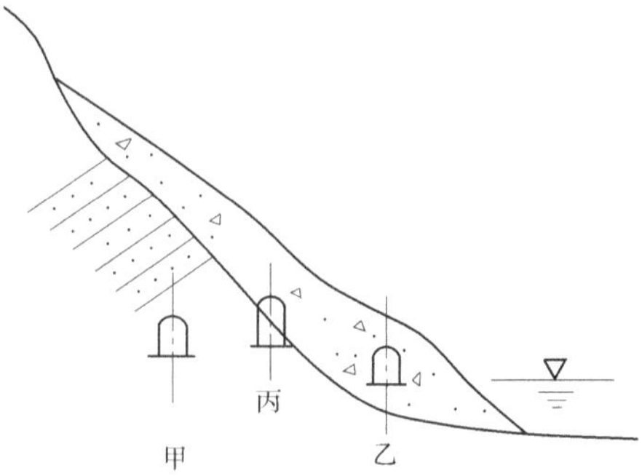

图7-16　岩堆地区隧道位置选择

3. 泥石流地区隧道位置的选择

隧道通过泥石流地区，以在流通区泥石流沟口的基岩中通过为首选方案，这里侵蚀作用比较轻微，无沉积物或沉积物较少，沟槽相对稳定，如果沟底岩层比较完整，对隧道稳定无影响。当线路布设标高较低，隧道需要在泥石流的沉积区通过时，一定要注意洞口位置的选择，避开洪积物可能扩大的范围，尤其是发展中的泥石流，洪积扇不断扩大，更应注意，以免堵塞洞口。当老洪积扇处于下切阶段，应考虑泥石流沟的改道和最大下切深度，使隧道洞顶距最低下切面有一定距离，确保安全。

4. 岩溶地区隧道位置的选择

岩溶地区石灰岩经地表水和地下水的溶蚀，在地下形成各种岩溶地貌。隧道通过岩溶地区，会遇到溶蚀裂隙、管道、漏斗、溶洞和暗河等，给隧道施工带来很大困难。一旦隧道与充水溶洞、暗河贯通，将发生大量涌水，危及施工安全。因此，在岩溶地区选择隧道位置时，应查明区域地层的岩性、地质构造及地表水与地下水的补给、排泄关系，查清岩溶洞穴、地下暗河的分布、位置、大小、填充情况及稳定性等，尽可能避开对隧道危害较大的暗河、溶洞等发育区。

根据岩溶发育规律，可溶岩层与非可溶岩层接触地带或构造破碎带，常常是岩溶发育地带，选择隧道位置时，应尽量避开这些地带，将隧道位置选在非可溶岩中。正断层较逆断层和平推断层更利于岩溶发展，因此在断裂发育地区，隧道应避开正断层，如避不开，应正交或以大角度通过断层破碎带，以减少岩溶危害。当隧道洞身穿过溶洞时，应查实溶洞大小、规模及稳定状态。只要溶洞比较稳定，岩溶不再发展，一般情况下对隧道的稳定性没有什么影响，只要采取适当工程措施即可。如果洞身在溶洞附近通过，这时隧道周围，特别是拱顶及隧道底距溶洞应保证足够的安全距离。

二、地下水、地温、瓦斯与岩爆问题

(一)地下水

1. 隧道涌水

隧道涌水是隧道工程地质中的一个复杂问题,是指在富水的岩体中开挖隧道,当遇到互相贯通又含水的裂隙时,大量的地下水就涌入洞内,新开挖的隧道就成为排泄地下水的新通道。在土及未胶结的断层破碎带中,涌水的动水压力和冲刷作用,可能导致隧道围岩失去稳定。若涌水排除不及时,积水严重,会影响工程作业,甚至可以淹没隧道。大瑶山隧道通过石灰岩地段时,遇到断层破碎带,发生大量涌水,竖井一度被淹,不得已停工处理。因此,在勘测设计阶段,正确预测隧道涌水量是一个十分重要的问题。

隧道涌水量取决于含水层的厚度、透水性、补给来源,以及隧道的长度和断面大小。主要通过勘探、试验来查明以上水文地质条件,并计算隧道涌水量。然而,限于目前对地下岩体的储水空间特别是裂隙分布、地下水的补给、径流和排泄条件认识不足,以及勘测手段等方面的欠缺,预测涌水量与实际涌水量偏差较大。要想提高预测涌水量的准确性,关键在于查清隧道通过地区的地质及水文地质条件和岩体的富水状况。

2. 隧道浸水与渗水

位于地下特别是水下的隧道,围岩常处于地下水的浸泡中。地下水的活动会改变岩石的物理力学性质,降低岩体强度,并能加速岩体风化破坏。地下水在软弱结构面中活动,可起软化、润滑作用,常常造成岩块坍塌。在泥岩、页岩、千枚岩等软岩中活动引起岩层软化,进而造成隧道洞身变形等。某些地层,如膨胀岩土、无水石膏等,在水的作用下,体积膨胀,能使地层压力大大增加。

隧道渗水是指隧道建成后,地下水顺洞身施工接缝或裂缝渗出的现象。渗水对隧道衬砌具有破坏性,也给车辆行驶造成影响,在北方破坏和影响则更大。地下水中一般含有各种离子成分,对混凝土具有不同程度的侵蚀性,水在衬砌层中渗透就造成其被侵蚀。在北方冬季冻结期,渗水在混凝土裂缝中冻结膨胀,会加剧混凝土的破坏。冬季渗水在洞壁和路面冻结则严重影响车辆行驶,甚至造成安全事故。渗水还在洞壁形成水渍,影响洞内照明效果。

(二)地温

对于深埋隧道,地下温度是一个重要问题。铁路行业规范规定隧道内温度不应超过25 ℃,超过这个温度就应采取降温措施。当隧道内温度超过32 ℃时,施工作业困难,劳动效率大大降低。欧洲辛普伦隧道施工时,遇到高达56 ℃的高温,严重影响了施工速度。所以,深埋隧道必须考虑地温影响。

众所周知,地壳中的温度是有一定变化规律的。地表下一定深度处的地温,常年不变的称为常温带。常温带以下,地温随深度的增大而增高,地热增温率 G 为深度增加 100 m 时地温的增加值。

这样,可以由下式估算隧道埋深处的温度

$$T = T_0 + (H - h)G \tag{7-1}$$

式中　T_0——常温带的温度,℃;

H——隧道埋深,hm;

h——常温带的深度,hm;

G——地热增温率;

T——隧道埋深处的温度,℃。

除了深度,地温还与地质构造、火山活动及地下水温度等因素有关。岩石层理方向导热性好,所以位于陡倾地层中的隧道地温低于层理大致平行地面地层中的隧道地温。在近代构造运动和岩浆活动频繁地区,受岩浆热源影响,地温较一般地区高,在地下热水、温泉出露地区地温也较高。成昆铁路嘎立一号隧道处于牛日河大断裂影响带内,地热能沿着断裂上升,施工时洞内温度达30 ℃以上。莲地隧道内有40 ℃温泉,施工时洞内温度也居高不下。

(三)瓦斯

隧道穿过含煤地层时,可能遇到瓦斯。它能使人窒息而死,甚至会引起爆炸,造成严重事故。

瓦斯是地下隧道有害气体的总称,其中以甲烷为主,还有二氧化碳、一氧化碳、硫化氢、二氧化硫和氮气等。当瓦斯浓度达43% ~57%时,空气中含氧量降低到9% ~12%,足以引起人窒息。当瓦斯含量为5% ~6%至14% ~16%时就会爆炸,含量为8%时最易爆炸,达9.5%时爆炸力最猛。瓦斯含量在5% ~6%以下时不会爆炸,但会在高温下引燃。

瓦斯在煤层和石油沉积物中或邻近的岩层中较为丰富。

瓦斯爆炸必须具备两个条件:一是洞室内空气中瓦斯浓度已达到爆炸限度,二是有火源。通常在洞内温度、压力下,各种爆炸气体与正常成分空气合成的混合物的爆炸限度见表6-23。

由于甲烷为空气质量的0.55倍,常聚积在洞室顶部,并极易沿岩石裂隙或孔隙流动,所以瓦斯在煤系地层中的分布也有一定规律。例如,穹窿构造瓦斯含量高;背斜核部瓦斯含量比翼部高,向斜则相反;地表有较厚覆盖层的断层或节理发育带,瓦斯含量愈大;地下水愈少,瓦斯含量也愈大。

选线时应尽量避开或不通过含瓦斯的地层,或尽量减少隧道从其中通过。通过这类地层时,切忌线路走向与煤层走向一致,线路坡度应根据通风排水综合考虑,洞口位置应设在自然通风良好的地方。

当隧道通过可能发生瓦斯的煤层时,必须有安全可靠的措施,如通风、瓦斯检查、防火防爆等。隧道施工时,应加强通风,降低瓦斯浓度。开挖时,当工作面上的瓦斯含量超过1%时,就不准装药放炮,超过2%时工作人员应撤出,进行处理。

(四)岩爆

岩爆是在地下巷道工作面上发生的岩片爆裂、岩块弹射或崩落掉块现象。岩爆发生前无明显征兆,发生时伴随有岩石破裂的爆裂声,弹射出的岩块有一定的初速度,伤害力强,对施工人员和机械设备有很大的危害。

岩爆现象有两种:一种是当岩石发生爆裂声响后,裂开的岩块随即被弹射出来。爆裂发生时突然、迅速,声响大,弹射时常伴有烟雾状粉末散出,被弹出的岩块较小,一般为几厘米长的碎块、薄片，弹射远而有力。这种情况多发生在导坑顶部和扩大的牛角弯处，而齐头掌子面与侧壁则很少发生。另一种情况是岩石发生爆裂声响后，裂开的岩块并不立即弹射出来，而是经过一段时间，岩块才从围岩中弹射或自由落下，爆裂声响小，爆裂岩块较大。这种岩爆常见于巷道顶部，侧壁也有发生。

岩爆产生的原因，目前研究得还很不够。一般认为，岩体在初始应力作用下，产生弹性变形，岩体内部积聚了很大的弹性应变能，当开挖巷道后，岩体初始应力受到扰动，巷道周围应力重新分布，在应力集中部位，超过了岩石的力学强度，岩石破裂，其中积聚的应变能突然释放，产生岩爆。例如，把岩块在压力机上加压，脆性岩石受压破坏时，呈爆裂式破坏，而在破坏前没有明显的变形，这与一些软质岩受压破坏的情况不同。因此，一般认为，岩爆的产生与岩体的埋深、初始应力状态、岩性等有密切关系。发生岩爆的岩体多为花岗岩、正长岩、斑岩、闪长岩、辉绿岩、片麻岩和石灰岩等坚硬脆性岩体，埋深多在200 m深度以下，岩体中具有较高的初始应力。

施工过程中主要采用下列方法防治岩爆：

（1）超前钻孔。在预测可能发生岩爆的工作面上钻数个直径60～80 mm，深数米或10 m左右的钻孔，释放岩体中的应力。

（2）超前支撑及紧跟衬砌。超前开挖顶板，超前做顶板支撑，可减少岩爆危害。或紧跟开挖工序，使用锚杆支撑及金属挂网护顶，也能收到满意效果。

（3）喷雾洒水。向新爆破的岩面上洒水，增加了岩石的湿度，降低了岩石的脆性，可以减少岩爆的发生。

思考与练习题

1. 工业与民用建筑的地质问题主要表现在哪些方面？
2. 黄土地基沉陷的原因有哪些？
3. 桥梁工程地质问题主要表现在哪些方面？
4. 在不良地质现象发育地区如何选择隧道位置？

第八章　工程地质勘察

学习目标

1. 了解工程地质勘察的任务、勘察分级、各勘察阶段的基本要求与内容。

2. 掌握工程地质测绘的内容、比例尺和方法。

3. 掌握工程地质钻探的概念，了解钻探机具及钻进方法。

4. 掌握载荷试验、静力触探试验、圆锥动力触探试验和标准贯入试验等测试方法的基本原理、技术要求、成果及应用等内容。

5. 了解工程地质勘察报告的内容，能读懂工程地质勘查报告。

工程地质勘察是指运用工程地质理论和各种勘察、测试技术手段和方法，为解决工程建设中的地质问题而进行的调查研究工作。其成果资料是工程规划、设计、施工的重要依据。由于社会和历史的原因，目前我国建设行业（工业与民用建筑、地下铁道与轨道交通建设部门）工程地质勘察已向岩土工程勘察延伸（岩土工程包括岩土工程勘察、设计、试验监测、治理、咨询监理五个部分），而交通、铁道、水利水电部门仍把此项工作称为工程地质勘察，为了阐述方便，本书统称为工程地质勘察。

第一节　工程地质勘察任务

工程地质勘察的基本任务就是为工程建设的规划、设计和施工提供地质资料，运用地质和力学知识回答工程上的地质问题，以便使建筑物与地质环境相适应，从地质方面保证建筑物的稳定安全、经济合理、运行正常、使用方便，而且尽可能避免因工程的兴建而恶化地质环境，引起地质灾害，达到合理利用和保护环境的目的。

据此，可以把工程地质勘察的任务具体归纳为以下六个方面：

（1）研究建设场地与相关地区的工程地质条件，指出有利因素和不利因素。阐明工程地质条件特征及其变化规律。

（2）分析存在的工程地质问题，作出定性分析，并在此基础上进行定量分析，为建筑物的设计和施工提供可靠的依据。

（3）正确选定建设地点，是工程规划设计中的一项战略性的工作，也是一项最根本的工作。地点选择合适可以取得最大的效益，如能做到一项工程所包括的各项建筑物配置得当、场地适宜、不需要复杂的地基处理即能保证安全使用，那是勘察工作所追求的目标。因此，工程地质勘察的重要性在场地选择方面表现得最为明显。

（4）对选定的场地进一步勘察后，根据上述分析研究，做出建设场地的工程地质评价，按照场地条件和建筑适宜性对场地进行分区，提出各区段适合的建筑物类型、结构、规模及施工方法的合理建议,以及保证建筑物安全和正常使用所应注意的技术要求,以供设计、施工和管理人员使用。

(5)预测工程兴建后对工程地质环境造成的影响,可能引起的地质灾害的类型和严重性。许多行业勘察规范已列入研究论证环境工程地质问题的内容和要求。

(6)改善工程地质条件,进行工程治理。针对不良条件的性质、工程地质问题的严重程度以及环境工程地质问题的特征等,采取措施,加以防治。

以上六项任务是相辅相成、互相联系、密不可分的。其中,工程地质条件的调查研究是最基本的工作,包括明确工程地质条件能否满足建筑物的需要、存在哪些缺欠、预测对工程地质环境的相互作用与影响、可能引起的环境工程地质问题等。

第二节　工程地质勘察阶段与分级

一、工程地质勘察阶段划分

人类认识自然,是一个逐步发展、不断深化的过程。工程地质勘察既是认识自然,又是利用自然和改造自然的过程,因而对上述任务的完成需要经过多次的反复。一项工程的建设也不是一次就能完成的,需要反复研究,多次考虑,才能由概略到具体,逐步完成规划、设计和施工的全过程。为此,设计工作与勘察工作必须紧密配合,互相协作,主客观一致地解决建筑物的地点、结构形式和规模大小,以及施工方法等问题,从而达到保证工程安全可靠、经济合理的目的。这就是说设计和勘察要分阶段地进行,有一定的程序要求,同时勘察阶段应与设计阶段相一致,以适应相应设计阶段的深度要求。各个设计阶段的任务不同,要求工程勘察提供的地质资料和回答的问题在深度及广度上是不一样的。因此,为不同设计阶段所进行的工程勘察涉及的地区范围、使用的勘察手段和工作量的多少,以及所取得资料的详细程度和准确程度自然有所不同。

在各建设部门如水利水电、铁路、公路、港口和建设等行业的勘察规范中均对勘察阶段的划分作了规定,所用的名称不尽相同,但精神实质是一致的。例如,国家标准《水利水电工程地质勘察规范》(GB 50487—2008)分为规划勘察、可行性研究勘察、初步设计勘察、招标设计勘察、施工详图设计勘察以及病险水库除险加固工程地质勘察等阶段,并具体规定了每一勘察阶段的勘察任务、勘察内容、勘察方法和应取得的勘察成果。而国家标准《岩土工程勘察规范》(GB 50021—2001)(2009 年版)对工业与民用建筑和构筑物的勘察阶段分为可行性研究勘察、初步勘察及详细勘察。所以,在进行一项工程勘察之前,首先应了解工程的属性和相应的设计阶段,对照不同的规范要求,进行勘察和工程地质评价。

虽然各种规范对勘察阶段的划分不完全一致,但勘察的任务、内容、方法和要求是相近的。现对此做简要概述。

(一)可行性研究阶段

根据发展国民经济的长远规划和公路网建设规划及项目建议书,应对建设项目进行可行性研究。这一阶段的勘察工作是视察。这一阶段工程地质勘察工作的任务是为编制可行性研究报告提供关于建设项目的地形、地质、地震、水文以及筑路材料、供水来源等方面的概略性资料。

可行性研究按其工作深度分为预可行性研究和工程可行性研究。预可行性研究中的工程地质工作一般只要求收集与研究有关的文献地质资料;而在工程可行性研究中,需进行踏勘工作,对各个可能方案做沿线实地调查,并对隧道、不良地质地段等重要工点进行必要的勘探(如物探),大致探明地质情况。

(二)初步工程地质勘察阶段

工程基本建设项目一般采用两阶段设计,即初步设计和施工图设计。此外,对于技术简单、方案明确的小型建设项目,可采用一阶段(施工图)设计;对于技术复杂而又缺乏经验的建设项目或建设项目中的个别阶段和其他主要工点(如互通式立体交叉隧道等),必要时采用三阶段设计,即在初步设计和施工图设计之间增加技术设计阶段。根据不同设计阶段所要求的工作深度,勘测又分初测和定测两个阶段,相应的工程地质勘察工作也分为初步工程地质勘察和详细工程地质勘察两个阶段。

初步工程地质勘察的目的是根据合同或协议书要求,在工程可行性研究的基础上,对工程建筑场地进一步做好工程地质比选工作,为初步选定工程场地、设计方案和编制初步设计条件提供必需的工程地质依据,并对主要工程地质问题作出定量评价。

初步工程地质勘察工作可按准备工作、工程地质选线、工程地质测绘、勘探、试验、资料整理等顺序进行,具体的初勘工作的目的和内容见表8-1。

表8-1 初步工程地质勘察工作的目的和内容

序号	初步工程地质勘察的目的	初步工程地质勘察的内容
1	查明工程建筑场地的区域地质、水文地质、工程地质条件	初步查明地层、地质构造、岩性、岩土物理力学性质,地下水埋藏条件及土的冻结深度、岩石地基风化等情况
2	初步查明对确定工程场地的位置起控制作用的不良地质及特殊性岩土的类别、范围、性质,提供避绕或治理对策的地质依据	查明不良地质现象的成因、分布范围、对场地或建设项目的安全性及稳定性的影响程度,以及不良地质现象的发展趋势
3	初步查明场地地基的条件,为选择构造物结构和基础类型提供必要的地质资料;对桥位处进行工程地质调查或测绘、物探、钻探、原位测试;查明与桥位方案或桥型方案比选有关的主要工程地质问题,并作出评价;对隧道应查明地质、地震情况及进出口的环境地质条件	
4	查明沿线筑路材料的类别、料场位置、储量和采运条件	
5	查明工程建筑场地的地震基本烈度,并对大型工程建筑场地设计按设计需要进行场地烈度鉴定或地震安全评价	对有地震设防要求的建筑物应判定场地和地基的地震效应,取得相关的岩土动力参数
6	提供编制初步设计文件所需的地质资料	

(三)详细工程地质勘察阶段

详细工程地质勘察工作的目的是根据已批准的初步设计文件中所确定的修建原则、设计方案、技术要求等资料,有针对性地进行工程地质勘察工作,为确定工程路线、工程构造物的位置和编制施工图设计文件提供准确、完整的工程地质资料。

详细工程地质勘察工作可按准备工作、沿线工程地质测绘、勘探、试验、资料整理等顺序进行,具体的详勘工作的目的和内容见表8-2。由于详勘工作需在初勘的基础上进一步查明沿线的工程地质条件和不良地质区段、各构造物场地等主要工程地质问题,因此应比初勘工作更为详细、深入。最后提交的资料也包括基本资料和专项资料两部分,其深度应满足施工图设计的需要。

表8-2 详细工程地质勘察工作的目的和内容

序号	详细工程地质勘察的目的	详细工程地质勘察的内容
1	根据设计需要进一步查明建筑场地的工程地质条件,最终确定公路路线和构造物的布设位置	查明建筑物范围内的地层结构情况,并对岩土物理力学性质、承载能力及变形特性作出正确评价
2	准确提出工程和基础设计施工所需的地质参数	提供针对不良地质现象的防治工程设计和施工所需的计算指标及资料
3	查明初勘拟订的不良地质、特殊性岩土防治方案的分布范围、性质,提供防治设计的地质资料和地质参数	查明地下水的埋藏条件、动态变化幅度及规律和侵蚀性,有必要时还应查明岩土体的渗透性、固结特性等
4	对沿线筑路材料料场进行复核和补勘,最后确定施工时所采用的料场	判定地基岩土和地下水在建筑物施工及使用中可能产生的变化并提出应对措施

二、工程地质勘察分级

工程地质勘察等级划分主要是为了勘察工作量的合理布置。

工程规模较大或较重要、场地地质条件以及沿途分布和性状较复杂,所投入的勘察工作量就大;反之,则较小。工程地质勘察的等级是由工程安全等级、场地和地基的复杂程度三项因素决定的。首先应分别对三项因素进行分级,在此基础上进行综合分析,以确定工程地质勘察等级的划分。

(一)工程安全等级

工程的安全等级,是根据工程岩土体或结构失稳破坏,导致建筑物破坏而造成生命财产损失、社会影响及修复可能性等后果的严重程度来划分的。在颁布的有关技术规范中一般划分为三级,见表8-3。

表8-3 工程安全等级

安全等级	破坏后果	工程类型
一级	很严重	重要类型
二级	严重	一般工程
三级	不严重	次要工程

(二)场地复杂程度等级

场地复杂程度等级是根据建筑抗震稳定性、不良地质现象发育情况、地质环境破坏程度和地形地貌条件四个条件衡量的,也划分为三个等级(见表8-4)。

表8-4　场地复杂程度等级

等级	一级	二级	三级
建筑抗震稳定性	危险	不利	有利(或地震设防烈度≤Ⅳ度)
不良地质现象发育情况	强烈发育	一般发育	不发育
地质环境破坏程度	已经或可能强烈破坏	已经或可能受到一般破坏	基本未受破坏
地形地貌条件	复杂	较复杂	简单

注:一、二级场地各条件中只要符合其中任一个条件者即可。

(三)地基复杂程度等级

1. 一级地基

符合下列条件之一者即为一级地基:

(1)岩土种类多,性质变化大,地下水对工程影响大,且需特殊处理。

(2)多年冻土及湿陷、膨胀、盐渍、污染严重的特殊性岩土,对工程影响大,需做专门处理;变化复杂、同一场地上存在多重的或强烈程度不同的特殊性岩土。

2. 二级地基

符合下列条件之一者即为二级地基:

(1)岩土种类较多,性质变化较大,地下水对工程有不利影响。

(2)除上述之外的特殊性岩土。

3. 三级地基

符合下列条件之一者即为三级地基:

(1)岩土种类单一,性质变化不大,地下水对工程无影响。

(2)无特殊性岩土。

(四)工程地质勘察等级

根据工程重要性等级、场地复杂程度等级和地基复杂程度等级,可按下列条件划分工程地质勘察等级(见表8-5)。

表8-5　工程地质勘察等级的划分

勘查等级	确定勘察等级的因素		
	工程安全等级	场地等级	地基等级
甲级	一级	任意	任意
	二级	一级	任意
		任意	一级

注:建筑在岩质地基上的一级工程,当场地复杂程度等级和地基复杂程度等级均为三级时,工程勘察等级可定为乙级。

续表 8-5

勘查等级	确定勘察等级的因素		
	工程安全等级	场地等级	地基等级
乙级	二级	二级	二级或三级
		三级	二级
	三级	一级	任意
		任意	一级
		二级	二级
丙级	二级	三级	三级
	三级	二级	三级
		三级	二级或三级

第三节　工程地质测绘

工程地质测绘是工程地质勘察工作中最基本的、在其他方法之前进行的勘察工作。它是运用地质、工程地质理论对与工程建设有关的各种地质现象进行详细观察和描述，以查明拟定建筑区内工程地质条件的空间分布和它们之间的内在联系，并按测绘比例尺的要求将它们正确地绘制在地形底图上，配合勘探、试验等所取得的资料编制成工程地质图，作为工程勘察的基础性资料，供规划、设计和施工部门使用。

一、工程地质测绘的内容

工程地质测绘的目的是通过现场的直接观察，查明工程所在地区的工程地质条件。因此，它与一般区域地质测绘相比，在测绘内容上具有较大的差别。工程地质测绘的内容主要有如下几方面：

(1)研究工程区的地貌特征，划分地貌单元，分析各地貌单元的形成过程、相互关系及其与地质构造、不良地质现象之间的关系。

(2)研究地质构造，确定构造线的位置、产状、破碎带岩性特征，构造、风化及卸荷裂隙的分布特征、发育规律、岩体风化特征等。

(3)调查地层的产状、时代、成因及其相互关系，各地层的岩性特征，确定特殊性质、特殊状态的岩层(标志层)分布范围，绘制能反映测区地层岩石分布规律的地质剖面。

(4)研究水文地质条件，调查地下水的天然与人工露头、泉、井、矿坑及钻孔等；了解地下水的类型、埋藏与补排条件、水位变化及与地表水的联系，并分析地下水对建筑物的影响。

(5)调查研究各种不良地质作用、现象的发育程度及空间分布规律。

(6)研究已有建(构)筑物的变形状况及建筑经验。

(7)了解工程区及其周边范围的天然建筑材料的质量及其分布特征等。

由此可见,工程地质测绘是多种内容的测绘。其目的是掌握工程区内工程地质条件的分布规律。如工程区已进行过地质、地貌、水文地质等方面的测绘,则工程地质测绘可以此为基础进行一些补充性的专门工作,称为专门工程地质测绘。如果没有,那就必须进行上述全部内容的测绘,即综合工程地质测绘。

二、工程地质测绘的方法和程序

(一)测绘工作前的准备工作

在对工程建设地区进行工程地质测绘前,应充分收集、研究有关勘察区的地质资料,了解在工作区已进行过的工作,掌握这一地区地质概况,根据前人工作程度恰当地安排今后的工作。收集资料包括有关地形图、陆地摄影、航空摄影、卫星照片及各种比例尺地质图和地质报告。对前人资料要系统阅读和分析。在分析、整理过程中,根据勘察区的地质特征、前人研究的深度和争论的问题,提出可利用程度、存在的问题和需要进一步研究的问题,并编制有关图表和说明书等。对一些关键性问题,需要到现场校核、补充或修正。

(二)一般要求

工程地质测绘前,先选择露头良好、地层出露全、构造简单地段测制地质剖面图。通过测制地质剖面图,掌握岩性特征、岩层顺序、产状特征、地层厚度、接触关系、分布特征等,以确定测绘时岩层的填图单元和标志层。其后编制地层对比表和综合地层柱状图,柱状图的比例尺一般大于测绘比例尺的 5 ~ 10 倍。当地质构造复杂或岩相变化大时,应测量多条剖面。

地质测绘中地质点的记录,必须有专门记录卡或记录本,地质点要统一编号。地质点的记录,既要全面又要重点突出,相同的可简略,重要的地质点应尽量用素描(只考虑大概比例关系即可,但对每一地质现象应标记数据)和照片,以补文字说明的不足。记录文字要清晰,以便查对、整理保管。测绘中,每天外业结束,都要进行资料整理,如整理记录、清绘地质草图、分析地层岩性的变化和连接、断层延伸等,以便发现问题并及时解决。测绘期间要随时了解平洞、钻孔资料,以便推断地层、断层向地下、河床的延伸和变化规律,为勾绘地质界线提供依据。

工程地质测绘工作的工具主要有地面地质调查简便工具,如地质锤、地质罗盘、轻便挖掘锹、镐、皮尺等;简便量测岩石物理力学及化学性质的工具,如稀盐酸等化学药品、岩石强度回弹仪、点荷载仪等;简便的物探仪及水质分析箱;轻便的地形测量仪器,如小型全球定位仪、轻型经纬仪、水准仪等。

(三)布置地质观察测绘路线

按照以较少的工作量获得更多的地质要素成果的原则,布置优化的地质观察测绘路线。根据测绘地区的地质条件特征,一般可采用下列方法。

1. 穿越地层路线法

穿越地层路线法即沿着与地层或岩层的走向垂直的方向,每隔一定距离布置一条勘察路线,沿路线隔一定距离出现的地质要素(主要是岩层分属及地质界线点)地点进行重点观察记录并测出位置,将地质要素标画在图上,连接相同的地层或岩层界线,即编成工程地质平面图。此法一般适用于沉积岩分布较多的地区。

2. 地质界线追索法

地质界线追索法即沿着地层界线、断层线，或不良地质体边缘线等，布置地质观察点追索。此法主要用在岩浆岩分布较多、断裂构造较发育的地区。

3. 全面综合测绘法

全面综合测绘法即将全区按方格网布置测绘路线，线距以在图上 1 cm 为宜，在重要的岩层界线、地质构造线及其他地质要素处设观察点，进行详细观察记录，然后通过分析资料连接各类地质界线。此法一般适用于岩石种类较多、地质构造较复杂或物理地质现象（如滑坡、岩溶等）较发育的地区。

三、工程地质测绘比例尺的选择

一般地质测绘按其比例尺大小分为小比例尺测绘（1∶500 000～1∶1 000 000）、中比例测绘（1∶100 000～1∶200 000）、大比例尺测绘（1∶25 000～1∶50 000）、详测（大于1∶10 000）。由于工程地质测绘一般不进行先中比例尺、后大比例尺的分幅区测，而是紧密结合某项工程建设的规划、设计要求进行，所以它的大、中、小比例尺的划分迄今还未与地质测绘的划分统一起来。

（1）城市建设工程行业的划分，参照《岩土工程勘察规范》（GB 50021—2001）（2009年版）执行，具体如下：①小比例尺测绘（1∶5 000～1∶50 000）。一般在可行性研究勘察（选址勘察）、城市规划或区域性工业布局时使用，主要是了解区域性的工程地质条件。②中比例尺测绘（1∶2 000～1∶10 000）。一般在初步勘察阶段采用。③大比例尺测绘（1∶500～1∶2 000）。适用于详细勘察阶段，条件复杂时可适当放大。城市轨道交通建设工程行业的划分，参照《城市轨道交通岩土工程勘察规范》（GB 50307—2012）执行。可行性研究阶段选用 1∶1000～1∶2 000，初步勘察阶段和详细勘察阶段选用 1∶500～1∶1 000，工程地质条件复杂地段应适当放大比例尺。

（2）公路工程、铁路工程行业，规范未作具体规定，一般可遵照下述划分原则进行：①小比例尺测绘（1∶10 000～1∶50 000）。一般在可行性研究勘察，主要是了解区域性的工程地质条件。②中比例尺测绘（1∶2 000～1∶5 000）。一般在初步勘察阶段采用。③大比例尺测绘（1∶200～1∶1 000）。适用于详细勘察阶段或地质条件复杂和重要建筑物地段，以及需解决某一特殊问题时采用。

（3）水利工程行业的划分原则如下：①小比例尺测绘（1∶50 000～1∶200 000）。一般是在地质构造复杂地区评价坝区外围构造稳定性时采用，库区岩溶发育段也采用 1∶50 000～1∶100 000 的工程地质测绘来研究。②中比例尺测绘（1∶10 000～1∶25 000）。在可行性研究阶段选择坝址时，当研究地区的范围较大而条件又复杂时，采用此种比例尺的测绘。③大比例尺测绘（1∶500～1∶1 000）。对选定的坝区工程地质条件进行详细研究，或专门研究滑坡、岩溶等动力地质作用时采用。测绘比例尺的选择也取决于地区工程地质条件的复杂程度和研究程度，以及拟建建筑物的类型规模和设计阶段，其中设计阶段的要求起最重要的作用。

四、工程地质测绘精度

工程地质测绘精度是指在工程地质测绘中对地质现象观察描述的详细程度，以及工程地质条件各因素在工程地质图上反映的详细程度和精确程度。为了保证工程地质图的质量，工程地质测绘的精度必须与工程地质图的比例尺相适应。

观察描述的详细程度是以单位测绘面积上观察点的数量和观察线路的长度控制的，通常不论其比例尺多大，一般都以图上每 1 cm^2 范围内有一个观察点来控制观察点的平均数。比例尺增大，同样实际面积内的观察点数就相应增多。当天然露头不足时则必须采用人工露头来补充。所以，在大比例尺测绘时常需配合有剥土、探槽、试坑等轻型勘探工程。观察点的分布一般不是均匀的，应是工程地质条件复杂的地段多一些，简单的地段少一些，都应布置在最能反映工程地质条件的关键位置上。

为了保证工程地质图的详细程度，还要求工程地质条件各因素的单元划分与图的比例尺相适应。一般规定，岩层厚度在图上的最小投影宽度大于 2 mm 者均应按比例尺反映在图上。厚度或宽度小于 2 mm 的重要工程地质单元，如软弱夹层、能反映构造特征的标志层、溶洞或崩塌等重要的物理地质现象等内容，则应采用超比例尺或符号的办法在图上表示出来。为了保证图的精度，还必须保证图上的各种界线准确无误。按规定，在任何比例尺的图上界线的误差不得超过 1 mm。所以，大比例尺的工程地质测绘中要采用仪器定点法。

五、遥感图像在工程地质测绘中的应用

遥感图像（航片和卫片）真实、集中地反映了大范围的地层岩性、地质构造、地貌形态和物理地质现象等，详加判释研究能够很快给人一个全局的认识。遥感图像与测绘工程相配合，可以起到减小测绘工作量和提高测绘精度和速度的作用。尤其是在人烟稀少，通行不便，测绘工作难以进行的偏远山区，充分利用航片和卫片判释更具有特殊的意义。目前，我国在工程地质测绘中应用航片和卫片判释已取得明显效果和不少经验，随着遥感技术的发展和计算机处理图像技术的进步，遥感图像在工程地质勘察中的应用将会更加广泛。

利用遥感图像可以解决或帮助了解测绘地区的工程地质条件。在小比例尺的工程地质测绘中，铁路新线的选择利用航片和卫片既能清楚地了解地形条件，又能结合地质判释，在室内进行初步比选。在水利水电工程的规划选点阶段，这一方法的效果也很突出，断层的分布及其活动性在图像上有所显示，并能发现一些隐伏断层，结合断层的年龄测试成果，可以解决深大断裂的活动性，从而为论证区域稳定性提供较为可靠的依据，有利于坝址的选择。

像片判释可以比较准确地确定地质构造，尤其是地形切割比较强烈、露头良好、中小型地貌发育的情况下，构造判释较容易。水平岩层显露的轮廓线与地形轮廓线相似，呈现花瓣状纹理，水系常呈放射状，色调多为深浅相间的环带形。倾斜岩层的地表露头线服从V 字形法则，其尖端愈尖倾角愈平缓。背斜两翼分水岭上岩层 V 字形尖端相对；向斜两翼分水岭上岩层 V 字形尖端相背。倒转背斜两翼 V 字形尖端指向同一方向。断层是明

显的，表现为线状分布，沿线出现三角面、垭口、断层沟槽，串珠状的洼地、山脊错位等，并常有一系列泉水出露。区域性大断裂还出现山地与平原截然相接的现象。利用红外扫描图像可以比较容易地判释出显著的大断层，并能发现隐伏大断裂。因为断层破碎带的孔隙和含水情况与两侧完整岩体是不同的，所以在图像上显示出不同的色调，表现出线性特征。

像片判释用于不良地质现象的研究和动态观测也有较好的效果。在像片上滑坡周界呈现为深色环，陡立的圈椅状后壁色调较深。区域研究可以看出滑坡分布的规律。还可根据滑坡形态的保留情况、色调和水系等判释滑坡稳定性。处于稳定状态的老滑坡呈深色调较均匀，两侧沟深切，形成双沟同源。处于稳定或暂时稳定的新滑坡呈均匀的灰色或浅灰色色调，沿周界有较明显的色差。仍在活动的滑坡呈现灰白色、白色色调相间“色斑”，地形破碎起伏不平，周界棱角清晰，裂缝可见。

泥石流的分布、规模以及形成过程也可通过像片判释加以研究。通过像片判释了解泥石流的分区界限和形成区岩屑泥土的堆聚情况。

像片判释对沙丘的分布范围、规模、成因类型及发展过程和趋势的研究，效果特别显著。可用于铁路选线和制订工程防护措施。

值得注意的是，遥感解译必须与一定数量的实地观察互相配合、互相印证，才能较好地发挥作用，否则容易发生误判。

第四节　工程地质勘探

勘探是工程地质勘察的重要方法，是获得深部地质资料必不可少的手段。勘探工作必须在调查与测绘的基础上进行。在进行勘探时，应充分利用地面调查测绘资料，合理布置勘探点，以减少不必要的工作量，同时应充分利用地面调查测绘资料，分析勘探成果，以避免判断的错误。

在初勘阶段，勘探点的位置与数量，应在工程可行性研究阶段的勘探基础上，视地质条件的复杂程度及实际需要而定。在详勘阶段，勘探点的数量应满足各类工程施工图设计对工程地质资料的需要。具体要求可查阅有关规程、手册等。

工程地质勘探的方法有挖探、钻探、地球物理勘探等几类。

一、挖探

挖探是工程地质勘探中广泛采用的一种方法。这种方法最大的优点是能取得详尽的直观资料和原状土样，但勘探深度有限，而且劳动强度大。

工程地质工作中的挖探主要为坑探和槽探。

（一）坑探

坑探是垂直向下掘进的土坑，浅者称为试坑，深者称为探井。坑探断面一般采用1.5 m×1.0 m的矩形，或直径0.8～1.0 m的圆形。坑探深度一般为2～3 m，较深的需进行加固。坑探适用于不含水或地下水量微少的较稳固地层，主要用来查明覆盖层的厚度和性质、滑动面、断层、地下水位，以及采取原状土样等。

（二）槽探

槽探挖掘成狭长的槽形，其宽度一般为 0.6～1.0 m，长度视需要而定，深度通常小于 2 m。槽探适用于基岩覆盖层不厚的地方，常用来追索构造线，查明坡积层、残积层的厚度和性质，揭露地层层序等。槽探一般应垂直于岩层走向或构造线布置。

二、钻探

钻探是指用一定的设备、工具（即钻机）来破碎地壳岩石或土层，从而在地壳中形成一个直径较小、深度较大的钻孔（直径相对较大者又称为钻井），可取岩芯或不取岩芯来了解地层深部地质情况的过程。在工程地质勘测工作中，钻探是广泛采用的一种最重要的勘探手段，它可以获得深部地层的可靠地质资料。

（一）简易钻探

简易钻探是工程地质勘探中经常采用的方法。其优点是工具轻、体积小、操作方便、进尺较快、劳动强度较小。缺点是不能采取原状土样或不能取样，在密实或坚硬的地层内不易钻进或不能使用。

常用的简易钻探工具有小螺纹钻、锥铲与洛阳铲等。

1. 小螺纹钻勘探

小螺纹钻是用人工加压加转钻进，适用于黏性土及亚砂土地层，可以取得扰动土样。钻探深度小于 6 m。

2. 锥铲勘探

锥铲勘探是用锥铲向下冲入土中，凭感觉探查疏松覆盖层的厚度或基岩的埋藏深度。探深一般可达 10 m 左右。常用来查明黄土陷穴、沼泽、软土的厚度及其基底的坡度等。

3. 洛阳铲勘探

洛阳铲勘探是借助洛阳铲（见图 8-1）的重力冲入土中，钻成直径小而深度较大的圆孔，可采取扰动土样。冲进深度一般为 10 m，在黄土层中可达 30 余 m。

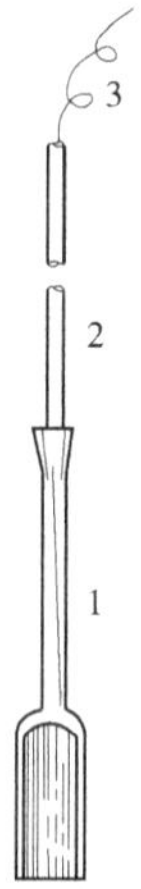

1—铲头；2—木杆；3—绳索

图 8-1　洛阳铲

（二）钻探

钻探是指用钻机在地层中钻孔，以鉴别和划分地表下地层，并可以沿孔深取样的一种勘察方法。钻探主要用于桥梁、隧道及大型滑坡等不良地质现象的勘探，一般是在挖探、简易钻探不能达到目的时采用。

为保证工程地质钻探工作的质量，避免漏掉或弄错重要的地质界面，在钻进过程中不应放过任何可疑的地方，对所获得的地质资料应进行准确的分析判断。任何时候都不能忘记用地面观察所得的地质资料来指导钻探工作，校核钻探结果。

根据钻进时破碎岩石的方法，钻探可分为冲击钻进、回转钻进、冲击－回转钻进及振动钻进等几种。公路工程地质勘探常用的钻进方法，主要是机械回转钻进和冲击－回转钻进。

1. 冲击钻进

冲击钻进是利用钻具的重力和冲击力，使钻头冲击孔底以破碎岩石。这种方法能保持较大的钻孔口径。人力冲击钻进适用于黄土、黏性土、砂性土等疏松的覆盖层，但劳动强度大，难以取得完整的岩芯；机械冲击钻进适用于砾、卵石层及基岩，不能取得完整的岩芯。

2. 回转钻进

回转钻进是利用钻具回转，使钻头的切割刃或研磨材料削磨岩石，可分孔底全面钻进与孔底环状钻进（岩芯钻进）两种。工程地质勘探广泛采用岩心钻进，这种方法能取得原状土和比较完整的岩芯。人力回转钻进适用于沼泽、软土、黏性土、砂性土等松软地层，设备简单，但劳动强度较大。机械回转钻进，有多种钻头和研磨材料，可适应各种软硬不同的地层。

3. 冲击－回转钻进

冲击－回转钻进也称综合钻进，钻进过程是在冲击与回转综合作用下进行的。它适用于各种不同的地层，能采取岩芯，在工程地质勘探中应用也比较广泛。目前，应用的钻进方法有气动和液动两种，其中反循环连续取样冲击回转钻进（或双壁钻杆潜孔锤连续取样钻进）在岩石地层勘探的应用有发展前途。

4. 振动钻进

振动钻进是利用机械动力所产生的振动力，通过连接杆及钻具传到钻头周围的土层中，振动器高速振动，使土层的抗剪强度急剧降低，借振动器和钻具的重力，切削孔底土层，达到钻进的目的。振动钻进速度快，但主要适用于土层及粒径较小的碎、卵石层。

具体的钻探方法可根据钻进地层和勘察要求按表 8-6 选择。

表 8-6　钻探方法的适用范围

钻探方法		钻进地层					勘察要求	
		黏性土	粉土	砂土	碎石土	岩石	直观鉴别，采取不扰动试样	直观鉴别，采取扰动试样
回转	螺旋钻探	＋＋	＋	＋	—	—	＋＋	＋＋
	无岩芯钻探	＋＋	＋＋	＋＋	＋	＋＋	—	—
	岩芯钻探	＋＋	＋＋	＋＋	＋	＋＋	＋＋	＋＋
冲击	冲击钻探	—	＋	＋＋	＋＋	—	—	—
	锤击钻探	＋＋	＋＋	＋＋	＋	—	＋＋	＋＋
振动钻探		＋＋	＋＋	＋＋	＋	—	＋	＋＋
冲洗钻探		＋	＋＋	＋＋	—	—	—	—

注：＋＋表示适用，＋表示部分适用，—表示不适用。

（三）钻探的基本程序

1. 破碎岩土

用硬质合金、钢粒或金刚石钻头破碎岩土。

2. 采取岩土芯或排除破碎岩土

用取土器、抽砂筒或用泥浆、清水作为循环介质，将破碎的岩屑、土块输送到地表。

3. 加固孔壁

当土层性质较差时，可用泥浆、套管或化学方法护壁。

钻孔的布置，包括孔位、数量、孔深、孔径的布置，应根据结构物类别、工程规模、场地的复杂程度和地基的复杂程度来确定，应满足地质勘探任务书或合同的要求。在取样的过程中，应确保取样的质量和岩芯采取率。

三、地球物理勘探

地球物理勘探简称物探，它是通过研究和观测各种地球物理场的变化来探测地层岩性、地质构造等地质条件。各种地球物理场有电场、重力场、磁场、弹性波的应力场、辐射场等。由于组成地壳的不同岩层介质往往在密度、弹性、导电性、磁性、放射性以及导热性等方面存在差异，这些差异将引起相应的地球物理场的局部变化。通过量测这些物理场的分布和变化特征，结合已知地质资料进行分析研究，就可以达到推断地质性状的目的。该方法兼有勘探与试验两种功能。和钻探相比，物探具有设备轻便、成本低、效率高、工作空间广等优点。但由于它不能取样，不能直接观察，故多与钻探配合使用。

物探宜运用于下列场合：

（1）作为钻探的先行手段，了解隐蔽的地质界线、界面或异常点。

（2）作为钻探的辅助手段，在钻孔之间增加地球物理勘察点，为钻探成果的内插、外推提供依据。

（3）作为原位测试手段，测定岩土体的波速、动弹性模量、特征周期、土对金属的腐蚀等参数。

各种地球物理勘探方法及其适用条件见表 8-7。

表 8-7　各种地球物理勘探方法及其适用条件

方法				应用	适用条件
陆地	直流电法	电阻率法	电阻率测深法	了解地层岩性、基岩埋深； 了解构造破碎带、滑动带位置，节理裂隙发育方向； 探测含水构造，含水层分布； 寻找地下洞穴	探测的岩层要有足够的厚度，岩层倾角不宜大于 20°； 分层的 P 值有明显的差异，在水平方向没有高电阻或低电阻屏蔽； 地形比较平坦
			电阻率剖面法	探测地层、岩性分界； 探测断层破碎带的位置； 寻找地下洞穴	分层的电性差异较大
		电位法	自然电场法	判定在岩溶、滑坡以及断裂带中地下水的活动情况	地下水埋藏较浅，流速足够大，并有一定的矿化度
			充电法	测定地下水流速、流向、测定，滑坡的滑动方向和滑动速度	含水层深度小于 50 m，流速大于 1.0 m/d，地下水矿化度微弱，基岩电阻率较大

续表 8-7

方法			应用	适用条件
陆地	交流电法	频率测探法	查找岩溶、断层、裂隙及不同岩层界面	
陆地	交流电法	电磁法	寻找导电、导磁矿体岩石	
陆地	交流电法	无线电波透视法	探测溶洞	
陆地	地震勘探	直达波法	测定波速，计算动弹性参数	
陆地	地震勘探	反射波法	测定不同地层界面	界面两侧介质的波阻抗要有明显差异，能形成反射面
陆地	地震勘探	折射波法	测定地层界面、基岩埋深、断层位置	离开震源一定距离（盲区）才能收到折射线
陆地	声波探测		测定动弹性参数，监测洞室围岩或边坡应力	
陆地	重力勘探		确定掩埋大断层、矿井、洞穴的位置	
陆地	磁法勘探		确定断层或岩脉的位置，探测地下金属目标物	无强磁场干扰
水域	水声剖面法		测量水深断面	
水域	连续地震反射剖面（浅层剖面）		测定水下地层和构造	不能区分虽材料不同但动弹特性相近的地层
测井	电视测井		观察钻孔井壁	孔内水不能浑浊
测井	放射性测井		测定砂土密度、含水量，区分地层	
测井	井径测量		测定钻孔直径	
测井	电测井		测定含水层特性	
土壤对金属腐蚀性指标测定			测定土壤的电阻率，评价土壤对地下金属管线的腐蚀性	

在工程地质勘探中已广泛使用物探。当与调查测绘、挖探、钻探密切配合时，在指导地质判断、合理布置钻孔、减少钻探工作量等方面都能取得良好的效果。恰当地运用多种物探方法，互相配合，进行综合物探，也能取得较好的效果。

物探按其工作条件的不同可分为地面物探、井下物探与航空物探、航天物探。按其所利用的岩、土物理性质的不同可分为电法勘探、电磁法勘探、地震勘探、声波探测、重力勘探、磁力勘探与放射性勘探等。在工程地质工作中，较常用的有电法勘探、地震勘探、地质雷达勘探等。其中，地质雷达（属电磁法勘探）是利用高频电磁脉冲波的反射，探测地层构造和地下埋藏物体的电磁装置，故又称探地雷达，通过发射天线向地下辐射宽带的脉冲波，在地下传播中遇到不同介质的介电常数和导电率存在差异时，将在其分界面上发生反射，返回地表的电磁波被接收天线接收，根据接收到的回波来判断目标的存在，并计算其距离和位置，可用于空中、地面与井中探测，但主要用于地面。此外，声波探测在工程地质工作中也有广泛的应用，它是利用声波在岩体（岩石）中的传播特性及其变化规律，测试岩体（岩石）的物理力学性质，也可利用在应力作用下岩体（岩石）的发声特性对岩体进行稳定性监测。下面对电法勘探和地震勘探作概略的介绍。

（一）电法勘探

电法勘探简称电探，是通过仪器测定土、石导电性的差异，来判断地下地质情况的一种物探方法。

在具备如下条件时，电法勘探能取得较好的效果：地层之间具有一定的导电性差异；所测地层具有一定的长度、宽度和厚度，相对的埋藏深度不太大；地形比较平坦，游散电流与工业交流电等干扰因素不大。

电探的种类很多，按电场性质可分为人工电场法和自然电场法，人工电场法可再分为直流电法和交流电法。目前，我国公路工程地质工作中用得较广的是直流电探，按其电极装置的不同，又可分为电阻率法（包括电测深法与电测断面法）和电位法（以下主要讲解其中的充电法）。

1. 电阻率法

利用不同岩层或同一岩层由于成分、结构等不同而具有不同电阻率的性质，将直流电通过接地电极供入地下，建立稳定的人工电场，在地表量测某点垂直方向（电测深法）或某剖面水平方向（电测剖面法）的电阻率变化，从而判别岩层的分布或地质构造特点的方法，称为电阻率法。

电测深法是在地表以某一点（测深点）为中心，用不同供电极距测量不同深度岩层的电阻率，以获得该点的地质柱状断面的方法。它是工程地质勘探最常用的一种方法。电测深法适用于探测以下情况：①地层在水平（$\alpha < 20°$）和垂直方向的分界线，基岩面起伏情况，古河床的位置，岩层裂隙的主导发育方向及其随深度的变化情况；②含水层的分布、分层、厚度与埋藏深度等；③构造破碎带的位置及范围，滑动面的位置及含水性质，岩溶、洞穴的分布情况等。图 8-2 为对称四极电测深法的装置情况。A、M、N、B 四个电极布置在一条直线上，测量电极 M、N 布置在供电电极 A、B 中间，测量时 MN 不动（当 AB 增大到一定值后，MN 按极距选择要求增大），对称式增大 AB，每移动一次 AB 测一次岩（土）层的电阻率；或 AB 和 MN 按一定比值同时增大，测量岩（土）层的电阻率。

电测剖面法是指测量电极和供电电极间距保持不变，而测点沿一定测线方向移动，以探测某一深度内岩性水平变化的方法。这种方法一般用来解决一些定性的地质问题，只有在条件极为有利的情况下，才能作一些粗略的定量解释。它适用于探测：①有电性差异的不同地层接触面的起伏；②有电性差异的陡立地层的接触面；③含水或泥质充填的宽大的破碎带；④较厚而有明显电性标志的断层。

2. 充电法

充电法是将 A 极置于要观测的良导电性地质体内，将 B 极置于足够远处接地，供电后，量测 A 极处电场等位线的形状或等位线随时间的变化情况，以推求地质体的形状、大

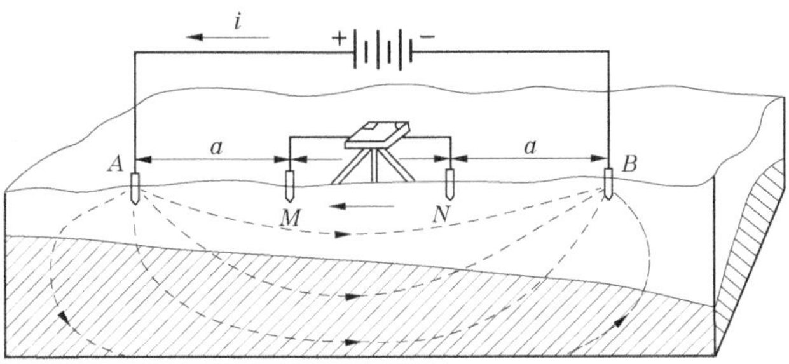

A、B—供电电极；M、N—测量电极

图 8-2　对称四极电测探的装置

小或运动情况。这种方法在工程地质勘探中主要用来测定：①地下水的流向、流速；②滑坡体的滑动方向和速度、滑动面的位置。

利用充电法测定地下水的流向和流速是在钻孔或水井中进行的。如图 8-3 所示，将供电电极 A 放到井下含水层的位置，B 极放到足够远处（一般为 A 极到地面距离 h 的 20～50倍），供电后地下水充电，这时量测以井口为中心的等电位线大致为圆形。然后向井中注入食盐水，再量测等电位线，则等电位线在水流运动方向上将发生改变，由原来的圆形变成椭圆形，等电位线的移动方向即为地下水流向，中心点移动的速度为地下水流速的一半。

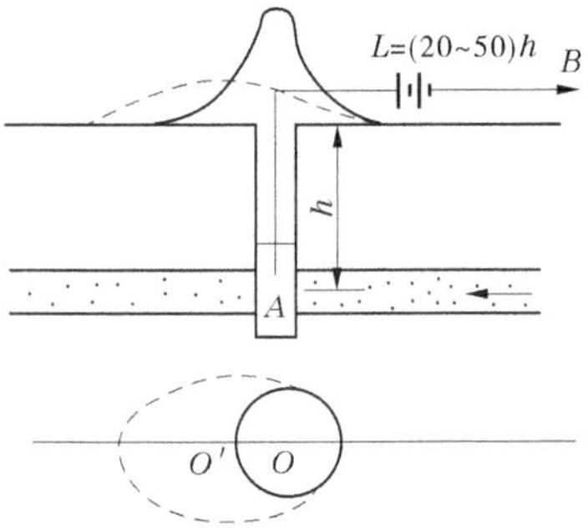

图 8-3　充电法测地下水流向、流速

利用充电法测定滑坡体的滑动方向和速度，确定滑动面的位置，通常是在钻孔中进行的。如图 8-4 所示，在不同深度上埋设数个金属球，分别用导线接到地面，作为供电电极 A_1，A_2，A_3，…。将 B 极放到足够远处，分别用 A_1B，A_2B，A_3B，…供电，量测钻孔附近的等电位线，并且间隔一定时间重复量测。若没有滑动现象，则等电位线重合；反之不重合。根据等电位线移动的方向和距离，便可求出滑动的方向和速度；从等电位线是由第几个 A 极开始移动的，便可大致确定滑动面的位置。

（二）地震勘探

地震勘探是根据岩、土弹性性质的差异，通过人工激发的弹性波的传播，来探测地下地质情况的一种物探方法。由敲击或爆炸引起的弹性波，在不同地层的分界面上发生反射和折射，产生可以返回地面的反射波和折射波，利用地震仪记录它们传播到地面各接收点的时间，并研究振动波的特性，就可以确定引起反射或折射的地质界面的埋藏深度、产

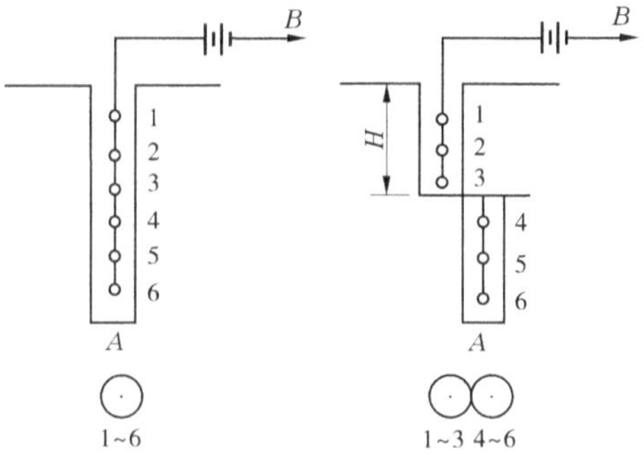

图 8-4　充电法测滑动的方向及速度

状及岩石性质等。

地震勘探直接利用岩石的固有性质(密度与弹性),较其他物探方法准确,且能探测很大深度,因此在石油地质勘探等部门得到广泛的应用。地震勘探在工程地质勘探中也日益得到推广使用,主要用于:①探测覆盖层的厚度、岩层的埋藏深度及厚度、断层破碎带的位置及产状等;②研究岩石的弹性,测定岩石的弹性系数等。在公路工程地质勘探中,地震勘探目前主要应用于隧道的勘探。

按照观测返回地面的波的种类不同,地震勘探分为反射波法与折射波法两种。在工程地质勘探中,由于探测深度不大,要求精度较高,以采用折射波法比较适宜。

1. 反射波法

弹性波在遇到性质不同的地层界面时,将像光线一样发生反射,入射角与反射角相等,如图 8-5 所示。弹性波由激发点传播到两层的界面,产生反射波,再返回到地面,所需时间取决于上层的深度和弹性波的传播速度。如果该层的传播速度已知,则可推求其深度。

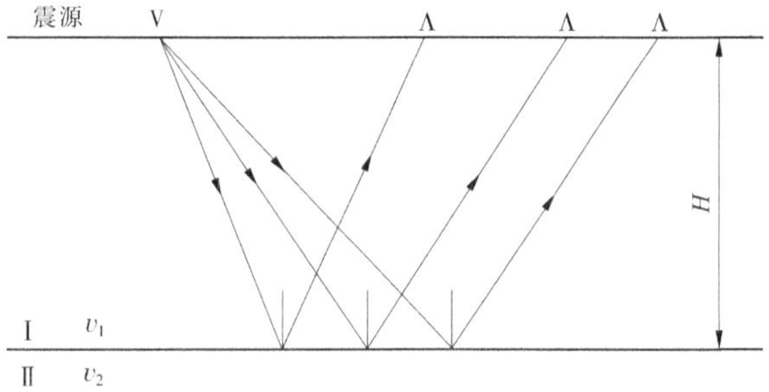

V—震源;Λ—接收点

图 8-5　反射波示意图

因为只有界面两侧的波速与密度之积不等时,才能形成反射波,所以反射波法必须是在上、下部地层密度与波速之积不等时才能应用。

2. 折射波法

弹性波在上、下层分界面处发生折射,遵循折射定律(见图 8-6)。

$$\frac{\sin i_1}{v_1}=\frac{\sin i_2}{v_2} \tag{8-1}$$

如果 $v_2 > v_1$，则折射波将远离法线。当入射角 i_1 逐渐增大至某一临界角 i 时，折射角 i_2 将增大至 90°，此时在下层内的折射波变为沿界面滑行的滑行波 P。滑行波在上部地层内，将重新以 i 角由界面射出，并返回地面。

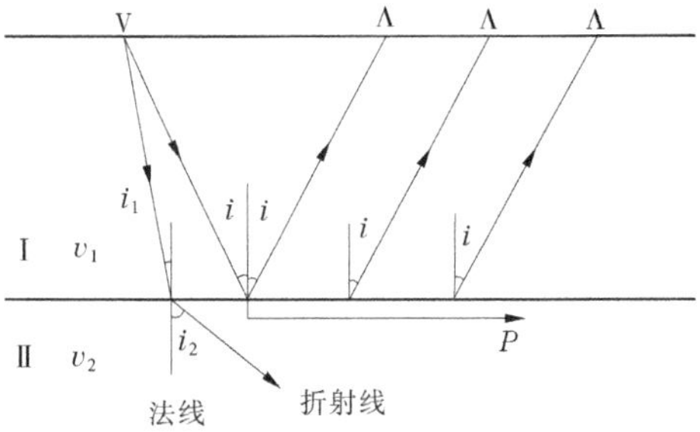

V—震源；Λ—接收点；v_1、v_2—上、下层的波速

图 8-6　折射波

利用折射波，根据时距曲线，推求上层深度的方法如下。如图 8-7 所示，设上下两层的波速分别为 v_1 与 v_2，O 点为震源，S_1，S_2，S_3，…为检波器。经由 OS_1，OS_2，…在表面直接传播的波的时距曲线为一条直线 OA，根据它的斜率（等于 $1/v_1$）可以确定 v_1；经由 $OPQS_1$、$OPTS_2$，…传播的折射波的时距曲线为另一条直线 BC，根据它的斜率（等于 $1/v_2$）可以确定 v_2。BC 与时间坐标轴的交点数值 Δt，代表间接传播的折射波滞后于直接传播的表面波的时间（称为截距时间），根据它可以按下式推求上层的深度 H：

$$H = \frac{v_1 v_2 \Delta t}{2\sqrt{v_2^2 - v_1^2}} \tag{8-2}$$

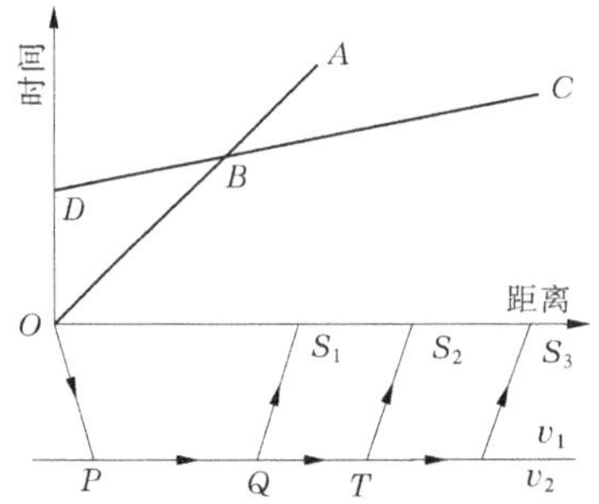

图 8-7　折射波法示意图

如上所述，折射波法的应用条件是 $v_2 > v_1$，即下层的波速较上层大时才能应用。两者的差别越显著，效果越好。如果基岩坚实、不风化、不破碎，而覆盖层比较疏松，则用折射波法探测两者的界面是很容易的；反之，如果基岩风化严重，而覆盖层比较密实，用折射波法探测它们的界面将是困难的。

第五节　原位测试

工程地质勘察原位测试一般指的是在不扰动或基本不扰动土层的情况下对土层进行测试，以获得所测土层的物理力学性质指标及划分土层的一种勘察技术。土的原位测试

技术在工程勘察中占有很重要的位置。这是因为它与钻探取试样,然后在室内进行试验的传统方法比较起来,具有下列明显的优点:

(1)可在拟建工程场地进行测试,不用取试样。众所周知,钻探取试样,特别是取原状土试样,不可避免地会使土试样产生不同程度的扰动。因此,室内试验所测“原状土”的物理力学性质指标往往不能代表土层的原始状态指标,大大降低了所测指标的工程应用价值。再加上淤泥、砂层等的原状试样更难取等致命弱点,就更显原位测试的重要。

(2)原位测试涉及的土体积比室内试验样品要大得多,因而更能反映土的宏观结构(如裂隙、夹层等)对土的性质的影响。

(3)很多土的原位测试技术方法可连续进行,因而可以得到完整的土层剖面及其物理力学性质指标,因而它是一门自成体系的试验科学。

(4)土的原位测试,一般具有快速、经济的优点。

原位测试包括载荷试验、静力触探试验、圆锥动力触探试验、标准贯入试验、十字板剪切试验、旁压试验、现场剪切试验、波速测试、岩体原位应力测试及块体基础振动测试。本节介绍几种常用的原位测试方法。

一、载荷试验

载荷试验也叫平板载荷试验,它是利用一定面积的承压板,在承压板上分级加荷以后,测得不同荷载下的位移和沉降量,再根据荷载与沉降量的关系曲线,确定地基承载力等参数的试验方法。

载荷试验的装置由承压板、加荷装置及沉降观测装置等部分组成(见图8-8)。

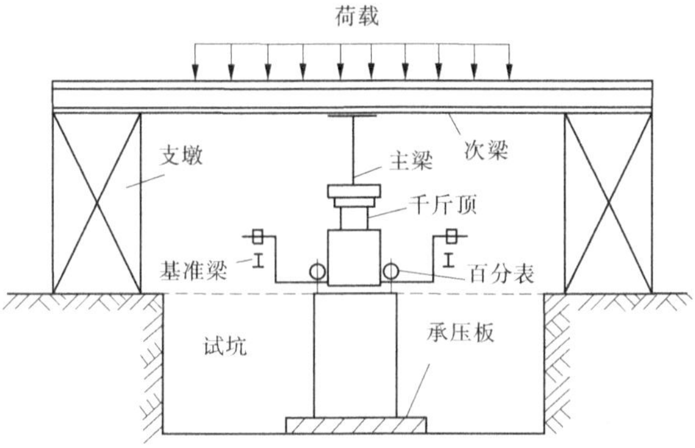

图8-8　地基载荷试验装置

其中,承压板一般为方形或圆形板;加荷装置包括压力源、载荷台架或反力架,加荷方式可采用重物加荷和油压千斤顶反压加荷两种方式;沉降观测装置有百分表、沉降传感器和水准仪等。承压板面积应为2 500 cm^2 或5 000 cm^2,目前工程上常用的是70.7 cm × 70.7 cm 和50 cm × 50 cm。

(一)试验要点

(1)考虑到评价承载力时要采用半无限弹性理论,因此要求基坑宽度应大于承压板宽度的3倍。

(2)试验前,预留10~20 cm的保护层,待试验时再挖掉。

(3)为了保持水平并保证受力均匀,在试验板下垫 1 cm 厚的中、粗砂。

(4)若试坑有地下水,应降水后再安装承压板等设备,并等水位恢复后再开始试验。

(5)对不同土,加荷等级有所不同,一般加 8 ~ 10 级。

(6)稳定标准。每一级荷载加载后,按间隔 5 min、5 min、10 min、10 min、15 min、15 min,以后每隔 30 min 测读一次沉降,当连续 2 h 内每小时的沉降量小于 0.1 mm 时,则认为已趋稳定标准,可加下一级荷载。

(7)极限压力状态的现象。①承压板周围的土出现明显的侧向挤出,周边岩土出现明显隆起或径向裂缝持续发展;②本级荷载的沉降量大于前级荷载沉降量的 5 倍,荷载与沉降曲线出现明显陡降段;③某级荷载下 24 h 内沉降速率不能达到稳定标准;④$s/b \geqslant 0.06$(s 为总沉降量,b 为承压板宽度或直径)。

(8)回弹观测。分级卸载,观测回弹值;分级卸载量级为加荷增量的 2 倍,15 min 观测一次,1 h 再卸下一次荷载;完全卸载后,应继续观测 3 h。

(二)试验资料整理

在试验中,一些因素的干扰使试验变形值与真实变形值之间存在一定误差。诸如因安装设备等未测到变形,使观测值偏小;或是试验时土面未平整,或开挖基坑回弹变形等又使观测值偏大;还有不易估计到的偶然性因素,使试验变形值偏小或偏大。在 p—s 曲线图上误差表现为试验曲线不通过原点(O 点),所以在应用资料前,需对原始资料进行整理。

试验资料整理一般包括检查整理原始资料,校正沉降数据、绘制校正后的 p—s 曲线,编制试验综合成果表及说明等。

(1)试验结束后进行全面检查整理。将检查后的时间、变形、压力等有效数据写于规定的载荷试验记录表内。

(2)根据原始资料绘制 p—s 和 s—t 曲线草图。

(3)修正沉降观测值:先求出校正值 s_0 和 p—s 曲线斜率 C_0。

(4)设原始沉降观测值为 s_i',校正后的沉降值为 s_i,则有:

比例界限压力(临塑压力)以前的各点

$$s_i = C_0 p_i$$

比例界限压力以后的各点

$$s_i = s_i' - s_0$$

(5)利用整理校正好的资料绘制 p—s 曲线。

(三)成果应用

1. 确定地基土承载力

根据试验得到的 p—s 曲线,可以按强度控制法、相对沉降控制法或极限荷载法来确定地基土的承载力。

1)强度控制法

以 p—s 关系曲线对应的比例界限压力(临塑压力)作为地基土极限承载力的基本值。当 p—s 关系曲线上有明显的直线段时,一般使用该直线段的终点所对应的压力为比例界限压力(临塑压力)p_0,如图 8-9 所示。

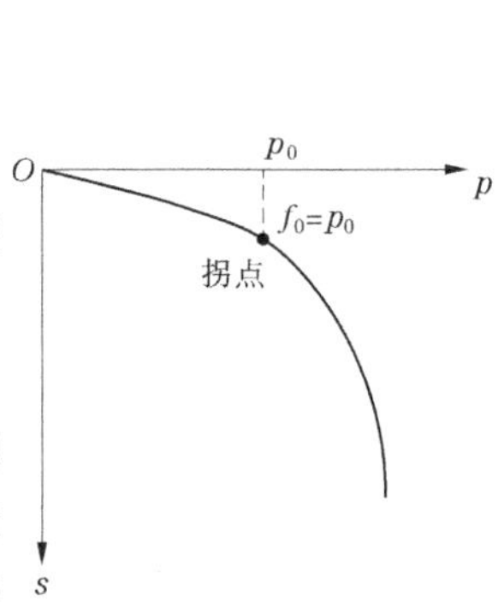

图 8-9　p—s 曲线拐点法

当 p—s 关系曲线上没有明显的直线段时，$\lg p$—$\lg s$ 曲线或 p—$\Delta s/\Delta p$ 曲线上的转折点所对应的压力即为比例界限压力（临塑压力）p_0，如图 8-10、图 8-11 所示。

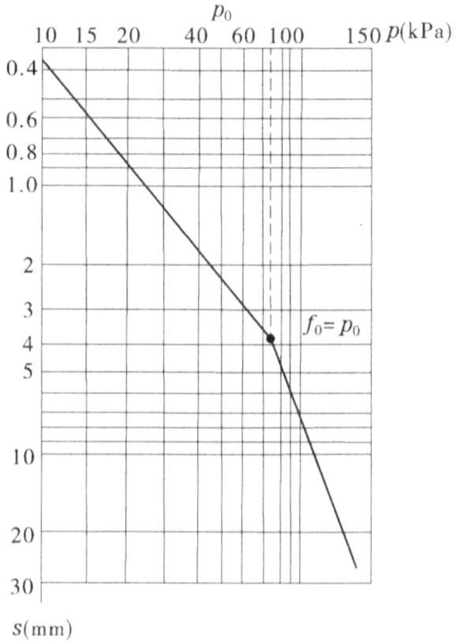

图 8-10　$\lg p$—$\lg s$ 曲线

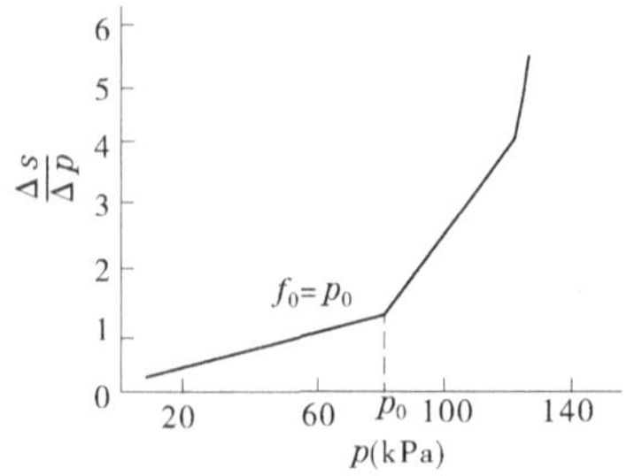

图 8-11　p—$\Delta s/\Delta p$ 曲线

2）相对沉降控制法

相对沉降控制法是由沉降量 s 与承压板宽度或直径 b 的比值确定地基承载力基本值。若承压板面积为 0.25～0.50 m^2，对于低压缩性土及砂土，可以 $s/b=0.01\sim0.015$ 所对应的荷载值作为地基承载力基本值；对于中、高压缩性土，可以 $s/b=0.02$ 所对应的荷载值作为地基承载力基本值。

3）极限荷载法

应用极限荷载法的特点是 p—s 关系曲线达到比例极限后很快发展到极限破坏。

当极限承载力 p_u 与 p_0 接近时，可以用极限承载力 p_u 除以安全系数（一般为 2～3）作为土体承载力的基本值；当极限承载力 p_u 与 p_0 不接近时，可以用 p_u-p_0 除以安全系数（一般为 2～3）再加比例极限压力作为土体承载力的基本值。

2. 计算地基土变形模量

土的变形模量为

$$E_0=I_0(1-\mu^2)\frac{pb}{s} \tag{8-3}$$

式中　E_0——地基土的变形模量，MPa；

I_0——刚性承压板的形状系数，圆形承压板取 0.785，方形承压板取 0.886；

μ——土的泊松比（碎石土取 0.27，砂土取 0.30，粉土取 0.35，粉质黏土取 0.38，黏土取 0.42）；

b——承压板的宽度或直径，m；

p——p—s 曲线直线段的压力，kPa；

s——与 p 相对应的沉降量，mm。

3. 判断黄土的湿陷性

在黄土地区可以应用载荷试验判断黄土的湿陷性。按前述载荷试验方法和步骤加荷至预定荷载(常按设计荷载考虑),待沉降稳定后向试坑注水,保持水头 20 ~ 30 cm。为了便于渗水和防止坑底冲刷,注水前应在坑底承压板四周铺 5 ~ 10 cm 厚的粗砂或砾石。浸水后沉降稳定(标准同前),浸水增加的沉降值即为黄土湿陷引起的湿陷量。此值可以和规定值进行对比,判断是否属于湿陷性黄土地基。

二、静力触探试验

静力触探的基本原理是用准静力将一个内部装有传感器的触探头以均速压入土中,由于地层中各种土的软硬不同,探头所受的阻力也不同,传感器将这种大小不同的贯入阻力通过电信号输入到记录仪表记录下来,再通过贯入阻力与土的工程地质特征之间的定性关系和统计关系,实现换算获得土层剖面、提供地基承载力、选择桩间持力层和预估单桩承载力等工程勘察目的。

(一)静力触探设备

静力触探设备主要由触探主机和反力装置两大部分组成。静力触探仪由探头、量测记录仪表、贯入装置三个主要部分构成。

常用的静力触探探头分为单桥探头和双桥探头,其主要规格见表 8-8。根据实际工程所需测定的地基土层参数选用单桥探头或双桥探头,探头圆锥截面面积以 10 cm^2 为宜,也可使用 15 cm^2。

表 8-8　静力触探探头规格

锥头截面面积(cm^2)	探头直径(mm)	锥角(°)	单桥探头	双桥探头	
			有限侧壁长度(mm)	摩擦筒侧壁面积(cm^2)	摩擦筒长度(mm)
10	35.7	60	57	200	179
15	43.7		70	300	219
20	50.4		81	300	189

(二)静力触探试验成果的应用

静力触探试验的主要成果有贯入阻力—深度(p_s—h)关系曲线,锥尖阻力—深度(q_c—h)关系曲线,侧壁摩阻力—深度(f_s—h)关系曲线和摩阻比—深度(R_f—h)关系曲线。摩阻比的定义为

$$R_f = \frac{f_s}{q_c} \times 100\% \tag{8-4}$$

式中　R_f——摩阻比;

f_s——单位侧壁摩阻力,即侧壁摩阻力和摩擦筒表面面积之比;

q_c——单位锥尖阻力,即锥尖总阻力和锥底截面面积之比。

根据目前的研究与经验,静力触探试验成果的应用主要有下列几个方面。

1. 划分土层界线

在建筑物的基础设计中，结合地质成因，对地基土按土的类型及其物理力学性质进行分层是很重要的，特别是在桩基设计中，桩尖持力层的标高及其起伏程度和厚度变化，是确定桩长的重要设计依据。

根据静力触探曲线(见图 8-12)对地基土进行力学分层，或参照钻孔分层结合静力触探 p_s 或 q_c 及 f_s 值的大小和曲线形态特征进行地基土的力学分层，并确定分层界线。

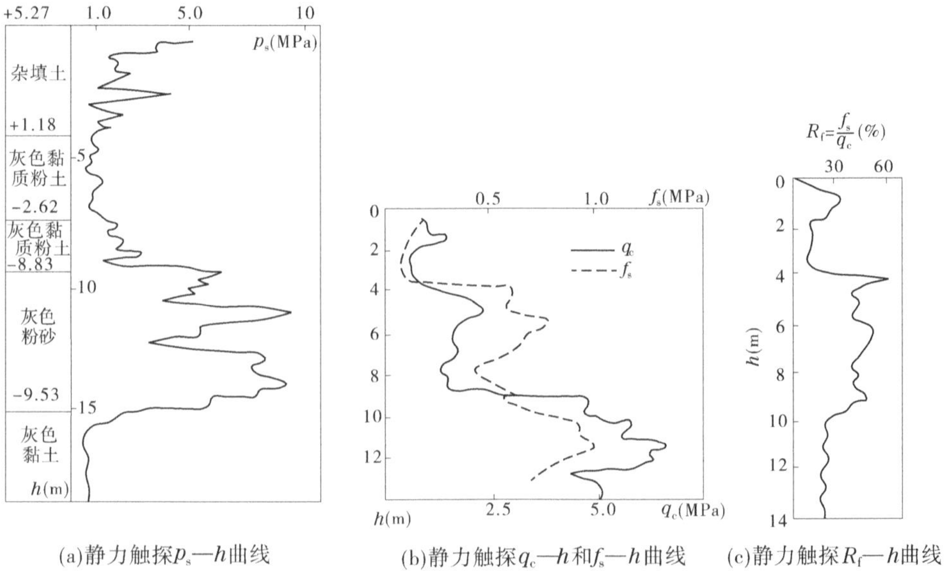

图 8-12　静力触探曲线

用静力触探曲线划分土层界线的方法如下：

(1)上下层贯入阻力相差不大时，取超前深度和滞后深度的中心，或中点偏向小阻力土层 5 ~ 10 cm 处作为分层界线。

(2)上下层贯入阻力相差 1 倍以上时，当由软层进入硬层或由硬层进入软层时，取软层最后一个(或第一个)贯入阻力小值偏向硬层 10 cm 处作为分层界线。

(3) 上下层贯入阻力无甚变化时，可结合 f_s 或 R_f 的变化确定分层界线。

2. 评定地基承载力

关于用静力触探的比贯入阻力确定地基承载力基本值 f_0 的方法，我国已有大量的研究工作，取得了一批可靠、合理的成果，建立了很多地区性的地基承载力的经验公式。但是，由于土的区域性分布特点，不可能形成一个统一的公式来确定各地区的地基承载力。实际工作中可根据所在地区不同查阅相关经验公式。

3. 评定地基土的强度参数

由于静力触探试验的贯入速率较快，因此对量测黏性土的不排水抗剪强度是一种可行的方法。经过大量的试验和研究，探头锥尖阻力基本上与黏性土的不排水抗剪强度成某种确定的函数关系，而且将大量的测试数据经数理统计分析，其相关性都很理想。其典型的实用关系式如表 8-9 所示。

表 8-9 用静力触探估算黏性土的不排水抗剪强度 （单位:kPa）

实用关系式	适用条件	来源
$C_u = 0.071q_c + 1.28$	$q_c < 700$ kPa 的滨海相软土	同济大学
$C_u = 0.039q_c + 2.7$	$q_c < 800$ kPa	铁道部
$C_u = 0.0308q_c + 4.0$	$p_s = 100 \sim 1500$ kPa 新港软黏土	交通部一航局设计院
$C_u = 0.0696q_c - 2.7$	$p_s = 300 \sim 1200$ kPa 饱和软黏土	武汉静探联合组
$C_u = 0.1q_c$	$\varphi = 0$ 纯黏土	日本
$C_u = 0.105q_c$		Meyerhof

砂土的重要力学参数是内摩擦角 φ，我国铁道部《静力触探技术规则》（TBJ 37—93）提出按表 8-10 估算砂土的内摩擦角。

表 8-10 用静力触探比贯入阻力 p_s 估算砂土内摩擦角 φ

p_s（MPa）	1.0	2.0	3.0	4.0	6.0	11	15	30
φ（°）	29	31	32	33	34	36	37	39

除上述三个方面的应用外，静力触探试验成果还可应用于评定土的变性指标和估算单桩承载力等。

三、圆锥动力触探试验

用一定质量的落锤，以一定落距自由落下，将一定形状、尺寸的圆锥探头贯入土层中，记录贯入一定厚度土层所需锤击数的一种原位测试方法，称为圆锥动力触探。

（一）常用圆锥动力触探设备类型

表 8-11 列出的是国内常用的圆锥动力触探设备类型。

表 8-11 国内常用的圆锥动力触探设备类型

类型	锤重（kg）	落距（cm）	探头规格	贯入指标	触探杆外径（mm）
轻型	10 ± 0.2	50 ± 2	圆锥探头、锥角 60°，锥底直径 4 cm，面积 12.6 cm^2	贯入 30 cm 的锤击数 N_{10}	25
重型	63.5 ± 0.5	76 ± 2	圆锥探头、锥角 60°，锥底直径 7.4 cm，面积 43 cm^2	贯入 10 cm 的锤击数 $N_{63.5}$	42
特重型	120 ± 1.0	100	同重型	贯入 10 cm 的锤击数 N_{120}	50 ~ 60

（二）圆锥动力触探试验简介

1. 轻型动力触探

轻型动力触探主要由锥形探头、触探杆和落锤三部分组成。一般用于一、二层建筑物地基勘察和施工验槽。连续贯入,贯入深度可达 4 m 左右。可以确定地基承载力基本值。

适用范围:浅部的素填土、砂土、黏性土、粉土。

根据已有资料确定一般黏性土、粉土素填土和新近堆积黄土的承载力基本值 f_0 分别见表 8-12 ~ 表 8-14。

表 8-12　一般黏性土承载力基本值

N_{10}	15	20	25	30
f_0(10 kPa)	10	14	18	22

表 8-13　粉土、素填土承载力基本值

N_{10}	10	20	30	40
f_0(10 kPa)	8	11	13	15

表 8-14　新近堆积黄土承载力基本值

N_{10}	7	11	15	19	23	27
f_0(10 kPa)	8	9	10	11	12	13

2. 重型动力触探

重型动力触探可以自地表向下连续贯入或分段贯入。锤击速率以每分钟 15 ~ 30 击为佳,一般以 5 击为一阵击。贯入深度在 16 ~ 20 m 以内,主要用于砂类、卵砾类土的勘察,以及划分土层、确定滑动面位置和确定承载力。当触探杆长度≥2 m 时,需进行触探杆长度修正(见表 8-15)。

表 8-15　触探杆长度修正系数 a

触探杆长度(m)	≤1	2	3	4	5	6	8	10	12	15
a	1.00	0.96	0.90	0.85	0.83	0.81	0.78	0.76	0.75	0.74

地下水位以下的中、粗、砾砂、圆砾和卵石,需要对原始锤击数($N_{63.5}$)进行修正:

$$N_{63.5} = 1.1N'_{63.5} + 1.0 \tag{8-5}$$

适用范围:中密以下的砂土、碎石土、极软岩。

根据校正后的 $N_{63.5}$,按有关资料(见表 8-16 和表 8-17),确定承载力基本值 f_0。

表 8-16　中、粗、砾砂的承载力基本值

$N_{63.5}$	3	4	5	6	8	10
f_0(kPa)	120	150	200	240	320	400

表 8-17　碎石土承载力基本值

$N_{63.5}$	3	4	5	6	8	10	12
f_0(kPa)	140	170	200	240	320	400	480

3. 超重型动力触探

需配有自动落锤装置。采用连续贯入，并控制每分钟 15 ~ 25 击。贯入深度小于 20 m。可以确定承载力基本值。

适用范围：密实碎石土、软岩、极软岩。

N_{120}的修正要考虑触探杆长度和侧壁摩擦：

$$N_{120} = aF_n N'_{120} \tag{8-6}$$

式中 a——触探杆长度修正系数（见表 8-18）；

F_n——侧壁摩擦修正系数（见表 8-19）。

表 8-18 触探杆长度修正系数 a

触探杆长度(m)	1	2	4	6	8	10	12	14	16	18
a	1.00	0.93	0.87	0.70	0.65	0.59	0.54	0.50	0.47	0.44

表 8-19 侧壁摩擦修正系数 F_n

N_{120}	1	2	3	4	6	8 ~ 9	10 ~ 12	13 ~ 17	18 ~ 24	25 ~ 31
F_n	0.92	0.85	0.82	0.80	0.78	0.76	0.75	0.74	0.73	0.72

中国建筑西南勘察设计研究院经大量对比试验（如载荷和重型触探试验等）和数理统计给出用 N_{120}确定卵石、碎石地基的承载力基本值（见表 8-20）。

表 8-20 卵石、碎石地基的承载力基本值

N_{120}	1	2	3	4	5	6	7	8	9	10
f_0(10 kPa)	0.97	1.96	2.93	3.90	4.85	5.79	6.71	7.62	8.54	9.44
N_{120}	11	12	13	14	15	16	17	18	19	20
f_0(10 kPa)	10.4	11.2	12.2	13.0	14.0	14.9	15.7	16.7	17.5	18.5

四、标准贯入试验

（一）试验设备

标准贯入试验设备由带排水、排气孔对开式贯入器、导向杆、锤垫、穿心落锤和探杆组成。导向杆长 1.6 ~ 2.0 m，与探杆均为直径 42 mm 的钻杆。穿心锤重 63.5 kg，多采用自动落锤装置。标准贯入试验的仪器设备如图 8-13 所示。

（二）成果应用

（1）在成果应用前，需对资料进行整理。据有关规范建议需进行钻杆长度修正（见表 8-21）（《建筑抗震设计规范》（GB 50011—2010）和《土工试验规程》（SL 237—1999）均不做钻杆长度修正）。

（2）对有效粒径 d_{10}为 0.1 ~ 0.5 mm 的饱和粉细砂，当密度大于某一临界密度时，由于透水性小，标贯产生的孔隙水压力可使 $N_{63.5}$偏大，相当于此临界密度的实测值 $N_{63.5}$ =

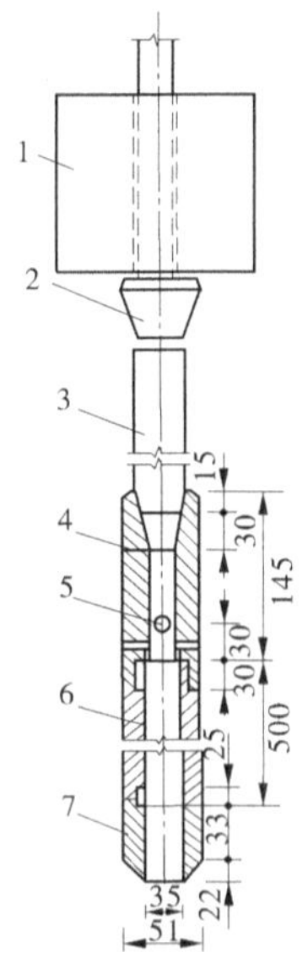

1—穿心锤;2—锤垫;3—钻杆;4—贯入器头;5—出水孔;
6—由两半圆形管合并而成的贯入器身;7—贯入器靴

图 8-13　标准贯入试验设备　(单位:mm)

15。当 $N_{63.5}>15$ 时应按下式修正:

$$N_{63.5}=15+0.5(aN_{63.5}-15) \tag{8-7}$$

(3)利用 $N_{63.5}$—H 划分土层。

(4)确定地基土承载力。

表 8-22 和表 8-23 列出了《建筑地基基础设计规范》(GB 50007—2011)关于用标贯击数确定黏性土、砂土承载力基本值的数据。

表 8-21　钻杆长度修正系数

钻杆长度(m)	≤3	6	9	12	15	18	21
a	1.00	9.2	0.86	0.81	0.77	0.73	0.70

表 8-22　黏性土承载力基本值

$N_{63.5}$	3	5	7	9	11	13	15	17	19	21	23
f_0(kPa)	105	145	190	220	295	325	370	430	515	600	680

表 8-23　中、粗、粉细砂承载力基本值

$N_{63.5}$	10	15	30	50
中粗砂 f_0(kPa)	180	250	340	500
粉细砂 f_0(kPa)	140	180	250	340

第六节　现场监测

一、现场监测的目的和任务

现场监测是工程地质勘查中的一项重要工作。随着建设事业的日益发展,工程建筑施工过程中遇到的岩土工程问题越来越多,这不仅给施工带来困难,而且由施工引起的土中应力场和位移场的变化直接影响周围各种设施的安全。现场监测就是对在施工过程中及完工后工程施工和使用引起岩土性状、周围环境条件(包括工程地质、水文地质条件),以及相邻结构、设施等因素发生的变化进行各种观测工作,监视其变化规律和发展趋势,从而了解施工对各因素的影响程度,以便及时在设计、施工和维护上采取相应的防治措施。监测资料力求规范化、标准化和量化。

现场监测常见的有地基沉降与位移观测和地基中应力观测两大类,其主要内容如图 8-14所示。

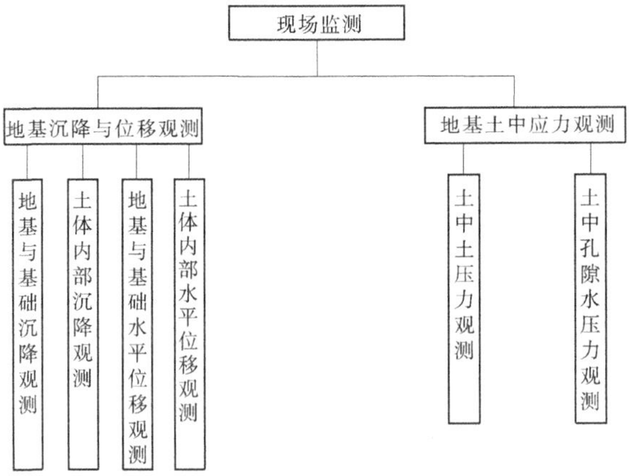

图 8-14　现场监测的主要内容

二、建筑物的沉降观测

建筑物的沉降观测能反映地基的实际变形对建筑物的影响程度,是分析地基事故及判别施工质量的重要依据,也是检验勘察资料的可靠性、验证理论计算正确性的重要资料。《岩土工程勘察规范》(GB 50021—2001)(2009 年版)规定,下列工程应进行沉降观测:

(1)地基基础设计等级为甲级的建筑物。

(2)不均匀或软弱地基上的重要二级及以上建筑物。

(3)加层、接建或因地基变形、局部失稳而使结构产生裂缝的建筑物。

(4)受邻近深基坑开挖施工影响或受场地地下水等环境因素变化影响的建筑物。

(5)需要积累建筑经验或要求通过反分析求参数的工程。

三、地下水位的监测

地下水动态观测包括水位、水温、孔隙水压力、水化学成分等内容。其中,尤其是地下水位及孔隙水压力的动态观测,对于评价地基土承载力、评价水库渗漏和浸没、预测道路翻浆、论证建筑物地基稳定性以及研究水库地震等都有重要的实际意义。《岩土工程勘察规范》(GB 50021—2001)(2009 年版)规定下列情况应进行地下水监测:

(1)地下水的升降影响岩土的稳定时。

(2)地下水上升对构筑物产生浮托力或对地下室和地下构筑物的防潮、防水产生较大影响时。

(3)施工排水对工程有较大影响时。

(4)当施工或环境条件改变造成的孔隙水压力、地下水压的变化对岩土工程有较大影响时。

(5)地下水位的下降造成区域性地面沉降时。

(6)地下水位的升降可能使岩土产生软化、湿陷、胀缩时。

(7)需要进行污染物运移对环境影响的评价时。

地下水的动态监测可采用水井、地下水天然露头或钻孔、探井;孔隙水压力、地下水压的监测可采用测压计或钻孔测压仪。监测时应满足下列技术要求:

(1)动态监测不应少于一个水文年,并宜每 3 天监测一次;雨天宜每天监测一次。

(2)当孔隙水压力在施工期间发生变化影响建筑物的性能时,应在施工结束或孔隙水压力降到安全值后方可停止监测,对受地下水浮托力影响的工程,孔隙水压力的监测应进行至浮托力清除时为止。

第七节　建筑地基评价

地基承载着建筑物的全部自重和外加的荷载。要保证建筑物的安全和正常使用,必须首先保证地基的稳定可靠。地基是由岩土体构成的,除岩土本身的性质外,节理裂隙、地下水、洞穴等分布其中,以及受到地震等因素的影响。因此,必须综合评价各种地质条件才能保证地基的稳定性。

地基评价的主要内容有:

(1)正确划分地基土类型。

(2)确定地基土的物理力学性质,并研究其均匀性。

(3)确定地基土的承载力。

(4)评价地下水位变化情况及其侵蚀性。

(5)地基变形验算。

(6)场地地震效应评价。

(7)研究地基土在勘察、施工、工程运营中可能产生的变化,并提出应采取的措施等。

本节着重介绍地基承载力与地基变形,以及建筑场地地震效应评价。

一、地基承载力与地基变形

（一）地基承载力

在建筑物荷载作用下，地基产生变形，开始由弹性变形进入局部塑性变形，如果荷载超过地基承受能力，塑性变形区将会不断扩大，直至塑性区连贯而发生剪切破坏。

地基承载力是指地基所能承受由建筑物基础传递来的荷载的能力。为保证建筑物的安全，地基应同时满足两个条件：①保证地基受荷后不发生强度破坏而丧失稳定性；②地基变形不超过建筑物对地基要求的容许变形值。

在工程实践中，确定地基承载力的基本方法有以下几种：

（1）经验法。室内土工试验取得地基土物理力学指标，通过查表和工程实践经验方法确定。

（2）理论计算法。用强度理论公式计算确定。

（3）现场原位测试方法。用静载荷试验、静力触探等方法确定。

在确定地基承载力时，应考虑建筑物的安全等级。一般规定：一级建筑物应采用载荷试验、理论公式计算及其他原位测试等方法综合确定；二级建筑物可按规范表格法或其他原位测试确定；三级建筑物可根据临近建筑物的经验确定。

《建筑地基基础设计规范》（GB 50007—2011）定义：承载力特征值f_{ak}可由载荷试验或其他原位测试、公式计算等方法并结合工程实践经验等综合确定。修正后的地基承载力特征值可供设计使用。

（二）持力层的选择

持力层是直接支撑基础的岩土层。持力层的性质、埋藏条件和承载力等对基础类型、基础埋深、地基承载力、地基加固和施工方法等都有很大影响，直接影响到基础的可靠性、施工的难易和工期的长短与造价问题。在地基岩土中，岩土性质均一，结构致密、强度高、层厚与分布均匀、含水量低、变形量小的非新近沉积地层（如其层面埋深位于当地最大冻深之下并位于地下水位之上）是最为理想的持力层。但在实际工作中往往会遇到各种复杂的情况。当可用作持力层的岩土层埋藏深度较大时，可采用深基础或桩基加以利用，或可考虑对上部的软土进行加固后使用。

（三）地基变形

地基中原有的应力状态因建筑物的建造而发生改变，从而引起地基变形，基础随之发生沉降。另外，由于地基不均匀或建筑群各建筑物荷载差异，建筑物会出现不均匀沉降。发生上述沉降或不均匀沉降时可采用调整上部结构等方法，使建筑物的地基变形控制在规定的范围内。而当沉降或不均匀沉降超过一定数值时，将影响建筑物的安全和使用，需进行地基处理。

《建筑地基基础设计规范》（GB 50007—2011）规定，对于一级建筑，应在施工期间和使用期间进行沉降观测，以便及时采取加固措施和验证地基基础设计方案。对于高层建筑或一些重型建筑地基、位于斜坡或坡顶上的建筑物地基、软弱土层下有倾斜基岩面或隐伏的破碎带、断裂带地基等，要求提供岩土的变形性质指标进行地基稳定性验算。对于工程地质勘查工作，要求查清楚地基的岩土层结构、软弱层和透镜体的分布、岩土的物理力学性质及地下水的埋藏条件,做出地基均匀性评价。

二、建筑场地的地震评价

场地工程地质勘察,应根据实际需要划分对建筑有利、不利和危险的地段,提供建筑场地类别和岩土地层稳定性(如滑坡、崩塌、液化和震陷特性等)评价。对需要采用时程分析法补充计算的建筑场地,尚应根据设计提供土层剖面、场地覆盖层厚度和有关的动力参数。

(一)建筑场地的选择

选择建筑场地时,应根据工程需要,掌握地震活动情况、工程地质和地震地质的有关资料,对抗震有利、不利和危险地段做出综合评价。对不利地段,应提出避开要求;当无法避开时,应采取有效措施;不应在危险地段建造重大工程,更不能建造重要功能性工程。

(二)场地土类型和场地类别

1. 场地土类型划分

场地土类型:当为单一土层时,土的类型即为场地土类型;当为多层土时,场地土类型可根据地面下 20 m 且不深于场地覆盖层厚度范围内各土层类型和厚度综合评定,见表 8-24。

表 8-24　土的类型划分

土的类型	岩土名称和形状	土层剪切波速 v_s 范围值(m/s)
坚硬土或岩石	稳定岩石,密实的碎石土	$v_s > 500$
中硬土	中密、稍密的碎石土,密实中密的砾砂、粗砂、中砂,$f_{ak} > 200$ kPa 的黏性土和粉土,坚硬黄土	$500 \geqslant v_s > 250$
中软土	稍密的砾砂、粗砂、中砂,除松散的细、粉砂外,$f_{ak} \leqslant 200$ kPa 的黏性土,$f_{ak} \geqslant 130$ kPa 的填土,可塑黄土	$250 \geqslant v_s > 140$
软弱土	淤泥和淤泥质土,松散的砂,新近沉积的黏性土和粉土,$f_{ak} < 130$ kPa 的填土,流塑黄土	$v_s \leqslant 140$

注:f_{ak} 为地基承载力特征值。

2. 建筑场地类别划分

1)覆盖层厚度

建筑场地覆盖层厚度的确定,应符合下列要求:

(1)一般情况下,应按地面至剪切波速大于 500 m/s 的土层顶面的距离确定。

(2)当地面 5 m 以下存在剪切波速大于相邻上层土剪切波速 2.5 倍的土层,且其下卧岩土的剪切波速均不小于 400 m/s 时,可按地面至该土层顶面的距离确定。

(3)剪切波速大于 500 m/s 的孤石、透镜体,应视同周围土层,按地面至剪切波速大于

500 m/s 的土层或坚硬土顶面的距离确定。

(4)土层的火成岩硬夹层应视为刚体,其厚度应从覆盖土层中扣除。

2)土层的等效剪切波速

土层的等效剪切波速应按下列公式计算:

$$v_{se} = \frac{d_0}{t} \tag{8-8}$$

$$t = \sum_{i=1}^{n} (d_i/v_{si}) \tag{8-9}$$

式中 v_{se}——土层等效剪切波速,m/s;

d_0——计算深度,m,取覆盖层厚度和 20 m 二者的较小值;

t——剪切波在地面至计算深度之间的传播时间,s;

d_i——计算深度范围内第 i 土层的厚度,m;

v_{si}——计算深度范围内第 i 土层的剪切波速,m/s;

n——计算深度范围内土层的分层数。

建筑场地类别应根据土层等效剪切波速和场地覆盖厚度按表 8-25 划分。

表 8-25 建筑场地类别

等效剪切波速 v_{se} (m/s)	覆盖层厚度(m)			
	Ⅰ	Ⅱ	Ⅲ	Ⅳ
$v_{se}>500$	0			
$500 \geq v_{se}>250$	<5	≥5		
$250 \geq v_{se}>140$	<3	3~50	>50	
$v_{se} \leq 140$	<3	3~15	>15~80	>80

(三)发震断裂的工程影响评价

场地内存在发震断裂时,应对断裂的工程影响进行评价,并应符合下列要求:

(1)对符合下列规定之一的情况,可忽略发震断裂错动对地面建筑的影响:①抗震设防烈度小于 8 度;②非全新世活动断裂;③抗震设防烈度为 8 度和 9 度时,前第四纪基岩隐伏断裂的土层覆盖厚度分别大于 60 m 和 90 m。

(2)对不符合以上规定的情况,应避开主断裂带。

(四)饱和砂土和粉土的液化判断

存在饱和砂土和饱和粉土(不含黄土)的地基,在地震烈度 7 度及 7 度以上设防地区,应进行液化判断。通常采用标准贯入试验法、静力触探试验法及剪切波速判别法。

第八节 工程地质勘察报告

工程地质勘察报告是工程地质勘察的成果,反映工程地质勘察的全部内容。勘察单位根据勘察任务的要求进行现场勘察,当现场勘察工作(如调查、勘探、测试等)和室内试验完成后，应对各种原始资料进行整理、检查、分析、鉴定，然后编制成工程地质勘察报告书，提供给设计单位和施工单位。

不同的工程项目，不同的勘察阶段，报告反映的内容和侧重点有所不同；各种勘察规范、规程对勘察报告的编写也有相应的要求。报告内容的详略根据任务要求、勘察阶段、勘察等级、地质条件、工程特点等具体情况确定。《岩土工程勘察规范》（GB 50021—2001）（2009 年版）要求勘察报告包括下列内容：

（1）勘察的目的、任务和依据的技术标准。

（2）拟建工程概况。

（3）勘察方法和勘察工作布置。

（4）场地地形、地貌、地层、地质构造、岩土性质及其均匀性。

（5）各项岩土性质指标，岩土的强度参数、变形参数、地基承载力的建议值。

（6）地下水埋藏情况、类型、水位及其变化。

（7）土和水对建筑材料的腐蚀性。

（8）可能影响工程稳定的不良地质作用的描述和对工程危害程度的评价。

（9）场地稳定性和适宜性评价。

以上内容是强制性条文，是工程地质勘察报告的基本要求，勘察报告具体如何写，规范没有具体的规定。按工程的具体要求进行勘察编写。

一、工程地质勘察报告的组成

工程地质勘察报告包括文字部分和图表部分。

（一）文字部分

文字部分包括以下内容：工程概况；勘察方法和勘探工作量布置；场地工程地质条件，地形地貌、地质构造、地层岩性、水文地质条件、不良地质作用等；场地岩土工程评价，即区域稳定性评价、场地和地基稳定性评价、地基均匀性评价、岩土参数建议值、地基承载力特征值；地下水埋藏类型、水位及其变化及场地地下水对建筑材料的腐蚀性评价；对岩土利用、整治和改造的方案进行分析论证，提出建议；对工程施工和使用期间可能发生的岩土问题进行预测，对基础监控和预防措施的建议。

（二）图表部分

勘探图表的图例样式、线条的粗细、线条的样式、字体大小、字形选择要符合有关的规范和标准。

1. 勘探点平面布置图

勘探点平面布置图是在地形图上标明工程构筑物、各勘探点（探坑、探槽、浅井、钻孔）的平面位置、各现场原位测试点以及勘探剖面线的位置，并注明各勘探点、原位测试点的坐标及高程。该图应在较大比例尺的工程地质图上进行编制，地形地貌复杂时应专门做测绘工作。

2. 工程地质剖面图

绘制工程地质剖面图是依据各勘探点的成果和土工试验成果，先绘制勘探线的地形剖面线，标出各钻孔的地层层面，在钻孔的两侧分别标出层面的高程和深度，将相邻钻孔中相同土层分界点以直线相连。工程地质剖面图反映的是某一地层勘探线上地层沿竖向和水平方向的分布情况，竖向和水平方向的比例一般是不同的，勘探线的布置与主要地质构造轴线垂直，与建筑物的轴线一致，所以工程地质剖面图能有效地表示场地工程地质条件，是工程勘察报告最基本的图件，如图 8-15 所示。

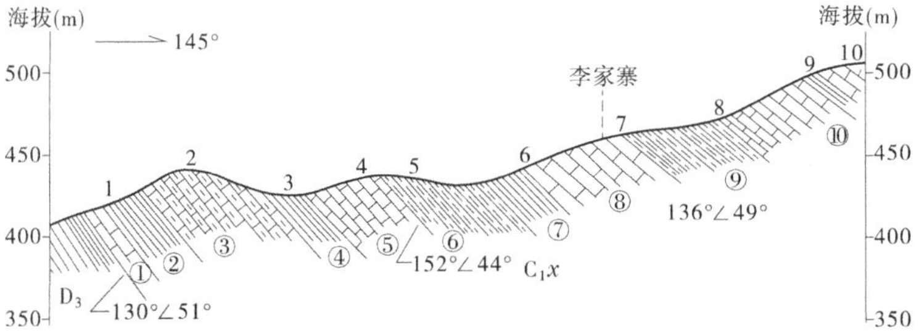

图 8-15　实测地质剖面图

3. 钻孔柱状图

钻孔柱状图是根据现场钻孔记录整理出来的能够反映地基土层的分布、地层的名称及特征、钻进的工具、方法和具体事项，并用一定的比例尺、图例和符号表示的图件，还应标出取土深度、标准贯入试验位置和地下水水位等资料。

4. 综合地层柱状图

综合地层柱状图（见图 8-16）所需的资料是在野外地质工作中取得的，它是将一个地区的全部地层按其时代顺序、接触关系及各层位的厚度大小编制的图件。反映所勘察的地层层序及其主要特征和性质，揭示出地壳运动的性质和类型以及演变。

界	系	统	阶	地层名称	代号	柱状图	厚度(m)	分层厚度(m)	分层号	岩性描述及化石	矿产
古生界	石炭系	下统		巴什索贡组	C_1b		850	790	⑨	灰色、深灰色块状灰岩为主，产：*Gigantoproductus* cf.*latissimus*, *Antiguatonia insculpta*, *Ambocoetia* cf.*vaduschensis* (Tan)，等	石灰岩矿
								50	⑧	灰色、褐色不等粒钙质砾岩	
								10	⑦	灰色、褐色复成分砾岩	
	泥盆系	上统		坦盖塔尔组	D_3t		700~900	633~833	⑥	灰色，浅灰色块状厚层灰岩，有时见钙质砾岩夹层。产：*Atrypa* sp., *Hypothridina* sp., *Schizophoria* sp., *Cyrtospirifer* sp., *Atrypa* ex gr. *tubecostata* Paeck.等	石灰岩矿
								7	⑤	土黄色钙质砂岩、页岩	
								60	④	灰色、深灰色层状灰岩，产*Atrypa* sp.,*Hypothridina* sp.	
		中统		托格买提组	D_2t		80	54	③	灰色块状灰岩，产：*Pseudomicroplasma* sp., *Heliolites* sp.	石灰岩矿
								6	②	红色薄层粉砂岩	
								20	①	灰色块状灰岩	

图 8-16　综合地层柱状图

5. 主要的附表、插表

根据项目任务要求，勘察报告中还需要提供如下附表：土工试验成果汇总表、原位测试成果表、岩土工程事故调查与分析报告、岩土利用整治或改造方案、专门岩土工程的技术咨询报告等，为详细了解地质情况提供依据。

二、勘察报告阅读要点

勘察报告是勘察工作的文字成果，为地基的设计、整治、利用提供具有一定可靠程度的计算依据。这对设计人员以及施工人员来说是非常重要的。岩土工程勘察报告包括的强制性条文，是阅读勘察报告时应重点关注的。

对于设计人员，要仔细阅读文字部分的内容，看懂图件及附表部分，看清水位情况，了解地基承载力标准值、基本值、特征值、设计值，才能完成设计。

对于施工人员，主要是了解在施工过程中地层开挖情况是否与勘察报告相符，如果相差很大，要进行基础设计的修改以及施工勘察。开挖到设计标高后，要看勘察地基承载力是否满足要求，在基础施工过程中基坑降水方案的设计应按照地勘报告提供的相关参数（丰、枯水期地下水位，渗透系数等）进行计算。

三、勘察报告实例

（一）概述

1. 工程概况

拟建项目主要包括 2 幢 27 层的住宅楼（剪力墙结构）和部分商业用房（框架结构），整体设有两层地下室（其中一层为自行车库）。受建设单位的委托，本单位承担该工程施工图设计阶段的岩土工程详细勘察工作。

2. 勘察等级

本工程重要性等级为二级，建筑场地和地基的复杂程度均为二级，综合判定本次岩土工程勘察等级为乙级。

3. 勘察目的

（1）通过查阅区域地质资料、现场钻探与原位测试等手段，查明场地内有无影响建筑场地稳定性的断裂构造及不良的岩土工程问题。

（2）查明拟建场地地基岩土的成层规律，试验各层岩土的物理力学性质，为地基基础设计与施工及基坑围护设计提供所需的岩土设计参数。

（3）查明场地范围内的地下水类型、埋藏条件，判定其对建筑材料的腐蚀性。

（4）判定场地和地基抗震性能（场地土类型、建筑场地的抗震类别、场地特征周期等）。

（5）根据场地与地基条件、建筑规模和结构特点，对地基基础与基坑围护设计和施工提供咨询性意见与建议。

4. 勘察依据

（1）《岩土工程勘察规范》（GB 50021—2001）（2009 年版）。

（2）《高层建筑岩土工程勘察规程》（JGJ 72—2004）。

(3)《建筑地基基础设计规范》(GB 50007—2011)。

(4)《建筑抗震设计规范》(GB 50011—2010)。

(5)《建筑桩基技术规范》(JGJ 94—2008)。

(6)《建筑基坑支护技术规程》(JGJ 120—2012)。

(7)设计提供的建筑物平面布置图,以及拟建的建筑设计方案等。

5. 勘察工作量

本次勘察具体完成的工作量为:取土(标贯)孔及标贯孔 32 个,累计钻探进尺 1 150.0 m,取原状土样 50 件,扰动土样 13 件,做标贯试验 54 次;静探(对比)孔 14 个,累计试验深度 160.4 m;单孔法波速试验孔 2 个;放孔测高 32 个点位。

6. 勘察周期

外业工作于 2012 年 3 月 26 ~ 29 日进行,室内土工试验于 4 月 5 日提交土工试验成果报告表;内业资料整理于 2012 年 4 月 8 日完成,并于 2012 年 4 月 9 日提交正式报告。

(二)场地工程地质条件综述

1. 地形地貌

拟建场地第四纪地貌型态属淮河冲积平原地貌单元。场地为拆迁场地,地形一般较平坦,依据勘探孔孔口高程计一般为 26.06 ~ 27.57 m(高程系统与所提供平面图一致),最大高差为 1.51 m。

2. 地基岩土构成

综合分析钻探、原位测试及室内的岩土试验成果,拟建场地的地层层序自上而下可分为:

(1)层杂填土(Q^{ml})——层厚 0.80 ~ 3.80 m,层底标高 22.39 ~ 25.87 m。褐灰、黄褐色,软—可塑或松散状态。湿—饱和,含大量建筑垃圾、有机质、植物根等。

$(2)_{1-1}$层粉质黏土(Q_4^{al+pl})——主要赋存于场地的西南角,层厚 1.20 ~ 2.30 m,层底标高为 22.34 ~ 24.50 m。青灰、褐灰色,软塑状态,稍湿,有光泽,无摇振反应,干强度一般,韧性一般,层状结构;含有机质等。

$(2)_1$ 层黏土(粉质黏土)(Q_4^{al+pl})——局部存在于②层上部,层厚 0.80 ~ 2.20 m,层底标高为 23.00 ~ 24.37 m。黄褐、褐灰色,软塑—可塑状态,稍湿,有光泽,无摇振反应,干强度高,韧性高,层状结构;含氧化铁、铁锰结核,混钙质结核等。其静力触探比贯入阻力 P_s 值一般为 1.80 ~ 2.20 MPa,加权平均值为 2.07 MPa,计算值为 2.00 MPa。

(2)层黏土(Q_4^{al+pl})——层厚 2.10 ~ 5.60 m,层底标高为 18.39 ~ 21.64 m。黄褐、褐灰色,可塑—硬塑状态,稍湿,有光泽,无摇振反应,干强度高,韧性高,层状结构;含氧化铁、铁锰结核,混钙质结核等,夹薄层粉土。其静力触探比贯入阻力 P_s 值一般为 2.40 ~ 4.00 MPa,加权平均值为 2.66 MPa,计算值为 2.50 MPa。

(3)层粉土夹粉质黏土(Q_4^{al+pl})——层厚 1.20 ~ 2.30 m,层底标高为 16.19 ~ 19.89 m。黄褐等色,可塑或稍密—中密状态,无光泽,摇振反应中等,干强度低,韧性低等,局部含黏土、粉细砂,含氧化铁、较多钙质结核等。其静力触探比贯入阻力 P_s 值一般为 3.7 ~ 8.3 MPa,加权平均值为 4.63 MPa,计算值为 4.50 MPa,标贯试验实测击数 N 值一般为 11 ~ 17击/30 cm,平均值为 13.7 击/30 cm。

(4)层黏土(粉质黏土)(Q_4^{al+pl})——层厚 0.80 ~ 2.10 m,层底标高为 15.19 ~ 18.59 m。褐黄、黄灰色,可塑—硬塑状态,稍湿,有光泽,无摇振反应,干强度高,韧性高,层状结构,含铁锰结核、钙质结核等,间夹有薄层粉土、粉细砂。其静力触探比贯入阻力 P_s 值一般为 1.70 ~ 3.30 MPa,加权平均值为 2.56 MPa,计算值为 2.40 MPa。

(5)层粉土夹粉质黏土(Q_4^{al+pl})——层厚 5.30 ~ 8.90 m,层底标高为 9.25 ~ 10.49 m。黄褐等色,可塑或稍密—中密状态,无光泽,摇振反应中等—迅速,干强度低,韧性低,局部含黏土、粉细砂,含氧化铁,混较多钙质结核等。其静力触探比贯入阻力 P_s 值一般为 3.50 ~ 14.00 MPa,加权平均值为 5.63 MPa,计算值为 5.00 MPa,标贯试验实测击数 N 值一般为 14 ~ 31 击/30 cm,平均值为 22.8 击/30 cm。

(6)层黏土(粉质黏土)(Q_4^{al+pl})——层厚 1.90 ~ 3.20 m,层底标高为 6.70 ~ 8.39 m。褐黄、黄灰色,可塑—硬塑状态,稍湿,有光泽,无摇振反应,干强度高,韧性高,层状结构,含铁锰结核、钙质结核等,间夹有薄层粉土、粉细砂。其标贯实测击数 N 值一般为 17 ~ 24 击/30 cm,平均值为 20.6 击/30 cm。

(7)层粉土夹粉质黏土(Q_4^{al+pl})——层厚 6.20 ~ 7.30 m,层底标高为 -0.01 ~ 0.99 m。褐黄、青灰色,中密—密实或可塑—硬塑状态,摇振反应中等—迅速,稍有光泽,干强度中等偏低,韧性中等偏低,层状结构,含氧化铁、铁锰结核、钙质结核,间夹薄层粉细砂。其标贯实测击数 N 值一般为 26 ~ 37 击/30 cm,平均值为 33.0 击/30 cm。

(8)层黏土(粉质黏土)(Q_4^{al+pl})——部分深孔揭露并揭穿,层厚 3.40 ~ 5.10 m,层底标高为 -4.69 ~ -3.06 m。青灰、褐灰、褐黄色,硬塑状态,稍湿,有光泽,无摇振反应,干强度高,韧性高;含氧化铁、铁锰结核、钙质结核等,夹薄层粉土。其标贯实测击数 N 值一般为 21 ~ 29 击/30 cm,平均值为 25.0 击/30 cm。

(9)层粉土夹粉质黏土(Q_4^{al+pl})——部分深孔揭露并揭穿,层厚 3.20 ~ 4.50 m,层底标高为 -8.01 ~ -7.29 m。褐灰、褐黄色,中密—密实或硬塑状态,摇振反应中等—迅速,稍有光泽,干强度中等偏低,韧性中等偏低,层状结构,含氧化铁、钙质结核。其标贯实测击数 N 值一般为 26 ~ 34 击/30 cm,平均值为 30.0 击/30 cm。

(10)层黏土(粉质黏土)(Q_4^{al+pl})——局部深孔揭露并揭穿,层厚 2.70 ~ 3.60 m,层底标高为 -11.40 ~ -10.35 m。褐灰、褐黄色,硬塑状态,稍湿,有光泽,无摇振反应,干强度高,韧性高;含氧化铁、铁锰结核、钙质结核等,夹薄层粉土。其标贯实测击数 N 值一般为 21 ~ 24 击/30 cm,平均值为 22.5 击/30 cm。

(11)层粉土夹粉质黏土(Q_4^{al+pl})——未揭穿,最大揭露厚度约 28.0 m。褐灰、褐黄色,密实或硬塑状态,摇振反应中等,稍有光泽,干强度中等偏低,韧性中等偏低,层状结构,混有少量细砂,该层以粉土为主,间夹多层粉质黏土,含氧化铁、钙质结核。其标贯实测击数 N 值一般为 27 ~ 58 击/30 cm,平均值为 39.3 击/30 cm。

地基土层的室内外试验成果见附图表部分的土工试验报告表、静力触探成果表、原位波速试验成果图表等,各类土的室内物理力学性质统计表见物理力学统计表。

3. 地下水

拟建场地(1)层杂填土中埋藏有上层滞水,局部水量较大。下部(3)、(5)、(7)、(9)、(11)层中以及黏性土所夹薄层粉土中埋藏有层间型地下水,具有一定的承压性。勘察期间测得稳定的层间(弱承压)型地下水静止水位埋深为7.20~8.10 m,水面标高为18.11~19.09 m。

通过对周围环境的水文地质条件分析,以及查阅区域地质资料,判定拟建场地地下水对混凝土及混凝土中钢筋具微腐蚀性,对钢材具有弱腐蚀性。

(三)场地与地基条件综合评价

1. 场地的稳定性

通过查阅区域地质资料与本次勘察结果,未发现影响建筑场地稳定性的断裂构造,拟建场地属稳定的建筑场地,拟建场地各土层层面坡度均小于5%,尚属均匀地基。

2. 场地与地基的抗震性

(1)本场地抗震设防烈度为6度,设计基本地震加速度值为0.05g,地震分组为第三组。

(2)根据钻探及原位波速测试成果综合分析,拟建场地在20 m深度范围内场地土等效剪切波速为251.3~256.4 m/s,该场地覆盖层厚度一般大于50.0 m,建筑场地20 m深度范围内,场地土类型为中硬土,故判定建筑场地类别为Ⅱ类,属抗震有利地段,场地的特征周期取0.45 s。

3. 天然地基设计参数

根据本次勘察结果与区域的岩土工程经验,拟建场地各层岩土的承载力特征值f_{ak}、压缩模量E_s、天然地基的基床系数K、渗透系数k(经验值)可按表8-26取值。

表8-26　天然地基设计参数取值

层号	f_{ak}(kPa)	E_s(MPa)	K(MN/m^3)	k(cm/s)
(2)$_{1-1}$	110	4.0	25	3×10^{-7}
(2)$_1$	180	8.0	44	3×10^{-7}
(2)	260	13.0	52	3×10^{-7}
(3)	210	10.0	45	8×10^{-5}
(4)	240	12.0	50	3×10^{-7}
(5)	220	12.0	48	5×10^{-5}
(6)	240	12.0	—	3×10^{-7}
(7)	260	12.5	—	5×10^{-5}
(8)	260	13.0	—	6×10^{-7}
(9)	240	13.0	—	—
(10)	260	12.0	—	—
(11)	280	13.5	—	—

4. 桩基础设计参数

根据现场钻探及原位测试结果,结合有关桩基规范和本单位所做的大量桩基工程实践经验,在满足有效桩长不小于15.0 m时,有关桩基础的极限端阻力标准值q_{pk}与极限侧

阻力标准值 q_{sik} 可按表 8-27 选取。

表 8-27　桩基础设计参数取值

分层	泥浆护壁钻孔桩		干作业钻孔桩		预应力管桩		抗拔系数 λ
	q_{sik}(kPa)	q_{pk}(kPa)	q_{sik}(kPa)	q_{pk}(kPa)	q_{sik}(kPa)	q_{pk}(kPa)	
$(2)_{1-1}$	40		38		42		
$(2)_1$	68		65		70		0.75
(2)	82		80		84		0.75
(3)	62		58		65		0.65
(4)	77		75		79		0.70
(5)	63		60		66		0.65
(6)	78	1 000	76	1 200	80	3 400	0.75
(7)	66	750	64	1 500	68	3 600	0.65
(8)	84	1 300	82	2 000	86	4 000	0.75
(9)	66	850	66	1 600	70	4 400	0.65
(10)	86	1 600	84	2 600	88	5 500	0.75
(11)	77	1 100	75	1 800	80	6 000	0.65

注:采用长螺旋成孔的 CFG 桩设计参数可按干作业钻孔桩设计参数采用。

5. 深基坑围护设计参数

有关基坑支护的设计参数可按表 8-28 取值。

表 8-28　深基坑围护设计参数取值

层号	γ(kN/m³)	φ_k(°)	C_k(kPa)	μ
(1)	19.0*	—	15.0*	—
$(2)_1$	19.1	14.0	30.0*	0.28*
(2)	19.6	12.0*	60.0*	0.32*
(3)	19.2	22.0*	25.0*	0.30*
(4)	20.0	12.0*	50.0*	0.30*
(5)	19.4	24.0*	25.0*	0.30*

注:1. 带“*”的为经验值。

2. 上部土层中均不同程度的混有钙质结核,致使部分土样无法进行剪切试验或使试验指标失真,故本表的抗剪强度值大部分为经验值。

3. γ 为平均重度,C_k、φ_k 为抗剪强度标准值,μ 为土对挡墙底的摩擦系数。

(四)建议

1. 基础设计

(1)拟建的 2、3 层商业用房,可采用天然地基方案,并以$(2)_1$、(2)、(3)、(4)或(5)层土作为基础持力层,当基础砌置在不同的地基土上时,宜适当加强基础与上部结构的整体刚度。

(2)拟建的27层住宅楼,可采用以下基础方案:①CFG桩复合地基方案,宜以(7)、(8)或(9)层土作为桩端持力层。②预应力管桩基础方案,宜以(7)、(8)或(9)层土作为桩端持力层。③钻孔灌注桩基础方案,宜以(9)、(10)或(11)层土作为桩端持力层。

(3)地下室设计时应考虑地下水的浮力,场地抗浮设防可取设计外地坪下1.0 m。

2. 深基坑开挖与支护

(1)拟建场地整体设有两层地下室,基坑开挖时可采用桩锚或复合土钉支护方案,基坑支护设计需委托有专项资质的单位进行设计并请有经验的单位进行施工,支护方案应做专家论证并报经市建委相关主管部门批准。

(2)基坑开挖时,坑内可采用集水井、明沟降排地下水,坑外宜设置截水沟挡水,以防地表水大量流入坑内。开挖期间严禁在基坑四周可能影响基坑稳定的范围内大量堆土和放置重型设备。

3. 基础施工

(1)拟建建筑物底板标高较低,本工程地下室底板施工时,应将地下水降至设计底标高下不少于0.50 m,挖至设计标高时经过验收后应及时浇筑垫层,以避免对地基土的人为扰动。

(2)采用预应力管桩方案,桩基施工前应进行试压(打)桩,以确定沉桩可能性和桩基施工控制参数,桩基施工时应以压力(贯入度)控制为主,桩长控制为辅。

(3)桩基的承载力或CFG桩复合地基承载力均应通过一定数量的静载荷试验或复合地基平板载荷试验验证确定。

(4)拟建工程应按规定严格做好施工与使用期的沉降观测,以便能发现问题及时处理。

(5)基础施工期间,当发现有异常的地质情况时,及时通知勘察设计单位到现场处理。

(6)设计与施工中若遇有关岩土工程问题,请与勘察设计单位联系,共同商讨解决方案。

(7)由于部分土层中混有钙质结核,致使试验开土时土样扰动引起部分土样力学指标偏小。

(五)报告书附件(部分)

(1)勘察点平面布置见图8-17。

(2)静力触探试验曲线见图8-18。

(3)波速测试成果见图8-19。

(4)工程地质剖面见图8-20。

图8-17　勘察点平面布置图

静力触探试验曲线

第1页 共1页

工程名称				工程编号			
钻孔编号	29	坐标	*X*=721 756.93	试验方法	单桥	探头编号	
孔口高程(m)	26.38		*Y*=497 471.00	仪器型号		稳定水位(m)	

地层编号	时代成因	层底高程(m)	层底深度(m)	地层名称	柱状图 1:100	比贯入阻力曲线 (MPa)	比贯入阻力(kPa)	附注
①	Q^{m}	25.18	1.20	杂填土				
②$_1$		23.38	3.00	黏土(粉质黏土)			1.40	
②		21.08	5.30	黏土			4.00	
③		19.18	7.20	粉土夹粉质黏土			6.10	
④		17.98	8.40	黏土(粉质黏土)			3.10	
⑤	Q_4^{al+pl}	9.78	16.60	粉土夹粉质黏土			5.10	

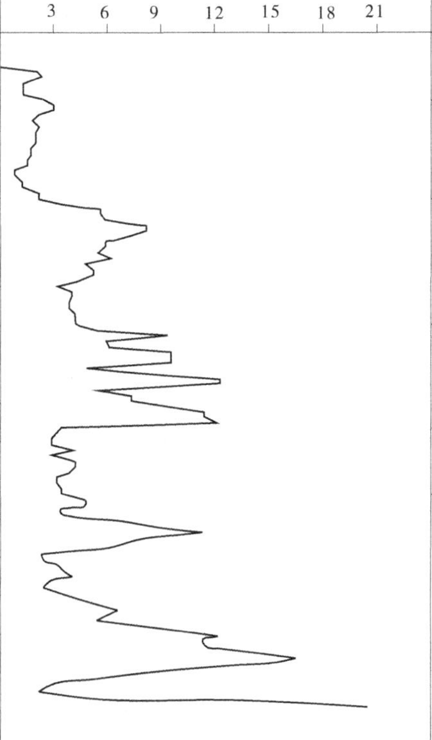

工程负责人		校对		审核		图号	1	日期	

图 8-18 静力触探试验曲线图

波速测试成果图

第1页 共1页

工程名称							
工程编号				钻孔编号	15		
孔口高程(m)	26.15	坐标	X=721 778.89	开工日期		稳定水位深度(m)	8.00
孔口直径(mm)	127.00		Y=497 496.85	竣工日期		等效剪切波速(m/s)	251.3

地层编号	分层厚度(m)	层底深度(m)	岩土名称及其特征	横波波速平均值(m/s)
①	1.20	1.20	杂填土	158.00
②	5.30	6.50	黏土	267.00
③	1.50	8.00	粉土夹粉质黏土	258.00
④	1.00	9.00	黏土(粉质黏土)	260.00
⑤	7.00	16.00	粉土夹粉质黏土	254.00
⑥	3.20	19.20	黏土(粉质黏土)	268.00
⑦	5.80	25.00	粉土夹粉质黏土	272.00

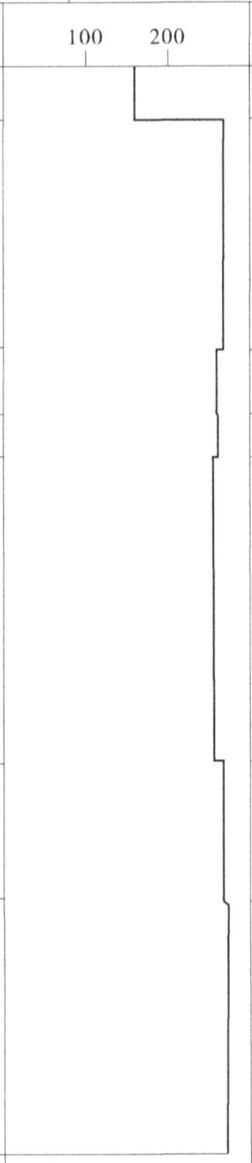

测试单位		工程负责人		审核		日期	

图 8-19 波速测试成果图

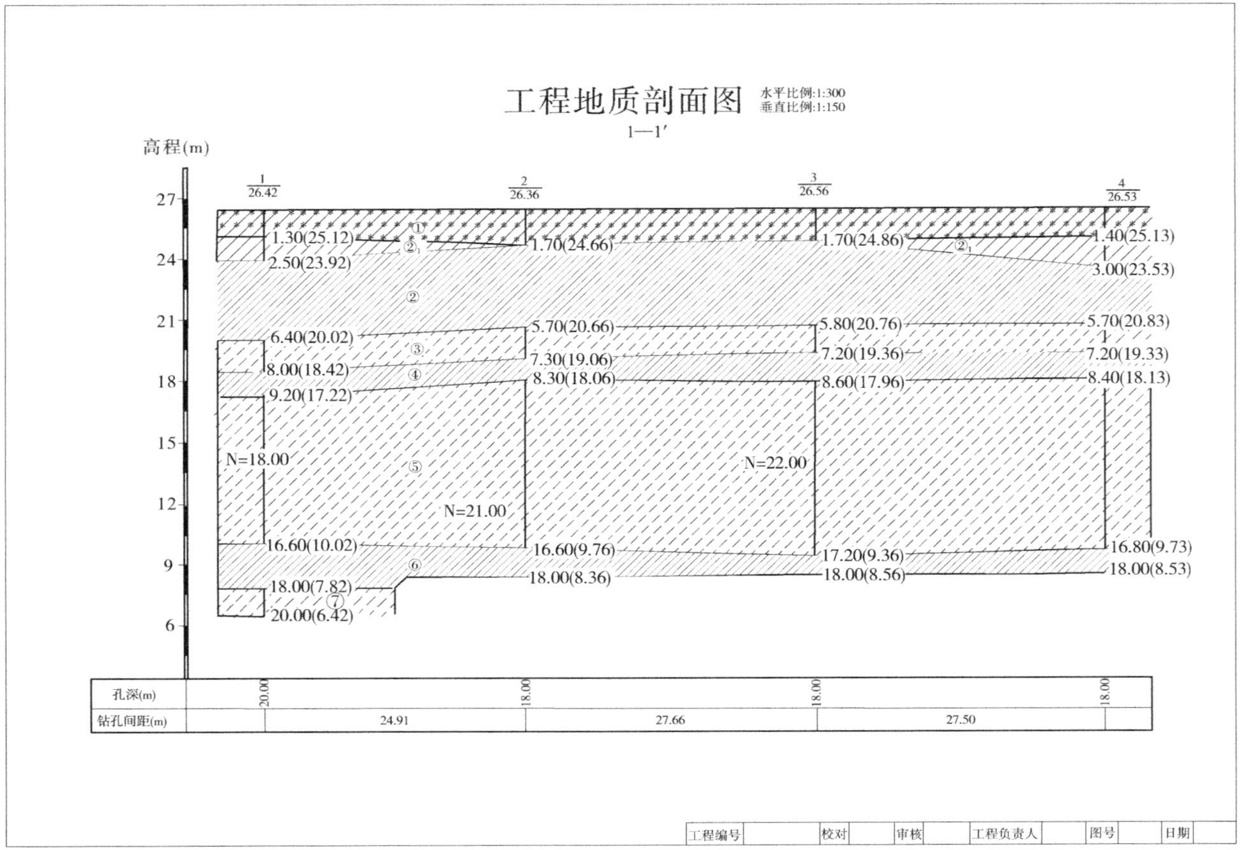

图 8-20　工程地质剖面图

思考与练习题

1. 工程地质勘察可分为哪几个阶段,每个阶段的工作要求如何?
2. 简述工程地质测绘的内容和程序。
3. 工程地质勘察的方法主要包括哪些内容?
4. 各种原位测试方法成果分别有哪些应用?
5. 工程地质勘察报告包括哪些内容?

第九章　各类工程地质勘察

学习目标

1. 掌握工业与民用建筑不同勘察阶段的勘察要点。
2. 熟悉道路工程地质勘查的内容。
3. 掌握道路工程地质勘查不同阶段的勘察要点。
4. 掌握桥梁工程不同阶段的地质勘察要点。
5. 熟悉隧道工程勘察方法及内容。

第一节　工业与民用建筑工程地质勘察

工业建筑主要包括专供生产用的各种厂房和车间，其特征是跨度大而复杂，一般跨度为 9 ~ 12 m，大者达 30 m；边墙高度一般可达 20 ~ 30 m，高者可达 40 m；基础荷载大，承重墙、框架梁、柱和地面的静荷载都很大；基础埋深较深，常设地下室，以深基础为主。

民用建筑按建筑用途可分为居民住宅建筑和公共事业建筑；按其高度分为多层建筑和高层建筑。多层建筑的特点是跨度不大而结构简单，基础的荷载量较小，且以静荷载为主，基础埋深不大，以浅基础为主；高层建筑的特点是重心高，荷载大，其结构不但承受竖向荷载，而且承受很大的水平荷载，基础埋置深，常设地下室，多用桩基、箱基等深基础。因此，它要求作为地基的岩土体，其岩性单一而均匀，岩体结构完整而坚硬，构造简单，地下水埋深大，持力层厚度大且延展性好，下卧层中无软弱土层，地基的承载力较大。此外，高层建筑不允许地基产生太大的沉降和不均匀沉降，并对倾斜和沉降速率均有严格的要求。

一、可行性研究勘察阶段

可行性研究勘察阶段应对拟建场地的稳定性以及对拟建建筑物（构筑物）是否适合作出评价，具体应进行下列工作：

（1）收集区域地质、地形地貌、地震、矿产、当地工程地质、岩土工程和建筑经验等资料。

（2）在收集和分析已有技术资料的基础上，通过踏勘，了解场地的地层、构造、岩石和土的性质、不良地质现象及地下水等工程地质条件。

（3）当拟建场地工程地质条件复杂，已有资料不能满足时，应根据具体情况进行工程地质测绘和必要的勘探工作。

（4）当具有两个或两个以上拟选场地时，应进行对比分析选择。

二、初步勘察阶段

该阶段应对拟建建筑地段的稳定性作出评价，并应进行下列主要工作：

(1)收集拟建工程的有关文件、工程地质和岩土工程资料以及工程场地范围的地形图。

(2)初步查明地质构造、地层结构、岩土工程特性、地下水埋藏条件。

(3)查明场地不良地质作用的成因、分布、规模、发展趋势，并应对场地的稳定性作出评价。

(4)对于抗震设防烈度等于或大于6度的场地，对场地与地基的地震效应作出初步评价。

(5)季节性冻土地区，应调查场地土的标准冻结深度。

(6)初步判定水和土对建筑材料的腐蚀性。

(7)在高层建筑初步勘察时，应对可能采取的地基基础类型、基坑开挖与支护、工程降水方案进行初步分析评价。

初步勘察应在收集已有资料的基础上，根据需要进行工程地质测绘或调查、勘探、测试和物探工作。其中，初步勘察的勘探工作应符合如下要求：

(1)勘探线应垂直于地貌单元、地质构造、地层界线布置。

(2)每个地貌单元均应布置勘探点，在地貌单元交接部位和地层变化较大的地段，勘探点应当加密。

(3)在地形平坦地区，可按网格布置勘探点。

(4)对岩质地基，勘探线和勘探点布置及勘探孔的深度，应根据地质构造、岩体特性、风化情况，按当地标准或当地经验确定。

(5)对土质地基，控制性勘探孔深度不小于30 m，一般性勘探孔不少于15 m；遇下列情形之一应适当增减勘探孔深度：①当勘探孔的地面标高与预计整平地面标高相差较大时，应按其差值调整勘探孔深度；②在预定深度内遇基岩时，除控制性勘探孔仍应钻入基岩适当深度外其他勘探孔达到确认的基岩后即可终止钻进；③在预定深度内有厚度较大且分布均匀的坚实土层(如碎石土、密实砂、老沉积土等)时，除控制性勘探孔应达到规定深度外，一般性勘探孔的深度可适当减小；④当预定深度内有软弱土层时，勘探孔深度应适当增加，部分控制性勘探孔应穿透软弱土层或达到预计控制深度。

(6)初步勘察勘探线、勘探点的间距见表9-1。

表9-1　初步勘察勘探线、勘探点的间距　(单位:m)

地基复杂程度等级	勘探线间距	勘探点间距
一级(复杂)	50~100	30~50
二级(中等复杂)	75~150	40~100
三级(简单)	150~300	75~200

注:1. 表中间距不适于地球物理勘探。

2. 控制性勘探点宜占勘探点总数的1/5~1/3，且每个地貌单元均应有控制性勘探点。

(7)初步勘察勘探孔深度可按表 9-2 确定。需要说明的是,表 9-2 中确定的深度不是一成不变的,在具体的工程勘察当中,可以根据情况进行调整。

表 9-2　初步勘察勘探孔深度　　(单位:m)

工程重要性等级	一般勘探孔深度	控制性勘探孔深度
一级(重要工程)	≥15	≥30
二级(一般工程)	10 ~ 15	15 ~ 30
三级(次要工程)	6 ~ 10	10 ~ 20

注:1. 勘探孔包括钻孔、探井和原位测试孔等。

2. 特殊用途的孔除外。

(8)初步勘探采取土试样和进行原位测试应符合下列要求:①采取土试样和进行原位测试的勘探点应结合地貌单元、土层结构和土的工程性质布置,其数量可占勘探点总数的 1/4 ~ 1/2。②采取土试样的数量和孔内原位测试的竖向间距,应按地层特点和土的均匀程度确定;每层土均应采取土试样或进行原位测试,其数量不宜少于 6 个。

(9)初步勘探应进行下列水文地质工作:①调查含水层的埋藏条件,地下水类型、补给排泄条件、各层地下水位,调查其变化幅度,必要时应设置长期观测孔,监测水位变化。②当需绘制地下水等水位线图时,应根据地下水的埋藏条件和层位,统一量测地下水位。③当地下水可能浸湿基础时,应采取水试样进行腐蚀性评价。

三、详细勘察阶段

本阶段应按单体建筑物或建筑群提出详细的岩土工程资料和设计、施工所需的岩土参数;对建筑地基作出岩土工程评价,并对地基类型、基础形式、地基处理、基坑支护、工程降水和不良地质作用的防治等提出建议。主要应进行下列工作:

(1)收集附有坐标和地形的建筑总平面图,场区的地面整平标高,建筑物的性质、规模荷载、结构特点,基础形式、埋置深度,地基允许变形等资料。

(2)查明不良地质作用的类型、成因、分布范围、发展趋势和危害程度,提出整治方案的建议。

(3)查明建筑范围内岩土层的类型、深度、分布、工程特性,分析和评价地基的稳定性、均匀性和承载力。

(4)对需进行沉降计算的建筑物,提供地基变形计算参数,预测建筑物的变形特征。

(5)查明埋藏的河道、沟渠、墓穴、防空洞、孤石等对工程不利的埋藏物。

(6)查明地下水的埋藏条件,提供地下水位及其变化幅度。

(7)在季节性冻土地区,提供场地土的标准冻结深度。

(8)判定水和土对建筑材料的腐蚀性。

对抗震设防烈度等于或大于 6 度的场地,勘察工作应进行场地和地基地震效应的岩土工程勘察,并应符合相关规范的要求;当建筑物采用桩基础时,应符合桩基工程勘察的有关内容要求;当需要进行基坑开挖、支护和降水设计时,也应符合基坑工程勘察的有关内容要求。

当工程需要时，详细勘察应论证地基土和地下水在建筑施工和使用期间可能产生的变化及其对工程与环境的影响，提出防治方案、防水设计水位和抗浮设计水位的建议。

详细勘察的勘探点布置和勘探孔深度，应根据建筑物特性和岩土工程条件确定。对岩质地基，应根据地质构造、岩体特性、风化程度等，结合建筑物对地基的要求，按地方标准或当地经验确定。详细勘察勘探点的间距见表 9-3。

表 9-3　详细勘察勘探点的间距

地基复杂程度等级	勘探点间距(m)	地基复杂程度等级	勘探点间距(m)
一级(复杂)	10 ~ 15	三级(简单)	30 ~ 50
二级(中等复杂)	15 ~ 30		

第二节　道路工程地质勘察

道路是陆地上绵延长度极大的线形构筑物。一般意义上的道路是指公路和铁路。道路结构由三类构筑物组成：第一类为路基，是道路的主体构筑物，包括路堤和路堑；第二类为桥隧，如桥梁、隧道、涵洞等，是为了使道路跨越河流、山谷、不良地质现象地段和穿越高山峻岭或河、湖、海底；第三类为防护构筑物，如明洞、挡土墙、护坡、排水盲沟等。在不同的道路中，各类构筑物的比例也不同，主要取决于路线所经地区工程地质条件的复杂程度。

一、道路工程地质勘察的基本内容

(1)与路线、桥梁和隧道专业人员密切配合，查清路线上的地质、地貌条件以及动力地质工程地质现象，阐明其演变规律，明确各条路线方案的主要工程地质条件，为各方案的比较提供依据。在地形、地质条件复杂的地段，确定路线的合理布设，以减少失误。

(2)特殊岩土地段及不良地质现象，诸如盐渍土、多年冻土、岩溶、沼泽、积雪、滑坡、崩塌、泥石流等，往往影响路线方案的选择、路线的布设和构造物的设计。因此，应重点查明其类型、规模、性质、发生原因、发展趋势和危害程度。对严重影响路线安全而数量多、整治困难的各种工程地质问题，如发展中的暗河岩溶区、深层滑坡地段、深层沼泽、有沉陷的深源冻胀地段等，一般均以绕避为原则。但对技术切实可行，可彻底整治而费用不高，对今后运营无后患的地段，应合理通过，绝不盲目避绕。

(3)充分发掘、改造和利用沿线的一切就地材料，满足就地取材的要求。当就近材料不能满足要求时，则应由近及远扩大调查范围，以求得足够数量的品质优良、适宜开采和运输方便的筑路材料产地。

二、道路工程地质勘察要点

道路工程地质勘察阶段与其工程设计阶段是相配合的，相应地，可分为可行性研究勘察阶段、初步设计勘察阶段、详细勘察阶段。

（一）可行性研究勘察阶段

本阶段勘察要点主要是研究建设项目所在地的地理、地形、地貌、地质、地震、水文气象等自然特征。应在充分收集已有地质资料的基础上，以调查为主，并进行必要的工程地质勘察工作，勘察的深度应根据公路等级、工程地质条件的复杂程度，按不同的要求进行。配合规划设计，解决大的线路方案的选择问题，重点研究跨越大分水岭处、长隧道、跨越大河和大规模不良地质现象等关键性地段的工程地质条件，并提供有关地震、天然建筑材料和供水水源等地质资料。最终以工程地质观点选出几个较好的线路比较方案，为选线提供地质资料。

（二）初步设计勘察阶段

初步设计勘察阶段可分为路线初勘与路基初勘。

路线初勘应重点查明与选择路线方案和确定路线走向有关的工程地质条件，包括沿线的地形、地貌和地质构造，不良地质现象，特殊性岩土的类型、性质及分布，路基填筑材料的来源，并预测可能产生工程地质灾害的地段及对工程方案的影响。当区域稳定条件差，有不良地质现象和特殊性岩土存在，山体或基底有可能失稳时，应评价地质条件对工程稳定、施工条件和安全及营运养护的长期影响，合理选定路线方案。

路基初勘时，对于一般路基，应查明与地基稳定和边坡稳定及设计有关的地质条件，包括岩石性质、产状、风化破碎程度与厚度，土的类别、密实程度、含水状态，地下水与地表水的活动状况等；对于高路堤，重点调查地层层位、层厚、土质类别，查明地下水埋深、分布，确定土的承载能力、抗剪指标和压缩指标。判定在路堤附加荷载作用下，地基沉降和滑移的稳定性；对于填筑在等于或陡于1∶2的斜坡上及存在可能沿斜坡滑动的陡坡路堤，应查明其沿斜坡或下卧基岩面滑动的可能性，调查斜坡上覆盖土层的层位、层厚、土类，斜坡下卧基岩岩石的倾斜度、岩性、产状、风化程度，斜坡地表水和地下水的情况，确定土层和岩土界面的抗滑、抗剪强度指标。

（三）详细勘察阶段

查明工程地质问题发生的原因、发展趋势，以及对工程建筑的危害程度，提出处理意见；收集因施工困难或其他特殊原因而改变设计方案或增加建筑物所需要的工程地质资料，并根据施工实际开挖情况，修改补充原有设计土建的工程地质内容；对存在疑难问题的工点做好工程地质预测，或布置长期观测点等。

初步勘察阶段和详细勘察阶段的工作内容列于表9-4中。

表9-4　道路工程勘察要点

工作内容	初步设计勘察阶段内容	详细勘察阶段内容
道路选线	1. 按特殊岩土进行工程地质选线； 2. 按不同地形、地貌条件进行工程地质选线； 3. 按不良地质路段进行工程地质选线	对有价值的局部方案，新发现的不良地质条件和特殊岩土地段，增设大型工程的场地和新增沿线筑路材料场地，进一步核实、补充和修正初勘资料，进一步查明沿线的工程地质条件

续表 9-4

工作内容		初步设计勘察阶段内容	详细勘察阶段内容
路基	一般路基	调查与地基稳定和边坡稳定及设计有关的地质问题，重点为土质路地基	按地貌特征分段，查明各段的地质结构、岩土性质、基岩风化情况及地下水变化规律，划分土石工程等级
	高路堤	调查地层层位、层厚、土质类别，调查地下水埋深分布，确定土的承载力、抗剪指标和压缩指标。判定路堤的地基沉降和滑移的稳定性	对已确定存在的沉降和滑移问题，初拟处理方案，对有关底层进行测试，特别是固线和抗剪指标
	陡坡路堤	调查斜坡上覆盖土层的类别和层厚，斜坡下卧基岩的倾斜度、岩性产状、风化程度，斜坡地下水情况，确定土层和岩土界面的抗滑、抗剪指标	对已确定存在不稳定问题的初拟方案，对有关地层可能滑动的岩土界面进行测试，重点是抗剪、抗滑指标
	深路堤	调查边坡岩土土体岩性、产状、结构面的抗滑、抗剪指标	对可能滑动的边坡土体和岩体的结构面进行测试，掌握对设计所需的各种物理力学指标，重点是抗剪、抗滑指标
	支挡工程	构筑物处地基的物理力学指标、岩性、地质构造，探查下卧软弱层的存在及分布	对已定支挡工程位置的承重地层的岩性、地质构造和设计所需的物理力学指标进核实
	河岸防护工程	调查岸坡地层岩性、地质构造、地形、地貌、不良和特殊地质现象的现状和发展趋势，调查河段的水文特征，冲淤变化规律	对已定的河岸防护和导流工程的地基地层岩性、地质构造和承重地层的物理力学指标，进一步勘察核实
	改河(沟渠)工程	调查原河段的水流、水力特征、冲刷淤积规律，评价改移河道地段的工程地质与水文条件	对已定工程的位置进一步核实其所涉及的开挖区段和构造物地基的岩性，进一步查明地质构造和水文地质条件以及地基岩性土的物理力学指标等
小桥涵		勘察地层岩性、地质构造，重点是查明地基覆盖层厚度及承载力，基岩埋深、风化程度及承载力	对存在不良地质问题的地基地层岩性、地质构造及承载力进行补充勘察
互通式立交桥工程		调查工程区段内的地层岩性、地质构造、地形地貌、水文地质条件和特殊不良地质问题，确定有关地层的物理指标	对已确定的工程位置中的桥梁墩台、特殊路段、不良地质、重点工程路段，进一步查明地层岩性、地质构造和设计所需各类岩土物理力学指标

第三节　桥梁工程地质勘察

大、中桥桥位多是路线布设的控制点，桥位变动会使一定范围内的路线也随之变动。因此，桥梁工程地质勘察一般应包括两项内容：首先应对各比较方案进行调查，配合路线、桥梁专业人员，选择地质条件比较好的桥位；然后对选定的桥位进行详细的工程地质勘察，为桥梁及其附属工程的设计和施工提供所需要的地质资料。影响桥位选择的因素有路线方向、水文地质条件与工程地质条件等。工程地质条件是评价桥位好坏的重要指标之一。

一、可行性研究勘察阶段

可行性研究勘察阶段着重于对控制路线方案的大桥桥址进行勘察，查明其地形、地物、地层、岩性、构造、岸坡的稳定性，河段与河床稳定程度等情况，提出桥址选择的建议。

二、初步勘察阶段

初步勘察阶段是在工程可行性研究地质勘察资料的基础上，初步查明场地地基的地质条件，即对桥位处进行工程地质调查或测绘、物探、钻探、原位测试，进一步查明工程地质条件的优劣，特别应查明与桥位方案或桥型方案比选有关的主要工程地质问题。

对一般地区的桥位选择，应查明两个方面的内容：一是地形、地貌、地物等方面对桥位选择的制约因素；二是工程地质条件对桥位选择的制约因素。对特殊地质地区的桥位选择，应针对泥石流、岩溶、滑坡、沼泽、黄土等特殊地区的特点，认真研究比选，而不要盲目避绕。工程地质测绘比例尺用 1∶500 ~ 1∶10 000 编制，调查范围包括桥轴线纵向的河床和两岸谷坡或阶地（500 ~ 1 000 m），以及横向河流上、下游各 200 ~ 500 m。

在此阶段中，应对各桥位方案进行工程地质勘察，并对与建桥的适宜性和稳定性有关的工程地质条件作出结论性评价。对工程地质条件复杂的特大桥和中桥，必要时应增加技术设计阶段勘察，还包括环境介质对混凝土腐蚀的评价。

钻孔一般沿桥轴线或其两侧布置，原则上应布置在与工程地质有关的地点，并考虑到地貌和构造单元，其钻孔数量与深度参照表 9-5 确定。

表 9-5　初勘桥位钻孔数量与深度

桥梁按跨径分类	工程地质条件简单		工程地质条件复杂	
	孔数（个）	孔深（m）	孔数（个）	孔深（m）
中桥	2 ~ 3	8 ~ 20	3 ~ 4	20 ~ 35
大桥	3 ~ 5	10 ~ 35	5 ~ 7	35 ~ 50
特大桥	5 ~ 7	20 ~ 40	7 ~ 10	40 ~ 120

注：1. 表中所列数值是参考值，工作中应根据实际情况确定。

2. 河床中钻孔深度以河床面高程控制，河岸处孔深应按地面确定。

3. 表中孔深，当地基承载力小时取大值，大时取小值。

三、详细勘察阶段

在初步设计阶段勘察测绘基础上进行补充、修正，查明桥梁墩台地基基础岩体风化和软弱层特征；测试岩土体物理力学性能，提供地基承载力基本值、桩侧极限摩阻力，并结合基础类型作出定量评价。随着二级以上公路的发展，在大江、大河上以及跨海的公路工程逐渐增多，特大桥梁工程需对工程地质工作特别重视。对重要的特大桥，测绘应针对与桥梁墩（台）、锚固基础、引道、调治构造物等处岩体，进行大比例尺工程地质测绘（或进行专题研究），把桥墩、锚碇部位作为勘察重点，并采用综合勘测手段，进行钻探、原位测试（静力触探、标准贯入、旁压试验、十字板剪切试验）、声波测井及抽水、压力试验等，查明地基基础的承载力、极限摩阻力，为设计提供可选择的基础类型和施工方案，并提供存在的问题及处理措施建议等。详细勘察阶段的重点内容如下：

（1）查明桥位区地层岩性、地质构造、不良地质现象的分布及工程地质特性。

（2）探明桥梁墩台和调治构造物地基的覆盖层及基岩风化层的厚度，墩台基础岩体的风化及构造破碎程度，软弱夹层情况和地下水状况。

（3）测试岩土的物理力学特性，提供地基的基本承载力、桩侧摩阻力、钻孔桩极限摩阻力，并作出定量评价。

（4）对边坡及地基的稳定性、不良地质的危害程度和地下水对地基的影响程度作出评价。

（5）对地质复杂的桥基或特大的桥墩、锚碇基础应采用综合勘探。

第四节　隧道工程地质勘察

隧道工程地质勘察就是通过野外地质测绘，配合勘探和测试工作，查明隧道通过地段的地形地貌、地层岩性、地质构造、水文地质和不良地质现象等工程地质条件，为隧道的位置选择和设计、施工提供所需的地质资料，并根据隧道地段的地质特征，判断隧道围岩的类别，明确主要的工程地质问题，提出相应的工程处理措施。

一、不同勘察阶段的工作重点

根据设计阶段的不同，工程地质勘察相应的分为隧道工程地质初步勘察和隧道工程地质详细勘察两个阶段。勘察工作的内容在不同阶段有所侧重，其精度和深度也有所不同。

（一）隧道工程地质初步勘察

隧道工程地质初步勘察工作一般与设计阶段同步进行，但对于特长隧道、控制路线方案的长隧道、水下隧道以及水文、工程地质条件极其复杂的隧道，原则上应安排超前的工程地质、水文地质勘察和定位测试，其勘察阶段可不受设计阶段的限制。

隧道工程地质初步勘察的工作方法和手段是以工程地质调查、测绘、遥感信息判释、物理勘探和人工挖探为主，配合少量代表性钻探和测试工作。

隧道工程地质初步勘察的目的和要求是对隧道分布区的地质条件作出评价和论证，

初步查明隧道方案的工程地质、水文地质条件并进行对比分析，按比选结果推荐最佳方案，并分段确定隧道通过地段的围岩类别。

（二）隧道工程地质详细勘察

隧道工程地质详细勘察是在隧道工程地质初步勘察的基础上，在初步设计阶段所选定的隧道位置上进行详细工程地质勘察，为隧道的施工图设计和施工方案的制订提供地质依据。

本阶段工程地质勘察工作一般以钻探和测试为主，并根据地质条件和工程地质问题，辅以其他适当的方法进行综合勘探。

隧道工程地质详细勘察的目的和要求是对隧道所在区域的地形、地貌、工程地质和水文地质条件及其发展趋势作出详细的评价；就初勘提出或未查明的重大地质问题和建议，进行深入调查、勘探，以得出可靠结论；根据控制隧道围岩稳定的各项因素分段确定围岩类别，为隧道施工布置、各段洞身掘进方法及程序、支护及衬砌类型或整治工程的方案确定提供工程地质依据，为设计和施工提供定量指标。

二、勘察方法及内容

（一）调查与测绘

调查与测绘是通过现场调查和地质填图，查明隧道通过地段一定范围内的工程地质条件的工作方法。它是初勘阶段的主要工作，详勘阶段也可根据需要补充小范围的大比例尺调查和测绘。该项工作应查明工作范围内的地形、地貌、地层、岩性和地质构造特征；确定隧道是否通过煤层、油气或有害气体分布层、矿体、采空区、岩溶区、滑坡和泥石流等特殊地质及不良地质区段；查明井、泉分布，地下水类型及含水层、隔水层的分布和埋深，地下水的补给、径流和排泄条件；对于土质隧道还应查明土的类型、成因和地质年代，确定土的结构特征、物质成分及粒径组成、密实胶结及潮湿程度。

（二）地球物理勘探

地球物理勘探作为工程地质勘探的一种手段，在公路隧道勘探中得到广泛地使用。与钻探相比，地球物理勘探是一种间接勘探方法，它以地壳浅部岩土体为研究对象，用特定的仪器设备来研究不同岩土体的物理特性，根据不同的物理特性来划分岩层，判断岩层的物理力学性质、地质构造和水文地质条件。物探与地质调查和测绘、钻探相配合使用，可以有效地指导钻孔布置，在减少钻探工作量方面起到良好的效果。

物探的优点是成本低、效率高；缺点是多解性、准确性受操作和判读人的能力及设备性能的影响。因为物探方法的间接性和结果的多解性，物探结果必须与调查、测绘，特别是挖探和钻探结果对比和验证，并进行相应调整。

目前，在隧道工程地质勘探中常用的物探方法是电法、地震法和声波法及超声波法。

（三）挖探

挖探是指采用人工开挖探坑或探槽，以查明表层土体状况的勘探方法。探坑和探槽能够直接展示岩土层，所以常用于了解坡积、残积等松散堆积层或风化层的厚度和性质，揭示滑坡面、浅埋的断层面，观测浅层地下水，采集原状岩土试验等。在隧道勘察中挖探一般用于隧道洞口的勘探。

（四）钻探

钻探是对隧道洞身进行勘探最常用的方法，钻探是根据提取的岩芯来直接观察、判断隧道的工程地质和水文地质条件。通过钻探可以了解松散覆盖层和风化带的厚度；了解地层、岩性的分布范围和界限，并通过岩芯试样进行岩石物理力学试验；了解地质构造的类型及变化，断层的分布、产状及破碎带的破碎程度和宽度；查明暗河、溶洞等地下岩溶的发育情况；了解地下水位、流向、含水层类型和数量，并可在钻孔中进行抽水、注水或压水试验，以确定隧道岩体的渗透情况或隧道涌水量等。另外，钻探结果也是物探判读成果直接的检验和验证。

隧道钻探钻孔布置的数量和位置应根据区域地质资料、调查和测绘、物探所发现的疑点、重点和异常点来拟定，还应与钻孔的目的、水文地质测试、物探测井等结合考虑。对于地质条件复杂的隧道，钻孔数不应少于 3 个；长、特长隧道每 500 m 应有一个钻孔，钻孔布置在隧道轴线外 7 m 左右，以左右交错布置为宜。洞口钻孔一般宜布置在洞口以上 30 ~ 50 m 范围内，以能揭露洞顶以上 20 ~ 30 m 的地层为宜。

钻孔的深度一般应钻到设计洞底标高以下 2 m；若遇岩层破碎或溶洞、暗河及不良地质现象，应根据需要加深，一般应穿过溶洞、暗河等地层 5 m；遇到含油地层、瓦斯地层，钻孔深度以钻到设计洞底标高以下 10 m 为宜。

（五）测试

在隧道工程地质勘察工作中，为了给设计提供定量的数据，为了对某些工程地质问题作出定量评价，必须进行一些现场测试工作。常进行的有地应力测试、水文地质测试、土的性能原位试验及各类岩石性能试验等。

地应力测试是确定地下岩层中某一点的初始地应力大小和方向的试验，隧道地应力测试一般采用水压致裂法。因地应力场的分布是复杂的，测试钻孔内的应力状况只是该点应力的反映，宜将应力测试结果结合构造应力分析来确定主应力的方向。

水文地质测试主要有抽水、注水、压水试验，地下水流向、含水层连通示踪测试等。土的原位试验主要有动力触探、静力触探、旁压试验等，以确定松散土层的力学性能。

三、勘察应提交的成果

通过隧道工程地质勘察，应提交以下资料与成果：

（1）隧道工程地质勘察报告。

（2）隧道工程地质平面图：图上应标明物探、钻探、挖探、槽探等勘探点线位置，比例尺视情况而定，一般为 1∶1 000 ~ 1∶2 000。

（3）隧道线路方案工程地质平面图：比例尺为 1∶2 000 ~ 1∶5 000。

（4）隧道工程地质纵剖面图：比例尺视精度而定，一般为 1∶200 ~ 1∶500。

（5）隧道洞口工程地质横断面：比例尺视精度而定，一般为 1∶200 ~ 1∶500。

（6）隧道地区水文地质图：比例尺为 1∶1 000 ~ 1∶5 000。

（7）隧道区域构造图（仅限于特长、长隧道及地质构造复杂的隧道），比例尺视精度需要而定。

（8）钻孔柱状图。

(9)严重影响隧道的特殊地质不良地质专项资料及说明。

(10)物探、原位测试、岩土、水质等试验资料。

思考与练习题

1. 简述工业与民用建筑勘察要点。

2. 简述道路路基在详细勘察阶段的主要内容。

3. 简述桥梁工程在详细勘察阶段的重点内容。

4. 简述隧道工程勘察方法。

参考文献

[1] 陈克强. 地图的产生、发展和使用[J]. 自然杂志,2010,33(4):220-230.
[2] 戴兰亭,林宗文. 土木工程地质[M]. 武汉:华中科技大学出版社,2013.
[3] 窦明健. 公路工程地质[M]. 3 版. 北京:人民交通出版社,2006.
[4] 高冬光,王亚玲. 桥涵水文[M]. 北京:人民交通出版社,2008.
[5] 工程地质手册编委会. 工程地质手册[M]. 4 版. 北京:中国建筑工业出版社,2007.
[6] 何培玲,张婷. 工程地质[M]. 2 版. 北京:北京大学出版社,2012.
[7] 胡厚田,白志勇. 土木工程地质[M]. 北京:高等教育出版社,2011.
[8] 黄锡荃,李慧明,金伯欣. 水文学[M]. 北京:高等教育出版社,2007.
[9] 姜尧发. 工程地质[M]. 北京:科学出版社,2008.
[10] 李佩成,王纪科. 地下水的物理性质和化学成分[J]. 地下水,1984(4):57-60.
[11] 林宗元. 简明岩土工程勘察设计手册[M]. 北京:中国建筑工业出版社,2003.
[12] 刘广润,晏鄂川,练操. 论滑坡分类[J]. 工程地质学报,2002,10(4):340-342.
[13] 罗筠. 道路工程地质[M]. 北京:人民交通出版社,2011.
[14] 马建华. 现代自然地理学[M]. 北京:北京师范大学出版社,2011.
[15] 孟高头. 土体原位测试机理方法及工程应用[M]. 北京:地质出版社,1997.
[16] 倪宏革,周建波. 工程地质[M]. 2 版. 北京:北京大学出版社,2013.
[17] 宁宁,代梅. 工程地质[M]. 西安:西北工业大学出版社,2014.
[18] 齐丽云,徐秀华. 工程地质[M]. 3 版. 北京:人民交通出版社,2009.
[19] 邵艳,汪明武,程桦. 工程地质[M]. 武汉:武汉大学出版社,2013.
[20] 盛海洋. 工程地质[M]. 北京:北京邮电大学出版社,2012.
[21] 宋春青,邱维理,张振春. 地质学基础[M]. 4 版. 北京:高等教育出版社,2005.
[22] 孙家齐,陈新民. 工程地质[M]. 4 版. 武汉:武汉理工大学出版社,2011.
[23] 谭妮娜,单之蔷,范晓. 中国喀斯特[J]. 中国国家地理,2007(7).
[24] 唐辉明. 工程地质学基础[M]. 北京:化学工业出版社,2008.
[25] 王秀明. 应用地球物理方法原理[M]. 北京:石油工业出版社,2000.
[26] 张凤予,张东兴. 滑坡的野外识别及防治措施[J]. 西部探矿工程,2012(1):33-35.
[27] 中华人民共和国建设部. GB 50021—2001 岩土工程勘察规范[S]. 北京:中国建筑工业出版社,2009.
[28] 中华人民共和国住房和城乡建设部. JGJ 94—2008 建筑桩基技术规范[S]. 北京:中国建筑工业出版社,2008.
[29] 周桂云. 工程地质[M]. 南京:东南大学出版社,2012.